軟鋼の加熱色（SS400）

加熱なし

加熱時間（min） →

	5	10	30	60
200				
250				
300				
400				
500				
600				
700				

加熱温度（℃）

ステンレス鋼の加熱色（SUS304）

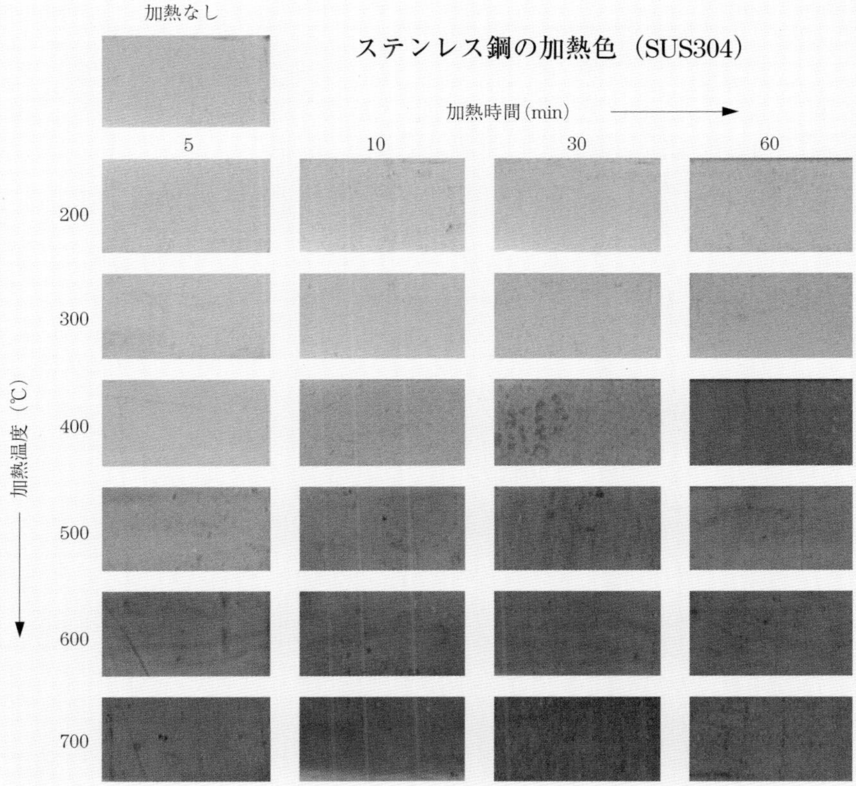

加熱なし

加熱時間（min） →

	5	10	30	60
200				
300				
400				
500				
600				
700				

加熱温度（℃）

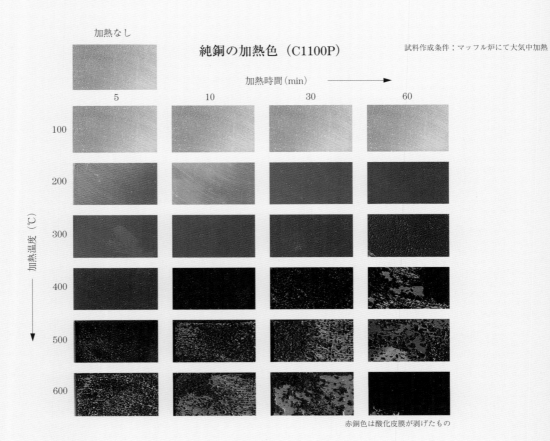

加熱なし

純銅の加熱色（C1100P）

試料作成条件：マッフル炉にて大気中加熱

加熱時間（min）→

5　　　　10　　　　30　　　　60

加熱温度（℃）

100

200

300

400

500

600

赤銅色は酸化皮膜が剥げたもの

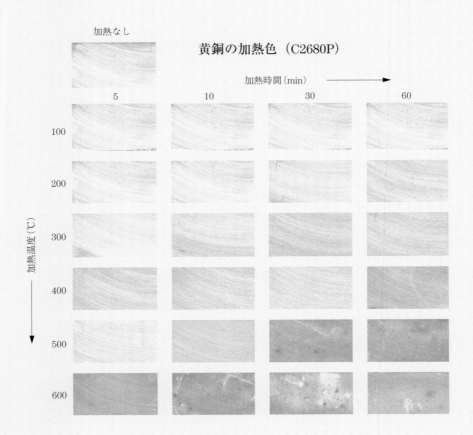

加熱なし

黄銅の加熱色（C2680P）

加熱時間（min）→

5　　　　10　　　　30　　　　60

加熱温度（℃）

100

200

300

400

500

600

目　次

V 接合・改質

VI 金属のトラブル

プロローグ

金属を学ぶ

　本書は，非材料系学科の学生，とくに「ものづくり」の分野を対象に考えた金属材料の教科書である．

　最近は，農業や工業などの「ものづくり」産業から，情報やサービス産業への就業志向が強くなっているが，これらの産業はいわば上部構造であって，下部構造である「ものづくり」が衰退すればその繁栄は成り立たないのである．

　そのうちでも，とくに材料はあらゆる産業分野での共通なベースである．知識や学問，文学，音楽，ソフトウェアなど人類が築き上げた無形の知的財産ですら，ロゼッタストーンを始めとしてメディア材料に記録されていることを想起してほしい．

　材料系学科では，本書の各 Chapter が独立した講義になるが，非材料系では全体を一つの講義で学ぶために，羅列的になって面白くない．そこで本書では，視点を金属材料を使う立場に定めて，基礎的な知識が得られるよう考えた．目次は網羅的であるが内容に濃淡があるのはそのためである．とくに，周辺の数理的学問である材料力学，熱力学，電気化学，物性学などとの関連を意識した．

　材料力学では，材料を降伏点未満の領域で等方・均質なものとして扱うため，材料は単純に弾性率で区別されるだけとなる．金属は非金属材料や複合材料に比べると等方・均質ではあるが，理想とはほど遠く異方性があり均質でもない．いきおい経験的，統計学的法則を用いた実学にならざるを得ない．

　そこで，あちこち法則を求めて金属の挙動を説明しようとする．初学者にとっては，他の教科との重複が煩雑かもしれない．復習と思って境界を踏み込んでほしい．

　材料を「使う」立場の対極は「つくる」立場である．いわば「うら」と「おもて」である．材料は使って寿命を全うしてこそ価値があるから，どちらの立場でも両面を見る必要がある．「ものづくり」の立場にとっては，「使う」側からの視点がどうしても必要なのである．本書で，金属のトラブルを取り上げたのはそれを意識している．

　さらに，「使う」後に「棄てる」ことは必然である．今後は「ものづくり」は「棄てる」後の「帰す」（リサイクル）処理まで考える必要がある．この「うら」の「うら」は「静脈産業」と呼ばれている．材料を世に出すには，「うら」の「うら」まで考えるのが常識となっている時代である．すでに歴史のある金属材料でも，まだアイデアが求められる．

　本書が，学生だけでなく，現場の設計者や品質保証関係者などにも広く役立つことを期待している．

　本書を著すに当たって，助力戴いた東洋電機製造 大場宏明，赤壁毅彦両氏，また資料提供に協力戴いた㈶鉄道総合技術研究所・佐藤幸雄氏に感謝したい．

　最後に，編集を担当したオフィス HANS・辻修二氏に謝意を表したい．

2003 年 4 月　　　　松山晋作

I 基礎

　日本で電車が営業を始めたのは1895年，京都であった．後の京都市電北野線である．通称「N電」と呼ばれ，後に名鉄で老躯に鞭打ち，今は明治村に動態保存されている．当時の電車は鉄と銅と木でつくられた．運転士が寒風に曝されることを除けば，人にやさしい乗物である．

　路面電車は車の渋滞を招く邪魔者として，高度成長期に次々と姿を消した．都市は車の排気ガスに汚染され，交通渋滞はかえって深刻になった．電車は本来，環境にやさしい．ヨーロッパの旧い都市には，今もトラムが活躍しているところが多い．

　さて，金属の活用を学ぶ前にまず，金属単体はどういう性質があるのか，物理的性質と化学的性質の由来は何か，を知ろう．そして，金属の骨格である結晶と強さの関連性に話が及ぶのが本編である．

京都N電　　日本最初の電車．1911年製（梅鉢）2軸単車．形式：狭軌1型（明治村で動態保存）

Chapter 1　物理的性質から見る

機械工学便覧や材料の便覧には「密度」,「融点」,「弾性係数」,「熱伝導率」,「電気伝導率」など,材料に固有の定数や係数の一覧表(巻末・付表1,付表2)がある.金属材料では,これらの特性はおおむね原子の周囲を取り巻いている電子の状態によっている.したがって,異なる原子を混ぜたり温度が変化すれば,これらの値も影響を受ける.ここでは,これらの材料定数がどういう原理で発現するのか,「周期律表」を眺めながら考察しよう.

1.1　周期律表とは

　付表3(巻末)に元素の周期律表が示してある.これは原子番号順に並べた時,元素の化学的性質に周期性があることをロシアの化学者メンデレーエフが気づいたことに始まる.

　「原子番号」は負の電荷を持つ「電子」の数,すなわちそれとバランスしている「陽子」の数に等しい.最小の原子である水素Hは,1個の陽子の周りを1個の電子が運動しており,「質量数」(陽子と中性子の数の和)は1であるが,1個の陽子と1個の「中性子」で原子核が構成される重水素Dでは質量数2,1個の陽子と2個の中性子で成るトリチウムTでは質量数3である(質量数の異なるDやTを**同位体**という).

　DもTも質量数は異なるが,いずれも電子・陽子は1個ずつであるから原子番号は1であり,化学的性質はHと同じということになる.「化学的性質」とは,原子どうしの分離・結合のしやすさであり,これは電子とくに反応に関与する**最外殻電子**(価電子という)の数に強く依存している.そこで,周期性がどのように現われるのか概観しよう.

　まず「原子半径」である.**図1.1**は,原子半径を周期律表に合わせて「列番号」(巻末・付表3参照)ごとに並べた図である.原子の半径,すなわち原子の大きさとは何か? 原子は,陽子と中性子でできた原子核の周囲を電子が運動していることはすでに理科で学んだ.

　原子核の大きさは約10^{-14}m,それに対して原子の大きさはその約1万倍の10^{-10}m(1Å)程度である.原子核を直径1cmのパチンコ玉とすれば,原子の直径は100m程度となる.この原子の大きさは,運動している電子軌道の大きさと考えてよい.ただし,原子が単独に存在しているのではなく,球と考えて原子が詰められた状態,すなわち固体結晶における原子間距離の半分を原子半径とする.

　その詰めかたにはいろいろあり,後に学ぶが,固体ではこのような原子がある規則に従って並んでおり,その間隔はX線回折などで測定できる.単純に考えると,原子は核外電子の数が増えれば大きくなると思うが,実際は周期性があって電子の少ないNaでもけっこう大きいのである.

　図1.1を見るとアルカリ金属(周期律表の最左列,ⅠA族)で大きく,周期律表の中央で小さくなる傾向が見られる.アルカリ金属のように最外殻電子が1個であると,満杯になっている内側の軌道の電子によって陽電荷を持つ原子核の電気的

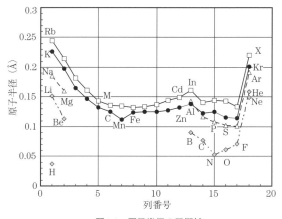

図1.1　原子半径の周期性

引力が遮蔽されて，最外殻電子は弱い拘束で気軽に運動することになり，軌道半径が大きくなる．

　最外殻電子が増えると，それらが原子核に引き付けられて原子全体が収縮する．この収縮力はすべての殻が満杯になればまた小さくなり，周期律表の右端列（希ガス元素）では原子が大きくなる．原子は電子の数と陽子の数がバランスして中性となっているが，最外殻で電子を失ったり貰ったりするとそのバランスが崩れる．電子を失えば原子は陽（＋）になり，貰えば陰（−）になる．これを「イオン」という．これはラテン語で「行く」という意味だそうだ．

　電気分解で相手極の"ほうへ"(an)"行く"(ion)もの，すなわち陰イオンを「anion」，これと"反対に"(cat)"行く"(ion)陽イオンを「cation」と呼ぶ．電気的に中性である原子の半径とイオンの半径は異なる．陽イオン半径は電子を失っているので原子半径より小さくなり，逆に陰イオン半径は電子を受け取ったので原子半径より大きくなる．

　次に，**図1.2**の「融点」を見てみよう．原子半径とは反対に周期律表の両端で小さく，中央で大きくなる傾向がある．結晶固体中では原子は格子状に配置され，格子点を中心に熱で振動している．温度が上がると原子の振動が激しくなり，ついには原子どうしが互いの強い束縛を離れる事態になる．これが「溶融」である．ただし，液体では原子が完全に自由になるわけではない．

　原子どうしの束縛力を「結合力」とか「凝集力」というが，これが大きい物質は高い温度まで踏ん張るから，融点が高くなる．この結合力の強弱も外殻電子の仕業ではあるが，最外殻電子の数で変化する原子半径のようには単調ではない．たとえば，列番号14のCは他に比べて異常に融点が高い．同じ14列でありながらSn，Pbなどは低融点金属である．これは次の節で述べるように，原子結合のしかたが外殻電子の状況によって複雑に変わるからである．

　列番号12も融点の低い金属，Zn，Cd，Hgがある．Hgに至っては金属でありながら，常温でも液体である．なぜ水銀は液体なのか．答は単純にいえば原子の結合が弱いからである．結合が弱いのは1列のアルカリ金属もそうである．アルカリ金属は最外殻のs軌道電子が孤立していて離れやすく，**自由電子**になる（付表3でs-blockに属する）．ところがイオン半径が大きいために原子間距離が大きく，結合力は小さい．

　12列はといえば付表3のd-blockの端にある．d-blockは**遷移金属**と呼ばれる．これはd軌道がs軌道とエネルギー準位が接近していて，d軌道が埋まらない状態でs電子が自由電子となるために，d軌道とのやり取りが結合力に関わるからである．12列になるとd軌道は埋められてd電子は結合に寄与しなくなるが，陽イオン電場の遮蔽効果は弱い．さらにs軌道も満杯である．そのために自由電子への放出が少なく，これが結合力を弱くする．

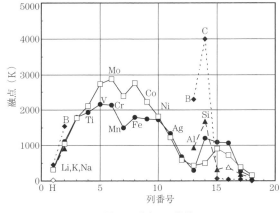

図1.2　融点の周期性

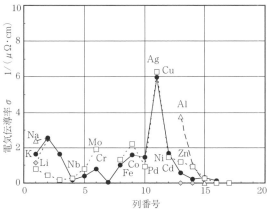

図1.3　電気伝導の周期性

Zn，Cd，Hgと重くなるに従ってs電子は陽イオンに引き付けられ，ますます自由電子が出にくくなり，ついには常温でも固体結合力が得られなくなるのである．

電気伝導は外殻の電子の流れであるから，周期性が現われても当然と思われるが，**図1.3**のように周期律表の周期とは合わず，より短い周期性があるように見える．縦軸は**電気伝導率**σ（**固有抵抗**ρ**の逆数**，$\sigma = 1/\rho$）を示しており，上方が電気伝導良好で，下方0は絶縁物である．抜群の伝導性を示すのは，11列のAg，Cuと13列のAlである（もちろん，Auも電気・熱伝導性は大きいが，周期律表で一つ下の行にあり，ここでは示していない）．

電気伝導を担うのは，自由電子といわれる原子に束縛されない最外殻電子である．この自由電子こそ，金属の特徴である，電気・熱の良導体，光沢，展延性，などを発現する根元である．熱伝導率λも電気伝導率σとまったく類似の傾向を持つ．

実は，熱伝導率λと電気伝導率σの間には，

$$\lambda/\sigma T = \text{一定} \quad \cdots\cdots\cdots\cdots\cdots\cdots (1.1)$$

ここで，T：温度

という関係がある．

これ**ヴィーデマン－フランツ**（Wiedeman － Franz）**の法則**という．

温度は，前述のように原子の振動（金属の場合，自由電子を供出しているので格子点での陽イオンの振動で，**格子振動**ともいう）の状態を表わすパラメータである．絶対0度はこの振動が停止することである．熱が伝わるということは，この陽イオン振動が次々と伝播することであるが，その仲立ちをするのは主として自由電子である．

温度が高いと陽イオンの振動が大きくなると同時に，低温では束縛されている電子もエネルギーを得て自由電子に加わる．温度の低い部分では自由電子が少ないから，ここへ高温部の自由電子が流れ込む．この時，低温側の陽イオンに衝突して格子振動を増大させる，つまり温度を上昇させる．

これが「熱伝導」である．従って，自由電子が多ければ，電気伝導も熱伝導も向上することになる．

熱的性質としての熱膨張はどうか．これは原子半径と類似の周期性を示す．熱膨張とは原子間距離が増えることであるから，先の原子半径の求めかたからすれば，原子半径が大きくなることでもある．

最後に「縦弾性率」（ヤング率）はどうか．これは融点と似た周期性を持っている．融点は結合力に依存する．二つの原子を引き離す時の応力勾配である「弾性率」は結合力と関係深いことは後に述べる．

1.2 電子のエネルギー準位の決まり

電子が原子核の周囲を回る軌道には一定の決まりがある．電子は「粒子」の性質の他に「波動」という性質がある．このために電子の状態は，飛び飛びの不連続なものとなる．粒子が単に回転運動しているだけであれば，質量による引力と速度による遠心力がつり合うような回転半径はそれぞれ任意に決まる．つまりニュートン力学の世界である．ところが波動的性質を併せ持つと，そうはいかなくなる．これが「量子力学」の世界である．

円軌道は波長の整数倍で決められる．波長の1倍の軌道群を「K殻」，波長の2倍の軌道群を「L殻」，3倍を「M殻」と呼ぶ．この1，2，3，…を**主量子数**（n）という．主量子数が増えるほどエネルギー準位は高くなり，同時に軌道が楕円的になる．軌道の半径が場所によって異なっても角運動量は保存されるという制約から，**方位量子数**（l）と呼ばれる数だけしか軌道は許されない．$l = 0$，1，2…とすると，$n \geq l + 1$である．これらを「副殻」というが，これにはエネルギー準位の低いほうから，すなわち，$l = 0$，1，2，…に対して，s，p，d，fと名付けられている．これはスペクトル線の分類である，sharp，principal，diffuse，fundamentalからとられたという．

副殻の軌道は一つではなく，それぞれが重ならないような配置がある．磁場中で軌道が対称的に

なることから，磁気量子数 m（＋1，…0，…－1）と呼ぶ値だけ軌道がある．これらの軌道には2個の電子しか入れない．この2個の電子はそれぞれ自転（スピン）の向きが逆になったペアのみである．つまり，電子はいろいろのエネルギー準位，軌道を運動しているが，同一の状態には1個の電子しか入れない．これを**パウリの禁制原理**という．

原子番号順にそれぞれの電子の配置を示すと**付表4**（巻末）のようになる．K殻はs軌道のみで電子は2個しか入れない．L殻はs軌道に2個，p軌道には磁気量子数 $m = 1$，0，－1の3軌道それぞれ2個であるから，計6個の電子が入り得る．M殻はd軌道が加わり，$m = 2$，1，0，－1，－2，すなわち10個が加算される．

かくして主量子数 n の最大電子数は，$2 + 6 + 10 + \cdots = 2n^2$ となる．

1.3 固体結晶の結合のしくみ

固体の原子結合の主な形態には，**図1.4** に示す4種類がある．結合力は，上が大きく下に行くほど低下する．次にこれらの特徴を述べよう．

(1) イオン結合（ionic bonding）

前述のように，周期律表の左端「アルカリ金属」（カリとは灰の意味で，植物の灰をアラビア人がアルカリと名付けたという）のように，最外殻電子が1個の元素はその内殻が満杯で安定しているから，電子を他に与えて陽イオンになりやすい．すなわち**イオン化傾向**が大きい．

一方，右端から2列目の「ハロゲン族」（ギリシャ語で塩をつくるという意味）は，1個の電子を貰えば閉殻になるため陰イオンになりやすい．これを**電気的陰性度**が大きいという．

これら対照的な元素は，陰陽のイオンが静電的なクーロン力を引力として強く結合する．電荷の分布は球対称なので立方型の結晶になるが，イオンが格子点からわずかにずれても閉殻どうしが近づき，ここではパウリの禁制原理により電子軌道は重ならないので，強い斥力が作用する．そのた

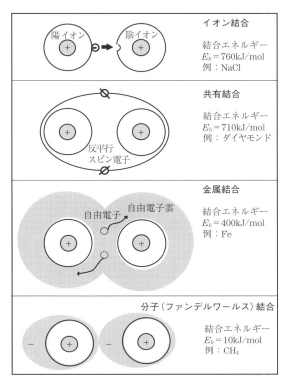

図1.4 固体原子の結合状態

めに強いが脆い物質である．

外殻電子は束縛されるので導電性は失われる．ただし，高温になればイオンの移動性が増すので導電性が現われる．

(2) 共有結合（covalent bonding）

隣り合う原子と1個ずつの電子がスピンのペア（相互に逆向きのスピンを持つ電子対）をつくって結合するもので，代表的な例はダイヤモンドである．炭素の最外殻には2s軌道に2個，2p軌道に2個，計4個の価電子があるが，2p軌道は6個が入れるから，周囲に4個の炭素原子を配置して1個ずつの電子を出し合ってペアをつくると，6個の電子があるようになり安定する．こうして強い結合をつくるから，ダイヤモンドは硬い物質なのである．

この結合は方向性が強く，四面体の配置になる．これを「ダイヤモンド構造」という．電子は共有されるが最隣接原子の束縛からは解かれないか

ら，電気伝導性はない．しかし，不純物などがあって電子が不足すると穴が開いて（**電子空孔**＝ホール），これに電子が次々と入り込むように電子が移動する．一見，空孔が逆方向に動く．このような電気伝導は半導体の特徴である．

(3) 金属結合 (metallic bonding)

　周期律表（付表3）の右側，網かけ部分の元素（希ガスなど非金属元素，半金属・半導体元素）を除いて，左側にある元素はすべて金属である．左側ということは，最外殻にある価電子が少ないことを意味している．

　逆に先の非金属元素は，最外殻が満杯かそれよりやや少ない状態の元素である．価電子が少ないと，その内側の満杯の軌道（閉殻）が原子核の陽電場を遮蔽するので，価電子は束縛が緩くなることを述べた．そのため，原子どうしが近づいた時，最外殻のエネルギー幅が拡がり軌道が重なって価電子の一部は元の原子から他の原子の軌道へ自由に移ることができるようになる．これが**自由電子**である．

　そうなると，自由電子を供出した原子は陽イオンとなる．つまり，金属は結晶の格子点にある陽イオンの周囲に電子の雲がたなびいているようなものである．陽イオンどうしの結合は，この自由電子を仲立ちとして静電的な引力として発現する．電気や熱をよく伝え，光沢があるのも自由電子のおかげである．

　付表4に示したように，原子番号が増えると電子の軌道はエネルギーレベルの低い準位から満たされていくが，すべてがその順序通りとは限らない．付表4では，満杯になった軌道は網かけで示してある．原子番号19のK付近から3d殻が満たされる前に4s殻に電子が存在するようになる．これは，3dと4sのエネルギー準位は差が小さく結晶では重なりを生じて，全体としてはスピンが最大になるような配置をするためである．

　とくに原子番号21から28まで（Sc〜Ni）のように3d殻に空位があり，4sが満たされている元素が遷移金属である．同じ金属でもs電子が結合に預かる場合は等方的な面心立方格子になり，d電子が関与する場合は異方性の強い体心立方格子になる．また遷移金属のうち，Fe, Co, Niは強磁性体になるという他の金属にない特性も発現する．

　電気や熱伝導は価電子の多いものほど良好かというと，周期律表で見た通りそうでもない．これは，価電子がすべて自由電子にはならないからである．電子が自由に移動するには閉殻はもちろん駄目で，空いているエネルギー準位が必要である．しかもそれが価電子と同じ準位か，エネルギーレベルが重なるような準位でなくてはならない．

　先に電子の波動性が電子の軌道を飛び飛びに決めると述べたが，結晶格子内を運動する時も格子点にある陽イオンの間隔に左右される．つまり，陽イオンにより波が反射して干渉が起こるのである．入射波と反射波の高低が一致すれば波は強め合うが，位相が反転していると波は弱め合う．その結果，エネルギーレベルにギャップが生じて電子の存在できないエネルギー帯ができる．これを**禁止帯**という．

　金属が光を反射するのも自由電子のためである．外から来る光は，この電子雲によって反射されて原子の内部へ入れない．したがって，電気の良導体ほど光も反射する．太陽光に曝した時，Cu, Ag, AuよりもFe, Crのほうが反射が鈍く，温度が上がるのは，後者が光を吸収するからである．

　Cu, Auでは特有の色が見られるが，これは赤などの特定の波長を吸収するエネルギー準位があり，いったんエネルギーを得て上位に飛び上がった電子が，再び元のレベルに落ち込む時に放出される光が赤のスペクトルを強めるからである．

(4) 分子結合（ファンデルワールス－van der Waals－結合）

　常温では通常気体である希ガス元素でも，極低温や超高圧の条件でむりやり原子どうしを近づけると，ゆらいでいる電子が，ある瞬間に原子の片

側に寄り，電子の希薄な面は＋，電子の多い面は－となって電気双極子となる．すると隣の原子もそれと対になる双極子となり，静電的に引き合う．前述の電子を介した結合に比べるときわめて弱い結合力である．

物質中にこのような結合部分があると，その面で破壊しやすい．グラファイトや雲母などが片状になるのはこのためで，油など流動性，揮発性のある潤滑剤が使用できない真空中のベアリングなどの固形潤滑剤として利用されている．

1.4 原子どうしの結合の強さ

二つの物体があると引力が働くことはニュートンのリンゴで知られている．地球を周回する月は，引力と円運動による遠心力とがつり合っている．原子核と電子も同様であるが，引力は電気的である点が違う．原子核どうしも電子の雲を介して電気的な引力が作用する．ところが，原子核は電子のように回転運動をしていないから遠心力はない．それにもかかわらず，ある距離よりは近づかないのは，近づきすぎれば陽電荷のある核どうしの電気的な反発を生ずるからである．

そこで，適度な距離を置いて安定しようとする．つまり，結晶固体では前後左右の原子どうしが引力と斥力のバランスする場所を占める．3次元の結晶を格子と考える時，原子の占めている位置が「格子点」である．

今，図1.5のように単純に二つの原子だけを考えて，A原子が原点にあり，B原子がr_0の位置（図では$r／r_0 = 1$）でバランスしているとしよう．B原子は，r_0より近づくと斥力が次第に大きくなって押し戻され，r_0より遠ざかると引力が大きくなって引き戻される．これをエネルギー的に見ると，U字の谷間に転がる玉が谷底で安定している様子に似ている．このU字曲線を「ポテンシャル曲線」という．

このような2原子間のポテンシャル曲線のモデルの一つとして，次式の**モースのポテンシャル関数**がある．

$$U(r) = D[1-\exp[-a(r-r_0)]]^2 \quad \cdots (1.2)$$

図1.5はこのポテンシャル曲線を無次元化して示したものである．$r／r_0 = 1$で$U = 0$は，二つの原子が安定に隣り合う位置である．

他方，$r／r_0 = \infty$，で$U = D$となることは，B原子を無限遠方に置いた時のポテンシャル，すなわち結合（あるいは解離）エネルギーがDであることを示している．

原子間に働く力$F(r)$はポテンシャルUを微分すれば求まる．

すなわち，

$$\begin{aligned} F(r) &= dU(r)／dr \\ &= 2aD[\exp[-a(r-r_0)] \\ &\quad - \exp[-2a(r-r_0)]] \quad \cdots (1.3) \end{aligned}$$

この第1項は斥力，第2項は引力を表わしており，$r = r_0$で両者がつり合い，原子間力は0になる．**図1.6**に原子間力の様子を示す．

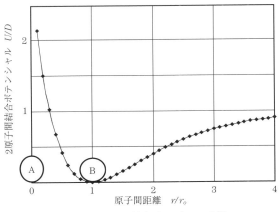

図1.5 2原子間の結合ポテンシャル曲線

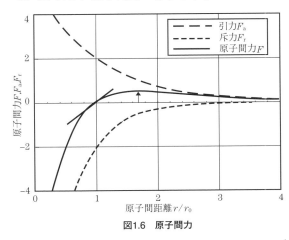

図1.6 原子間力

ちなみに，この時の F の勾配が先に述べた縦弾性率 E である．

すなわち，

$$E = [\mathrm{d}F \diagup \mathrm{d}r]_{r=r_0} = 2Da^2 \cdots\cdots\cdots (1.4)$$

a はポテンシャルの谷の形状を決める定数で，大きいほど谷がシャープになり，弾性率 E が大きくなる．

原子 B を r_0 より遠ざけると，元へ戻そうとする引力が強く働くが，ある位置を超えると小さくなる．この最大値は，$\mathrm{d}F/\mathrm{d}r = 0$ より求められ，$r \diagup r_0 = \ln 2 \fallingdotseq 1.7$ の時，

$$F_{\max} = D \cdot a \diagup 2 \cdots\cdots\cdots\cdots (1.5)$$

となる．

これが原子結合力（凝集力），いい換えれば「破壊強度」F_c である．

(1.4)式を用いれば，

$$F_c = \frac{1}{2}\sqrt{ED/2} \cdots\cdots\cdots\cdots\cdots\cdots (1.6)$$

図 1.5 からわかるように，このポテンシャル曲線は r_0 に対して非対称で，斥力側で勾配が大きく引力側で勾配が小さい．原子 B は r_0 を中心に熱で振動しているが，温度が高くなると振幅が大きくなる．この振幅は勾配の小さい引力側へ偏るため，振動の中心 r_0 は右側へずれるとともにポテンシャルの谷は浅くなる．これが「熱膨張」である．

ポテンシャルの谷が浅くなるとますます引力側の勾配が小さく，格子点の偏りが起こりやすくなる．熱膨張率が温度とともに増加する所以である．ポテンシャルの谷の深さは D に，谷の鋭さは a にそれぞれ依存することから，モース・ポテンシャルのモデルで前述のパラメータの周期律を説明すれば次のようになる．

周期律表の両端の大きなサイズの原子径を持つ元素（図 1.1 参照）は D も a も小さく，ポテンシャルの谷が浅くなだらかになることで，結合力が小さく，融点も低く（図 1.2 参照），熱膨張率が大きくなる．

周期律表中央の価電子の多い元素は，原子が収縮すると同時に結合力が大きくなり，ポテンシャ

ルの谷が深く（D が大きく），鋭い形状（a が大きく）になり，結合力も弾性係数も大きくなる．

一方，熱伝導や電気伝導は原子間ポテンシャルよりも外側の電子軌道のエネルギー準位の重なりや空き具合によるから，別の周期性を示すのである．

以上は単純な 2 原子でのモデルであるが，実際の固体結晶では，上下左右に 3 次元で原子が配置される．これらの原子の配置のしかたは前節で述べた結合のしくみによって変わる．

1.5　電気の伝導

金属は電気と熱の良導体であることが特徴であるが，数ある金属元素の中でもとくに最外殻が s 軌道で，しかもここに 1 個しか電子のない 1 価金属は電気・熱を良く通す．s 電子が結合に関与する場合は，前述のように結合ポテンシャルが等方的になる．さらに s 電子の内側の軌道がすべて満たされた閉殻であれば，核の陽電荷が遮蔽されて自由電子の拘束が小さくなる．この効果は原子半径が大きいほど顕著になる．

これらの条件を満たす金属を探すと，Na，Cu，Ag，Au が該当する．このうちアルカリ金属は陽イオンの熱振動が激しいため，電子は散乱されて遅くなる．そこで，残る Cu，Ag，Au が電気・熱の良導体ということになる．ところが良導体でも Al だけは例外で，s 軌道は充足され，p 軌道に 1 個だけ電子がある．

電子の流れの逆が電流である．今，長さ L（m），断面 S（m^2）の電線に電圧 V（V）がかけられたとしよう．電流 I（A）とは，ある断面積を毎秒通り過ぎる電子の電荷 e（-1.6×10^{-19}C）の量である．

電子の平均速度 u（m/s），電子密度 n（個 /m3）とすると，

$$I = neuS \cdots\cdots\cdots\cdots\cdots\cdots (1.7)$$

電子の速度 u は電界の強さ E（$= V \diagup L$）に比例するから，

$$u = \mu E \cdots\cdots\cdots\cdots\cdots\cdots\cdots (1.8)$$

μ は「電子の易動度」（mobility）という．これから，電圧と電流の関係は，

$$V = (L／ne\mu S)\cdot I \quad\cdots\cdots\cdots\cdots\cdots (1.9)$$
ここで，
$$\rho = 1／ne\mu \quad\cdots\cdots\cdots\cdots\cdots (1.10)$$
とすれば，
$$V = \rho\cdot(L／S)\cdot I \quad\cdots\cdots\cdots\cdots\cdots (1.11)$$
さらに，
$$R = \rho\cdot L／S \quad\cdots\cdots\cdots\cdots\cdots (1.12)$$
と置けば，
$$V = R\cdot I \quad\cdots\cdots\cdots\cdots\cdots (1.13)$$
と書ける．

R は系の回路抵抗で，これはおなじみのオームの法則である．

固有抵抗 ρ （resistivity：比抵抗，電気抵抗率などとも呼ばれる）は，単位長さ・単位断面積当たりの電気抵抗を表わす．これは，物質の固有の定数であり，付表1および付表2に示されている．

単位は $\Omega\cdot$m，あるいは $\mu\Omega\cdot$cm を用いる．固有抵抗の逆数，$1／\rho$ を**電気伝導率**ともいう．

実用金属の**導電率**を表わすのに，純銅の20℃での固有抵抗を100％として比較する方法もよく見られる．これは，1913年に国際電気委員会が定めた焼鈍した純銅の固有抵抗 $1.7241\,\mu\Omega\cdot$cm の電気伝導率 $(1／\rho)$ を基準としたもので，たとえば純アルミニウムの固有抵抗を $2.82\,\mu\Omega\cdot$cm とすれば，**IACS** $= 100\times(1/2.82)／(1/1.7241)$ $= 100\times1.7241／2.82 = 61.1\%$ と計算される．

（IACS：International Annealed Copper Standard）現在では電気銅でも IACS $> 100\%$ である．

電気抵抗は，電子を散乱してその流れを乱すことから生ずる．これには結晶格子にあるイオンの熱振動，合金などでは異種原子の存在，後に述べる結晶格子の乱れ（格子欠陥）などがある．

格子イオンの振動は温度の上昇とともに激しくなるから，金属では電気抵抗は温度に比例して増大する．常温より高い温度では次式に示すように直線的な比例関係がある．
$$\rho = \rho_0\{1 + \alpha(T - T_0)\} \quad\cdots\cdots (1.14)$$
ここで，T_0 は通常20℃に取られ，ρ_0 は20℃での固有抵抗である．α は電気抵抗の温度係数で

およそ 0.004 程度であるが，遷移金属である Fe, Co, Ni は 0.006 程度と大きい．

遷移金属は前述のように d 殻に空きがあるのに s 殻に電子が入り，これが伝導電子となっている．そのため，d 電子はスピンが最大になるような配列となり，大きな磁気モーメントを持つ．これが強磁性体である理由でもあるが，このことがまた s 電子の散乱の原因ともなる．

水銀は自由電子が少なく結合力が弱いことを述べたが，当然固有抵抗は大きく（付表1参照），抵抗の温度係数は逆に他よりも小さく，0.0009 程度である．

一方，低温では格子イオンの振動は静かになり，絶対0度では停止するから，固有抵抗は0になるかというとそうはならない．高温ではあまり目立たなかった異種原子や格子欠陥による格子の乱れに起因する散乱の抵抗が残るのである．このため，ρ は温度に正比例する関係はなくなる．

$T = 0$K でも消失しない抵抗を**残留抵抗**と呼ぶ．温度に比例する抵抗を ρ_T，残留抵抗を ρ_R とすれば，
$$\rho = \rho_T + \rho_R \quad\cdots\cdots (1.15)$$
となる．これを**マチーセン**（Matthissen）**の法則**という．純粋な金属をつくることは意外と難しい．それは，酸素などの不純物がなかなか除けないからであるが，純粋になればなるほど極微量な不純物の分析が困難になることもある．このような純金属の純度を決定するのに，この残留抵抗が用いられる．

残留抵抗も0になる物質が「超伝導体」である．低温で Hg が突然抵抗0になる現象をオンネス（Onnes, Kamerlingh）が発見したのはほぼ1世紀も昔（1911）であるが，近年になって高温超伝導体の発見が相次いだ．高温といっても液体ヘリウム（-268℃，5K）のような極低温よりは高温，液体窒素（-196℃，77K）程度で超伝導状態になる物質である．この原理については，電子のクーパー対など新たな理論（発案者の頭文字を並べて，BCS 理論といわれる）が提案されたが，これでもまだ完璧には解明されてはいない．

Hg では扱いが難しいが，Nb－Ti 合金など液体ヘリウム温度で超伝導となる合金は，MRI など医療機器や磁気浮上鉄道などに応用されている．

1.6 熱の伝導

先に，電気伝導率 σ と熱伝導率 λ の間にヴィーデマン－フランツの法則があることを述べた．しかし，この法則が成り立つのは電子が熱を伝える場合である．熱は電気絶縁物でも伝わるから，電子によるだけではないことがわかる．温度とは原子の格子振動の状態を表わしている．

格子振動は電子の衝突だけでなく，格子をばねでつないだ構造と考えると，音と同じように隣の格子に弾性波として伝播することも可能である．この波動も原子の大きさ，結晶構造などにより波長が決められ，飛び飛びの値を取る．

そこでこれを電子と同じように，波動性の他に粒子性を持つ量子と考えてフォノン（音子）と呼ぶ．いい換えれば，熱は伝導電子とフォノンにより伝わるのである．

今，**図1.7** のように温度勾配がある断面積 S の丸棒に長さ方向にだけ熱が伝わるような一次元の場合を考えよう．ある厚さ d の断面を考えて，高温側の断面の温度 T_1，低温側の温度 T_2 とすると，この部分断面を単位時間に流れる熱量 Q は，温度勾配 $(T_1－T_2)／d$ に比例するから，次のように書ける．

$$Q = \lambda S(T_1－T_2)／d \quad\cdots\cdots\cdots (1.16)$$

ここで，λ：熱伝導率

単位面積を流れる熱量 $J(＝Q／S)$，温度勾配

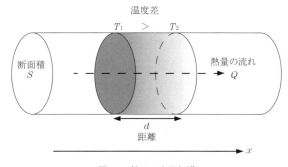

温度差

断面積 S

$T_1 > T_2$

熱量の流れ Q

d
距離

x

図1.7　熱の一次元伝導

$(T_1－T_2)／d$ を $\mathrm{d}T／\mathrm{d}x$ で置き換えて一般化すると，

$$J = －\lambda\cdot(\mathrm{d}T／\mathrm{d}x) \quad\cdots\cdots\cdots (1.17)$$

負の記号は温度勾配が右下がり，すなわち x 方向に負になるからである．温度勾配が時間により変化しない場合を「定常熱伝導」という．これらが時間により変化する場合は「非定常熱伝導」と呼ばれ，時間による変化が次のように表わされる．

$$\mathrm{d}J／\mathrm{d}t = －\lambda(\partial^2 T／\partial x\partial t) \quad\cdots (1.18)$$

熱伝導率は，伝導電子の寄与分を λ_e，フォノンの寄与分を λ_p とすれば，

$$\lambda = \lambda_e + \lambda_p \quad\cdots\cdots\cdots\cdots\cdots (1.19)$$

である．

金属では伝導電子の寄与が大きく $\lambda_e \gg \lambda_p$ であり，熱の伝導速度は大きく，電気の良導体は熱の良導体でもあるのである．

1.7 比熱

熱量の単位は，15℃，1気圧で純粋な水 1g を 1℃（14.5℃→15.5℃）上昇させるのに必要な熱量として 1cal と決められた（0℃，0～100℃の平均など他の決めかたがあるが，ここでは省略する）．

それに対して，他の物質 1g を同じ条件で 1℃上昇させるのに必要な熱量を**比熱**という．これは水を 1 とした時の比である．比熱を C とすれば，質量が mg の物質では 1℃の温度上昇に必要な熱量，mC を**熱容量**という．

従来は cal が熱量単位であったが，現在の SI 単位では J（Joule）を用いる．J は本来は仕事の単位で，SI 単位では 1N の力で力と同じ方向に作用点を 1m 動かす機械的エネルギーを表わしている．すなわち，J＝N·m である（N·m がモーメントを表わす場合は J に換算できないことに注意）．

イギリスの物理学者ジュール（J.P.Joule，1818～1889）は，錘を滑車に吊るして重力で下がると液体中のプロペラが回転する装置を用いて，撹拌により上昇した液温を測定した．その結果，液温上昇に費やされた熱量（cal）と錘が重力によりな

された仕事が換算できることから，1cal = 4.2J の関係を得た．

従来は物理学では cm-g-s（cgs 単位系）を用い，エネルギーは erg，一方，工学では m-kg-s（mks 単位系）を用い，エネルギーは J とややこしかった．現在は SI 単位系に統一されてすっきりしたが，これまで親しんだ旧単位系も捨てがたい．温度は K よりも℃がわかりやすいし（本書では必要な場合以外は℃を使用），時間を ks などでいわれるより，h や min を用いたほうがわかりやすい．これは日常的な寒暖計や時計がこの単位で表示されていることからもいえる．ところが技術計算には，s や K でないと換算が逆にやっかいになる．

金属など固体では，外から熱を与えて温度が上がっても体積はわずかしか変化しないが，たとえば風船の中の気体は大きく膨張して外に対して仕事をする．そこで，熱膨張の小さい固体と大きい気体では比熱の表わしかたが違ってくる．

熱を与えても体積が不変（V = const）ならば，外から与えた熱は全部内部に蓄えられて，内部エネルギーがΔUだけ上昇する．この時の温度変化がΔTとすれば，比熱 C_v は，

$$C_v = [\partial U / \partial T]_v \qquad (1.20)$$

これを**定容比熱**という．金属などでは「比熱」といえばこれに近い．厳密には熱膨張はないわけではないが，その寄与は小さい．

他方，圧力が一定（P = const）の条件では，気体では外から与えた熱は一部が内部エネルギーとなり温度が上昇，残りは体積がΔV膨張するために$P\Delta V$の仕事をする．そこで比熱 C_p は，

$$Cp = [\partial U / \partial T]_p + P [\partial V / \partial T]_p \qquad (1.21)$$

となる．これを**定圧比熱**という．

金属では，温度上昇は電子雲の中にある格子イオンの振動の増加であるから，比熱はほとんどが格子振動によっている．電子による比熱への寄与は室温では小さい（極低温では大きくなる）．

格子振動の「モル比熱 C^*」はデュロン・プティの値，$C^* = 3R$（R は気体定数）とほぼ一定であり，グラム当たりの比熱はこれを原子量 M で割った値となる．すなわち，

$$C_v = 3R / M \qquad (1.22)$$

図 1.8 は原子番号順に比熱を並べたもので，重くなるほど低下する傾向が見られ，周期性はない．

後に述べるように，金属が変態を起こしたり溶融する場合には「潜熱」というのがある．電熱器で氷を暖めると0℃で融解して水になるが，水が全部水になるまでは0℃のままに保たれるのと同じである．この時，外から熱を与え続けているにもかかわらず，温度上昇が0であることになり，比熱の定義からいえば，比熱は無限大になってしまう．

このように変態点で比熱の不連続変化が見られるが，熱膨張測定では検出できない規則－不規則変化などでも比熱の不連続変化が見られるため，相変化の測定に利用される．

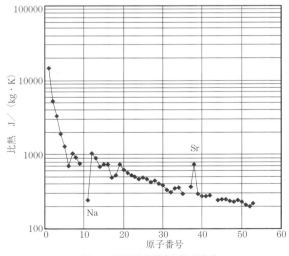

図1.8　原子番号順の比熱の変化

Chapter 2　化学的性質から見る

2.1　金属を水に入れると

　地球は酸素に取り巻かれた環境であり，金属の鉱石は大部分が酸化物や硫化物の形で安定している．これを還元して金属を取り出すのが「精錬」である．つまり人為的に不安定な金属をつくり出すことであり，放置すれば酸化して再び鉱石へと還っていく．これが「腐食」(corrosion)である．

　図2.1は，食塩水のような電解質水溶液に鉄と亜鉛を浸して両者を導線で電気的に結合したものである．ここで，イオン化傾向を思い出そう．FeとZnでは，Znのほうがイオン化傾向が大きいため，Zn極は陽イオンとなって水溶液中に溶け出す．これが腐食の始まりである．

$$Zn \rightarrow Zn^{2+} + 2e^- \quad\cdots\cdots\cdots\cdots\cdots (2.1)$$
　　　［アノード反応］

　これは電子を失う酸化反応であり，電流が水溶液中に流出する．このような極を「アノード」という．

　一方，Znから失われた電子は導線を伝わってFe極にいく．水溶液中にH$^+$が多い場合（酸性度が高い場合）は，Feの表面で水素が電子を消費する還元反応が起こる．こちらの極を「カソード」と呼び，水溶液から電流が流入する．

$$2H^+ + 2e^- \rightarrow H_2 \quad\cdots\cdots\cdots\cdots\cdots (2.2)$$
　　　［カソード反応］

　還元された水素の一部はFe極中に入り侵入型固溶体になるが，大部分は水素ガスとして水溶液から外へ逃げていく．水溶液中に水素イオンが少ない，すなわち中性からアルカリ性の場合は，水中の溶存酸素の還元反応が起こる．

$$(1/2) O_2 + H_2O + 2e^- \rightarrow 2OH^- \quad\cdots (2.3)$$
　　　［カソード反応］

　ちなみに，1Lの水における水素イオンならびに水酸イオンの「グラムイオン」濃度を，それぞれ［H$^+$］，［OH$^-$］とする時，pHは水素イオン濃度を示す指数であり，

$$pH = - \log [H^+] \quad\cdots\cdots\cdots\cdots\cdots (2.4)$$
$$\log [OH^-] = 14 - pH \quad\cdots\cdots\cdots (2.5)$$
で表わされる．

　pH = 7の時，［H$^+$］ = ［OH$^-$］中性，pH < 7では［H$^+$］ > ［OH$^-$］酸性，pH > 7では［H$^+$］ < ［OH$^-$］アルカリ性と定義される．

　鉄の水溶液中の腐食では，pH < 4ならば(2.2)式が，pH > 5になると(2.3)式が主な反応機構になる．

　アノードとカソードの反応が同時に起こる時，両極間に生ずる電位差を「起電力」といい，このような系を「電池」(Cell)という．この電位差は，それぞれの金属と水溶液間の電位差(potential)（これを**半電池**という）に基づくものである．

　今，金属MがそのイオンM^{n+}を含む水溶液中にあって，何も変化が起こらないとする．この時，金属Mの化学ポテンシャルがイオンの化学ポテンシャルと均衡を保つためには，電荷がある分だけ電位差を生じて平衡する．つまり金属と水溶液

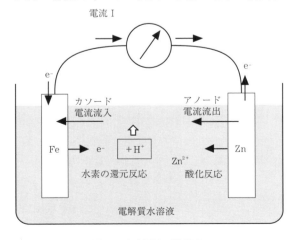

図2.1　腐食電池の模式図

の間には一定の電位差が生じている．これを**単極**と呼び，半電池を形成する．

この単極電位 E は，次の**ネルンストの式**で示される．

$$E = E_0 + (RT \diagup zF) \ln a_{M^{n+}} \quad \cdots\cdots\cdots (2.6)$$

$a_{M^{n+}}$ は，イオンの活量というが濃度と考えればよい．$a_{M^{n+}} = 1$ の標準状態（25℃，1気圧，1gイオン／L）を考えると，その時の電位が E_0 となる．

この E_0 はそれぞれの金属によって異なり，これを大きい（貴）ほうから小さい（卑）ほうに並べたものを**電位列**という（巻末・**付表5**参照）．この表には，いわゆるイオン化傾向の列，海水中の実用材料の腐食電位列も併せて示してある．

ここで，たとえば Fe と Zn について見てみよう．$Fe \rightleftarrows Fe^{2+}$ の平衡では $- 0.440V$，$Zn \rightleftarrows Zn^{2+}$ の平衡では $- 0.762V$ であるから，この半電池を一つにすると

$$(- 0.440) - (- 0.762) = 0.322V$$

の電位差が生ずる．

これをネルンストの式で表わすと，

$Fe \rightleftarrows Fe^{2+}$ では，

$$E_{Fe} = E^0_{Fe} + (RT \diagup zF) \ln a_{Fe^{2+}} \quad \cdots (2.7)$$

$Zn \rightleftarrows Zn^{2+}$ では，

$$E_{Zn} = E^0_{Zn} + (RT \diagup zF) \ln a_{Zn^{2+}} \quad \cdots (2.8)$$

両者を導線でつなぐと，金属どうしは同電位になるから，

$$E_{Fe} = E_{Zn} \text{ より},$$
$$E^0_{Fe} - E^0_{Zn}$$
$$= (RT \diagup zF) \ln (a_{Zn^{2+}} \diagup a_{Fe^{2+}}) \cdots (2.9)$$

となる．

$$E^0_{Fe} - E^0_{Zn} = 0.322V > 0$$

であるから，

$$a_{Zn^{2+}} \diagup a_{Fe^{2+}} > 1$$

となり，Zn^{2+} イオンが増加する．

すなわち，Zn がイオンとして溶解することを示している．

ただし，いったん電流が流れると先のような半電池の平衡は保たれなくなり，電極で反応生成物による電位差が生ずるために，単純には話が進ま

ない．しかし，電位列で眺めて E0 の差を知れば，二つの金属が接触した時にどちらが腐食するかの傾向は把握できる．

ところで，先に示した電位はどのようにして測定するのか．これには，わずかに電流が流れても平衡が保たれる電極が基準として用いられる．水溶液と反応しない白金 Pt を，標準状態における水素イオン H^+ と水素ガス H_2 が平衡した気液2相容器に浸した単極を**標準水素電極**（NHE）という．

付表5の H の電位が0なのは，水素電極を基準にして，それとの相対的な電位差を表わしているからである．

工業的には，より簡便な「飽和カロメル電極」（SCE）や「塩化銀電極」（AgClE）などの参照電極が，pH管理や腐食制御などに使用されている．

以上では，腐食の概念としては，水溶液中での金属イオンが電流の担い手となり，単純な電池を形成するモデルを考えてきた．

ところが，前述のアノード反応やカソード反応が起こる場所では，電流が流れて平衡が破られると不可逆な反応生成物が生じて電極の表層を覆い，電流の抵抗や逆起電力を発生する．このような現象を**分極**（polarization）という．この分極に打ち勝って電流を流すには，ある一定の**過電圧**（overpotential）が必要になる．

腐食は，原理的にはアノード電流とカソード電流が等しくなることで持続するから，どちらか一方の反応を抑制すれば防食になる．アノード側で導電性の低い酸化皮膜が形成されれば，アノード反応を抑制する．

ステンレス鋼は，表面にごく薄い「酸化皮膜」（**不働態**という）が形成されるために錆びないのである．また，カソードでの酸素の還元を防止するために，塗装やめっきで酸素の供給を絶つことも防食の方法である（Chapt.13.5参照）．

2.2 表面とは

表面とは，気相－固相，気相－液相，液相－固相の境界をいう．固相－固相の場合は，界面とい

うことが多い．厳密には，相境界を界面，真空との境を表面という．

界面でも表面でも，境界では相互の相が持つ原子の秩序が異なっているために，過剰なエネルギーが生じている．これを**表面エネルギー**（surface energy）という．過剰であるがゆえに，表面エネルギーは小さくなろうとする．そのために，表面積を小さくする力が働く．**表面張力**（surface tension）である．表面エネルギーを小さくするために，他の物質が表面に集まることもある．これを**吸着**（adsorption）という．

液体では表面張力はほぼ表面エネルギーに等しい．金属のような固体では，破壊によって二つの新しい表面がつくられるとき，表面エネルギーを γ とすれば，最低限 2γ のエネルギーが必要である．簡単のため，**図2.2** のように結晶格子間ポテンシャル・エネルギーを周期関数である正弦関数とする．そこで，結晶面を x だけ引き離す応力 σ は次のように書ける．

$$\sigma = \sigma_0 \sin(\pi x / r_0) \quad \cdots\cdots\cdots\cdots (2.10)$$

ここで，σ_0：結合力，

$\qquad r_0$：格子間隔，

$\qquad x / r_0$：ひずみ，

ただし，$x > r_0$ では $\sigma = 0$ とする．

$x = 0$ における σ の勾配はヤング率 E であるから，$E = [\mathrm{d}\sigma / \mathrm{d}(x / r_0)]_{x=0} = \pi\sigma_0$ より，

$$\sigma_0 = E / \pi \quad \cdots\cdots\cdots\cdots\cdots\cdots (2.11)$$

表面エネルギー 2γ は，結晶面を引き離す仕事，すなわち 2.10 式を $x = 0 \sim r_0$ まで積分した値に

等しい．

$$2\gamma = (E / \pi) \int_0^{r_0} \sin(\pi x / r_0)\,\mathrm{d}x$$
$$= E r_0 / \pi^2 \quad \cdots\cdots\cdots\cdots (2.12)$$

となる．

格子間隔やヤング率は測定できるから，これから表面エネルギーが概算できる．イオン結晶では測定値と良い対応が得られている．

金属の破壊では，塑性変形が起こるために γ はこの仕事の寄与が大きくなる（Chapt.13.1 参照）．

ところで，NaCl などは結合力は強いのに，水に入れると簡単に溶解してしまう．これには表面の構造が関連している．

図2.3 は，金属が水と接している表面の構造を模式的に描いたものである．金属表面は滑らかではなく，ステップや凸凹がある．このような場所の原子は金属側の結合の手（配位）が少なくなって，表面エネルギーが高い状態にある．

たとえば bcc 鉄の場合，結晶内では最近接原子は 8 個あるが，立方の角にくると 1 個になってしまう．ただし，第 2 近接原子の影響があるからそれほどにはならないが，ともかく結合が不安定になる．

一方，水溶液側では水分子 4 個が凸部の金属原子を取り囲むと 4 個の酸素と結合電子軌道が重なり，共有結合のような配位となる．両者の綱引きの結果，水側が勝つと金属原子はイオンとして水の酸素原子に取り込まれてしまう．これを「水和」という．これによって金属表面の表面エネルギーが下がって安定すればよいが，ステップが滑らか

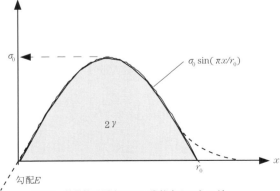

図2.2　結晶格子面を二つに分離するエネルギー

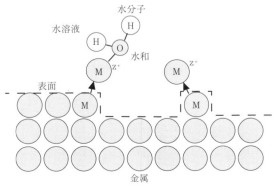

図2.3　金属の表面原子と水の反応

にならずイオン化が進めば溶解は継続する.

　一方，酸素が強く吸着して表面エネルギーを下げてしまうと安定化する.このような現象を**不働態化**という.

　金属が酸化したり，水素を吸着したり，化学反応する場合には，表面の構造が関与しているのである.結晶内の粒界に不純物が集積するのも同じ原理である.しかもステップや突起などの活性点にわずかの異原子が吸着するだけで，表面エネルギーは急減する.きれいな表面はほとんどあり得ないと考えるべきである.

　一方，表面に吸着した原子を掃除しながらそれを分析する方法もある.高真空中で高速イオンを衝突させて表層原子をはじき出す「イオン・スパッタリング」や「イオン・エッチング」などである.

　「吸着」も原子結合であるから，先に述べた弱いファンデルワールス結合から,強いイオン結合,共有結合などいろいろある.電気化学的に外部から電流を供給してめっきを行なう場合には，金属結合を生じて表面に合金層ができる.さらにイオンを表面に打ち込み，非化学量論的な合金層を形成して耐摩耗性を改善することなども行なわれている.このような技術は「表面改質」といわれる（Chapt.12参照）.

2.3　ぬれの話

　シリコンコートなどで撥水処理をしてある車の外板は水滴が丸くなるが，効果がなくなるとよく濡れるようになる.「ぬれ」は，一見，水滴と外板の表面張力だけが問題のように見えるが，実は**図2.4**に示すように，固体S／気体Vの界面SV，液体L／気体Vの界面LV，固体S／液体Lの界面SLのそれぞれの表面張力（エネルギー）γ_{SV}，γ_{LV}，γ_{SL}のつり合いで決まる.

$$\gamma_{SV} = \gamma_{SL} + \gamma_{LV}\cos\theta \cdots\cdots\cdots(2.13)$$

このバランスで図2.4（b）のように，ぬれ角θが$0 < \theta < \pi$である時，部分的に濡れた状態になる.$\theta = \pi$では完全撥水状態で水滴は丸くなり，$\theta = 0$では水滴は延びて広がる.

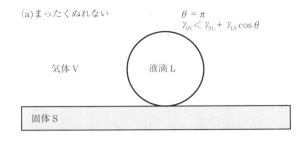

(a)まったくぬれない　　　$\theta = \pi$
$\gamma_{SV} < \gamma_{SL} + \gamma_{LV}\cos\theta$

気体V　　　　液滴L

固体S

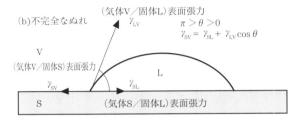

(b)不完全なぬれ

（気体V／固体L）表面張力　γ_{LV}　　$\pi > \theta > 0$
$\gamma_{SV} = \gamma_{SL} + \gamma_{LV}\cos\theta$

V
（気体V／固体S）表面張力

γ_{SV}　　　γ_{SL}

S　　（気体S／固体L）表面張力

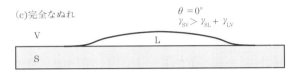

(c)完全なぬれ　　　　$\theta = 0°$
$\gamma_{SV} > \gamma_{SL} + \gamma_{LV}$

V　　　　　L

S

図2.4　液滴のぬれ

　ろう付け，複合材料における溶湯の含浸などでは，ぬれの善し悪しが重要な因子になる.良く濡れるためには，液体の介在により全界面エネルギーが気体／固体間の表面エネルギーより下がることが必要である.すなわち，

$$\gamma_{SV} > \gamma_{SL} + \gamma_{LV} \cdots\cdots\cdots\cdots\cdots(2.14)$$

結晶粒界の3重点の角度，母相粒界と析出物の界面の角度なども，それらが生成する高温におけるそれぞれの相界面の表面エネルギーにより決まる.

　なお，先に式（2.12）で求めたγは，母相原子の固体と昇華した気体の間の表面エネルギーγ_{SV}に相当する.

Chapter 3　結晶の性質から見る

　実用金属を強化したり，加工したりする具体的な方法は，Ⅲ 実用金属で扱う．ここでは結晶構造の観点から，強度や延性がどのようなしくみで起こるのかを学ぼう.

3.1　金属の結晶構造

　Chapt.1 で述べたように，金属原子は結晶格子を構成する．化合物では原子の配列は複雑なものが多いが，鉄鋼材料，アルミ合金など実用合金は単純な配列である．まず，原子を球として考えて，その並びかたを考えよう.

　図3.1 (a) は球を四角に並べている．パチンコの玉を箱に詰めると，このような隙間の多い並びかたはしない．この四角並びは不安定で，箱を揺すれば普通は**図3.1 (b)** のように正三角形に配列する．これは最も密に詰まる配列である.

　ところが，常温の Fe（α鉄）はわざわざ不安定な四角並びなのである．それは先に述べたように，Fe は 3d 殻電子が結合に関与しており，この軌道が対称性に乏しいことによる．四角並びの A 原子面の上に並ぶ原子 B は隙間 e の上に乗る．当然これも四角並びである.

　B 原子面の上に乗る原子は隙間 f の上になるから，A 原子面と同じ配列になる．この原子面の層を横から見ると，ABAB…という繰返しになっ

ている．ABA の最小の格子を単位胞（unit cell）というが，原子球を小さくして描いたのが，**図3.2 (a)** である．A 原子の立方体の中心に B 原子があることから，**体心立方格子**（body centered cubic lattice：bcc）という.

　この構造は，前述のように d 電子が結合に関与している遷移金属，Fe，Cr，Mo，W など硬い金属に多い．B 原子の立方格子から眺めれば，A 原子が体心になる．そこで二つの A 原子の中間 O_1 点，すなわち稜の中心は，B 原子の中間である面心の O_2 点とは同じ隙間 e であることがわかる.

　O 点は周囲の 6 個の原子を頂点とした八面体の中心であるから，「八面体位置」（octahedral site）という．後に述べる鋼の重要な合金元素である炭素は，小さい原子なのでこの隙間を占める．このように母格子の原子間に異原子が入り込むことを**侵入型固溶体**という.

　立方体の一辺を a（格子定数）とすると，O_2 点から最近接にある 2 原子は $a/2$ の距離にある．残りの 4 原子は対角線の 1/2 であるから，$a/\sqrt{2}$ の距離にある．そこで炭素原子が O_2 位置に入ると，

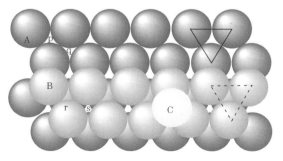

(a)体心立方格子（bcc）

(b)面心立方格子（fcc）　　面の重なり　ABCABC
　　稠密六方格子（hcp）　　　　　　　　 ABABAB

図3.1　原子球の詰まりかた

窮屈な最近接 B 原子間隔が広がる．つまり x 方向に伸びることになる．もし外力が y 方向にかかると O_1 位置が伸びるので，炭素原子は窮屈な O_2 から O_1 に移動する．このように応力により原子が移動することを**応力誘起拡散**という．

この応力負荷が周期的振動で，もし炭素原子がここをこの周期の時間で移動できる温度であれば，外力の弾性エネルギーは炭素原子が格子ポテンシャルに逆らって移動する活性化エネルギーとして消費される．そのため振動の減衰（damping）が大きくなる．これを**内部摩擦**（internal friction）と呼び，温度を変えて振動の減衰を測定すると，ある温度で内部摩擦のピークが現われる（chapt.9.3 参照）．

この例のような侵入型溶質原子が非等方的な空隙を応力誘起拡散する場合のピークは，発見者の名を冠して「Snoek peak」と呼ばれている．侵入型原子の格子拡散活性化エネルギーの測定などに利用される（bcc には，隣り合う二つの体心原子 B_1, B_2 と A_1, A_2 で囲まれる 4 面体位置という隙間があり，ここも拡散経路になる）

図 3.1 に戻り，同図（b）を見てみよう．前述のようにこれは最密格子で，正三角形の配列である．A 原子のある面を最下面としてその上に B 原子を並べると，三つの原子の中央の隙間 p あるいは q のどちらかの上に乗る．球の大きさから，両方に同時には配列しない．そこで B 原子の面にさらに C 原子を乗せる時に二通りに分かれる．B 原子面の隙間 r と s を見ると，r の下には A 原子があり，s は下が透けて見える．r に C 原子が乗ると A の真上であるから，横から見ると ABAB…の層が繰り返される．

一方，s の上に C 原子が乗ると，ABC と積んで初めてその上で A 原子の真上になるために，ABCABC…と繰り返す積み重ねとなる．この積層の違いは別の見方をすると**図 3.2**（b）のようになる．ABCABC の繰返しは，立方体の面の中心にも原子のある**面心立方格子**（face centered cubic lattice：**fcc**）の単位胞となる．

正三角形の面は立方体の三つの対角線で結んだ {111} 面である．ABC の積層は < 111 > 方向の矢印に沿っている．Al, Cu, Au などの変形しやすい金属がこれに属する（付表 1 の結晶構造参照）．

付表 4 を見ると，最外殻の s 軌道に空位があり，異方性の少ない s 電子軌道が重なると fcc 構造になりやすいことが読み取れる．ただし，Al は例外である．

一方，ABAB の積層の単位胞は立方格子ではなく，その原子面をそのまま描いた**図 3.2**（c）の六方格子となる．これは Mg, Zn, Cd など軟らかい金属が多い．

結晶学では，格子の方向と面についてミラー指数（Miller index）という方法で表現する．図 3.3 にその決めかたを示す．座標については，図のように原点になる原子から単位胞の軸寸法を正方向に a, b, c とする．

方向指数は，a, b, c に対して ［uvw］と表記する．軸に垂直な方向は 0，単位胞から飛び出す

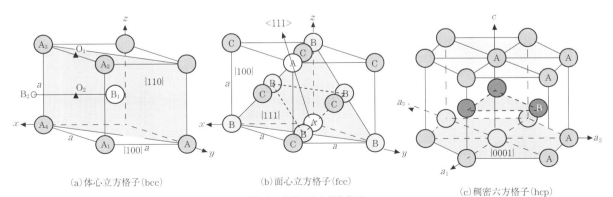

(a) 体心立方格子（bcc）　　(b) 面心立方格子（fcc）　　(c) 稠密六方格子（hcp）

図3.2　金属の主な結晶格子

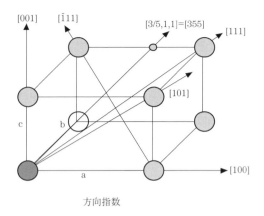

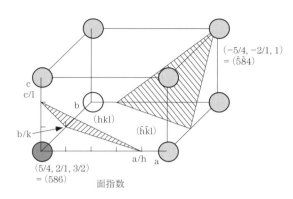

図3.3　結晶格子の方向指数と面指数

座標をそれぞれの軸でa，b，cに対する比で求める．たとえば図の［355］方向の線は，［(3a/5)，b，c］の点を通る．指数は最も小さい整数で表わす．分母の最小公倍数を掛けて［355］となる．

「面指数」は，面が3軸と交わる点のa，b，cに対する比の逆数で表わす．たとえば図の(586)面は，a軸(4a/5)，b軸(b/2)，c軸(2c/3)とで交わる．それぞれの比の逆数は5/4，2，3/2となるので，整数比にすると最小公倍数4をかけて(586)となる．負の方向や面の交点は指数の上に－を付ける．方向も面も原点をどこにするかで見方が変わるだけであるから，［101］［011］［$\bar{1}$10］などをまとめて〈110〉，同様に(110)(101)(01$\bar{1}$)などを{110}と書く．

図3.2で網かけした面 {110}，{111}，{0001}の表記は，特定しない一般的な面指数である．六方格子では120°ごとに3水平方向をa_1，a_2，a_3軸，垂直軸をc軸として，その順に4個の指数hklmを用いる．

説明のために先の例では(586)など高指数を例示したが，指数が大きいほど方向や面の傾きが小さくなる．後述するすべり面やすべり方向，へき開面などは低指数面である．鉄のすべり面はせいぜい {110} {112} 程度である．

立方晶の場合，［hkl］方向は(hkl)面に垂直であるのでわかりやすい．一つの方向線（晶帯軸という）に平行ないろいろな面を「晶帯面」という．

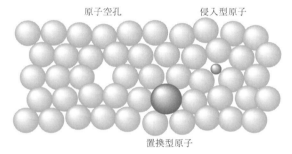

図3.4　点欠陥

平行でない二つの面は必ず交わり，その交線は晶帯軸である．このような結晶学の取り決めは，X線回折などでは必須の知識である．この分野の詳細は巻末参考書の「X線結晶学」などで学ばれたい．

3.2　格子欠陥と転位

Chapt.1 及び Chapt.2 で結合力を学んだ．たとえば(2.11)式で鉄の結合力を計算すると，

$$E = 206\ \mathrm{GPa}$$

として

$$E\ /\ \pi \fallingdotseq 65\mathrm{GPa}$$

となる．

最強の実用鋼材であるピアノ線の強度でもせいぜい 2.5GPa 程度であり，1/26 しかない．つまり，理論的な強度に比べて実際の金属の強度はきわめて低いのである．この差はいったい何に由来するのか．

この謎を解く鍵は，結晶の内部にある無数の**格子欠陥**である．格子欠陥とは，規則的に配列した立体的な格子の乱れである．この乱れは大別すると三つある．「点」，「線」，「面状」の欠陥である．

点欠陥（point defect）とは，**図3.4**に示すように格子に孔が空いた**原子空孔**（vacancy，略して**空孔**という．Chapt.1 で述べた電子空孔はまぎらわしいので**ホール**という）と，格子間に異原子が入った「侵入型原子」がある．金属が溶融すると原子は格子の束縛がなく自由になり，隙間ができる．

これが凝固した時は，すべての原子がきちんと格子点に並ぶとは限らない．1000 個に 1 個程度は空いた格子点ができる．つまり高温ほど空孔は安定（熱平衡）であり，空孔濃度（$10^{-5} \sim 10^{-4}$）は大きい．これを急冷すると低温では過剰な空孔になる．これは不安定な空孔（熱的非平衡）である．侵入型原子は合金の一種でもあり後述する．

空孔が移動することは，隣の原子が次々と空孔に入り込むということである．母格子原子が移動するのを自己**拡散**という．格子点に異種原子がある場合を**置換型原子**という．これも合金の形態のひとつ，固溶体であるが，これが移動（拡散）するにも空孔が欠かせない．次に述べる転位が切り合っても空孔ができる．冷間加工により生じた空孔は，温度が低いために動けない．10%の塑性ひ

ずみで 10^{-5} 程度生成される．

「線欠陥」とは線状の格子の乱れで，**転位**（dislocation）という．**図3.5** は，すべり面と書いた破線の上の格子に余分な格子面を挟んだ場合を示している．この余分な面を表わす凸マークは，紙面に垂直な線となっている．格子の乱れはこの線に沿ってその周囲の数原子の範囲に存在する．線からある程度離れると乱れはない．乱れのない格子点を転位の周りを一周して元に戻ると，余分な原子面のない場合に対して 1 原子間隔だけずれる．このずれの方向を転位の**バーガスベクトル**（Burgers vector）と定義する（図の矢印方向が正）．

転位には食い違いのしかたに 2 種類ある．**図3.6** のように，円筒の中心線までナイフを入れて切る．その後せん断力 τ を与えて切った面をすべらせる．この面をすべり面という．円筒の半径方向にすべる（面内せん断）場合，円筒の中心線を**刃状転位**（edge dislocation）という．先の図3.5 は正の刃状転位である．バーガスベクトルは転位線と直角である．反対に下に余分な原子面がある場合を，負の刃状転位とする．余分な原子面の入った上半分は窮屈で，転位付近では下側の原子が縮まろうとする力で圧縮を受ける．逆に下側は，上半分が拡がる力で引張を受ける．

この弾性エネルギーを小さくするために，転位

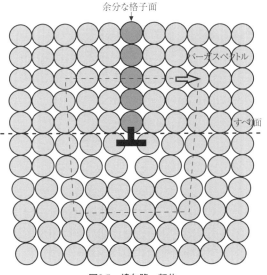

図3.5　線欠陥　転位

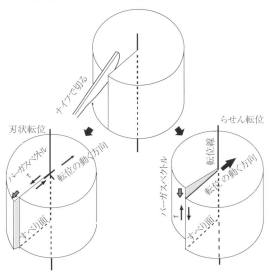

図3.6　刃状転位とらせん転位

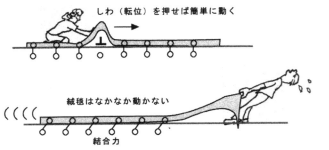

しわ（転位）を押せば簡単に動く

絨毯はなかなか動かない

結合力

の下の空隙には侵入型原子が集まる．これを**コットレル（Cottrell）雰囲気**という．そうなると転位は動きにくくなる．αFe の転位に炭素原子の雰囲気が形成されるために特異な降伏現象が起こることは後に述べよう．

一方，切込み面を円筒軸に平行にすべらせる（面外せん断）場合，中心軸を**らせん転位**（screw dislocation）という．上から見て転位線を時計方向に回ると一つ下の原子面に至る（右ねじ）．

この進みがらせん転位のバーガスベクトルで，転位線と平行である．これを右らせん転位とすれば，反時計回りに回った時に先に進むらせん（左ねじ）の場合を左らせん転位と定義する．

正負とか右左には意味がある．転位線は結晶の中で中断することはない．終端は結晶の表面であるか，結晶内で閉じていなければならない．

図3.7は閉じている場合で，転位ループの1/4 を示している．互いに直角な面では一方が刃状，他方がらせんである．この中間は混合転位と呼ばれ，刃状成分とらせん成分がある．またループの反対側では，それぞれ正負刃状転位，左右らせん転位となっている．

転位はせん断力によりすべり面上を運動する．時にループ同士が遭遇すると，正負の刃状転位あるいは左右らせん転位どうしならば，食い違いが解消するため消滅する．逆に同符号どうしならば，食い違いを大きくするエネルギー（転位のエネルギーはバーガスベクトルの2乗に比例する）が必要なために反発する．

それに逆らって大きな外力により合体させると，食い違いはついには原子結合を切り，き裂と

なる．これが破壊の始まりである（Chapt.13 参照）．転位ループの一部が表面に抜け出すと，表面にバーガスベクトルに相当するステップができる．これが多数抜け出して大きなステップになるのが塑性変形である．

転位は，空孔と違い熱的に安定なものではない．それにもかかわらず，よく焼なました状態でも，$1cm^3$ 中の長さを総和すると 10km（10^6cm）もある．これが塑性変形で目一杯増殖すると 100 万倍，すなわち 1000 万 km（10^{12}cm）というとてつもない長さになる．赤道の円周，約 4 万 km から考えても 250 周してしまう．$1cm^3$ の小さな金属をハンマーで叩くと，このような驚異的現象が起こっているのである．

転位密度の単位は cm/cm³ で表わしたが，これは 1/cm² であるから，1cm² を通り抜けている転位の数ともいえる．鉄の場合，1cm² 当たりの原子の数は 2×10^{15} 程度あるから，10^{12}/cm² に増えたといっても原子の数から比べれば 1/1000 程度にすぎない．

これが冒頭に述べた謎，なぜ理論強度に比べて実用強度が低いかの答である．理論強度とは，すべての原子結合が同時に切れる強さである．

これに対して，転位を動かすには局部的な原子の変位で済む．絨毯全体を引張るには全面の摩擦力（全原子の結合ポテンシャル）にうち勝たなければならないが，一部にたるみ（転位）をつくってそれを押していけば軽く移動できる．昔から転位論の説明に使われてきた譬えである（**左上イラスト**）．

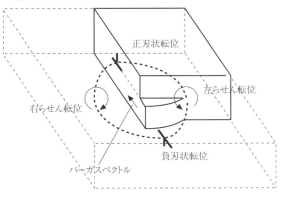

正刃状転位

左らせん転位

右らせん転位

負刃状転位

バーガスベクトル

図3.7　転位ループ

最後に,「面欠陥」である. 図3.5は四角に並んだbccを想定して描いた. それに比べてfccを想定して余分な原子面を挿入した**図3.8**は複雑である. 図3.5と比べると, 転位がどこにあるかぼやけている. 食い違いは図のAからBまで広がっている.

図3.8は平面であるが, fccの立体構造では前述したABCABCの積層が, 部分的にABC［AC］ABCと変わってもエネルギーが大きく変化することはない. このために転位は広がって(**拡張転位**), その間に［AC］という平面的な欠陥ができる. これを**積層欠陥**(stacking fault)という.

積層欠陥エネルギーが小さいほど転位は拡張する. この両端の構造を「半転位」というが, これが方向の異なるバーガスベクトルを持つために拡張転位はそのままでは他のすべり面に移る(**交差すべり**:cross slip)ことができない. 交差すべりを生ずるには, 拡張転位が収縮して完全転位に戻らなくてはならない. このために運動が同一すべり面に限られ, 他の面の転位の林を通り抜けなければならない.

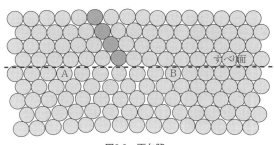

図3.8　面欠陥

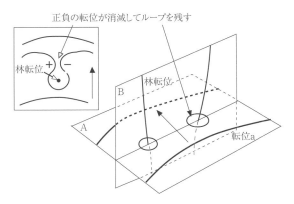

正負の転位が消滅してループを残す

林転位

B

林転位

A

転位a

図3.9　他の面の転位との交差と増殖

図3.9は, すべり面Aを運動している転位aが他のすべり面B上の転位(Aの上に林立していることから**林転位**という)と交差した時の様子を示している. 左上図にあるように転位aが林転位を回り込むと, 反対側で出会う転位線は正負対になるために消滅して, 林転位にループを残して通り抜ける. これは転位の増殖機構の一つである.

こうしてすべり面A上を何本もの転位が通過するたびにループが増えて, 次第にループそのものが障害となって, すべり面Aの転位は動けなくなる. これが冷間加工による**加工硬化**のしくみである.

fcc金属では, 転位がポテンシャルの山を越えて隣の位置へ動くための**パイエルス力**(Peierls-Nabarro force:「パイエルス・ナバロ力」ともいう)が小さいために, 降伏点が低い. しかし, 前述のようにすべり面が限られているために加工硬化が大きい.

他方, bcc金属ではパイエルス力は大きく降伏点が高いが, 転位がほとんど拡張しないために交差すべりが容易で, 加工硬化は大きくないのである.

3.3　強度は何で決まるか

理論強度に比べて実用強度が低い理由はわかったが, 実用強度を上げるにはどうすべきか. まず, 結晶自体の強度, すなわち単結晶の変形強度を見てみよう.

転位の主な運動抵抗としては, 純金属ならば前述のように, (日)パイエルス力, (月)転位どうしの相互作用がある. (日)は格子(パイエルス)ポテンシャルを越えて活性化する時の応力σ^*(有効応力)で, 温度が上がると低下する. (月)は林転位障害を越えるのに必要な応力σ_i(内部応力)で, 転位密度ρに関係する. そこで, 変形応力σ_fは次のように書ける.

$$\sigma_f = \sigma^* + \sigma_i \quad\cdots\cdots\cdots\cdots\cdots (3.1)$$
$$\sigma^* = \sigma_0 (\dot\varepsilon / \nu_0 \rho b)^{1/m} \cdots\cdots\cdots\cdots (3.2)$$

ここで,

σ_0, ν_0, m：定数

$\dot\varepsilon$：ひずみ速度

$$\sigma i = a\mu b\sqrt{\rho} \quad\cdots\cdots\cdots\cdots\cdots\cdots (3.3)$$

ここで， a ：定数

μ ：剛性率

b ：バーガスベクトル

次に，荷重の方向と結晶の方位の幾何学的な関係がある．

図3.10 は，単結晶の主な変形機構，**すべり**（slip）と**双晶**（twin）を示している．

すべり変形は特定のすべり面，たとえばbccなら $\{110\}$ $\{112\}$，fccは $\{111\}$ で起こる．すべり方向は最密に原子が並ぶ方向，bccは $\langle 111\rangle$，fccは $\langle 110\rangle$ である．

対称性に富む立方晶ではこのすべり系（面と方向）は多いが，六方晶では軸比c/a（図3.2の高さcの底面軸aに対する比）が大きいとc軸方向の結合力が小さくなり，すべり面が底面に限られるようになる．Chapt.7で扱うMgやTiが常温で加工しにくいのはこのためである．

図のように引張軸に対して最大せん断応力面は45°付近にあるが，これがすべり面とすべり方向に一致するとは限らない．荷重軸に対して最もすべりの起こりやすい面の法線の角度を ϕ，すべり方向の角度を λ とすると，すべり面上に作用する分解せん断応力 τ は，

$$\tau = (F \diagup A)\cos\phi\cos\lambda\cdots\cdots\cdots (3.4)$$

となる．

$\cos\phi\cos\lambda$ を**シュミット因子**（Schmid number）という．

すべりはまず，シュミット因子の小さい面から始まる（1次すべり）．ところが，このすべり系が転位密度の増加とともに σi が増大して働かなくなると，次のすべり系（2次すべり）が活動し始める．こうして塑性変形と加工硬化が起こる．

一方，双晶とはどのような変形機構だろうか．銅やステンレス鋼などfcc金属では，焼なました組織に直線上の模様がしばしばみられる（**写真 3.1** 参照）．これは，結晶のある面で鏡面対称になるような変形で，**図3.10** の(c)に示すように，その境目はABC［AC］ABCという積層欠陥構造となっている．

fccの場合，このように鏡面対称に変化しても最近接原子の結合のしくみが変わらないため，このような変形はエネルギーが小さくて済む．焼なましのような高温で結晶内のひずみが双晶によって緩和されるのである．双晶面はすべり面と同じ $\{111\}$ であるが，方向は最小のせん断方向 $\langle 112\rangle$ となる．

ZnやSnを変形させると，チンチンと小さな音がする．荷重－伸び曲線にはギザギザが現われる．これは**変形双晶**によるものである．前述のように，六方晶はすべり面が底面に限られるため，別の方位への変形が双晶により起こりやすい．bccでも低温や高速変形で転位が動けないと変形双晶を生ずる．

変形双晶は，**図3.10**(d)に示すようにらせん状の双晶転位というのがあり，双晶の境目が焼な

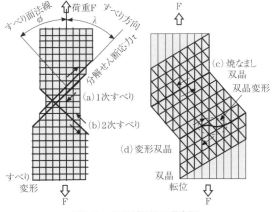

図3.10 すべり変形と双晶変形

写真 3.1 黄銅の双晶

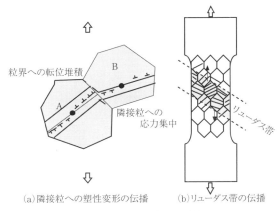

粒界への転位堆積

隣接粒への
応力集中

リューダス帯

(a)隣接粒への塑性変形の伝播 (b)リューダス帯の伝播

図3.11　多結晶体の変形の伝播

まし双晶のような直線にならない．双晶は急激な
せん断変形で，Chapt.6.6 に述べるマルテンサイ
ト変態とよく似ており，マルテンサイトが大きな
ひずみを生ずるとそれを双晶が緩和する．また，
Chapt.9 で述べる形状記憶合金は，マルテンサイ
トと変形双晶の類似性を利用している．

　次に，**図3.11** のような多結晶体を考えよう．
隣り合う結晶粒は結晶方位が異なるために，粒界
では原子配列が乱れていて転位が通り抜けられな
い．そのため(a)の結晶粒 A では，転位の運動は
粒界で止められ，転位源から生まれてくる転位が
次々と堆積(pileup)する．

　同符号転位が堆積するとすべり面の上下のせん
断変形が大きくなり，粒界を圧迫する．これが隣
の結晶粒 B の転位源を活性化させ，すべりを発
生させる．こうして次々とすべり変形は広がって
いく．表面を研磨した引張試験片では，この広が
りが肉眼でも見える．これを**リューダス帯**(Lüd
ers band)という．

　引張試験では，ある程度変形が進むとくびれが
発生して破壊してしまうが，圧延ではかなりの変
形が可能である．変形が進むと結晶粒の形は伸び
て，多結晶でも結晶の方位がある一定の方向に
揃ってくる．始めはそれぞれの結晶方位はランダ
ムであるが，シュミット因子の小さい順にすべり
系が働いて，結晶は回転し一定の配向を示すよう
になる．これを**集合組織**(texture)という．

冷間圧延の鋼板やアルミ合金板では，このよう
な集合組織が発達する．これを利用して，容易磁
化方向を揃えた方向性電磁鋼板がある．

　粒界での応力集中を表わす係数を k とすると，
降伏応力σ_yは次のように表わされる．

$$\sigma_y = \sigma_i + kd^{-1/2} \quad\cdots\cdots\cdots\cdots\cdots (3.5)$$

ただし，σ_i は (3.1) 式の変形応力に合金の効果
などを考慮したもので，「転位の摩擦力」という．
d は結晶粒径で，この第 2 項が多結晶の粒界の効
果を表わしている．この式は，**Hall-Petch** の
式と呼ばれる．

　以上から，金属の強化には転位の運動を阻止す
ることが鍵である．その方法と適用例を次に要約
しておく(転位の極端に少ない「猫のひげ結晶：
ウィスカー＝ whisker」も強い．複合材料の補強
に利用されているが,それ自体は実用材ではない)

　①侵入型溶質原子の Cottrell 雰囲気：鋼（フェ
ライト）の炭素

　②転位どうしの相互作用：冷間加工硬化

　③結晶粒の微細化：Hall-Petch の式の適用，微
細粒鋼

　④析出物：鋼の炭化物，アルミ合金の析出時効
硬化

　⑤パイエルス力：転位の動きにくい結晶，マル
テンサイト硬化(他との複合効果)

　一般に，高強度になるほど靭性・延性が低下す
るから，強ければよいとはいえない．これらの実
用的な事例は，後の III 実用金属以降で述べる．

Chapter 4　異種金属を混ぜる

金属は溶融状態ならば，どのような組成でも混ざり合う．しかし，凝固して固体になる時は，組み合う相手によって自由に混合することはできなくなる．これも，結合にあずかる外殻電子のなせるわざである．ここでは，簡単な二つの金属原子が合金をつくる場合の規則を知ろう．

4.1　原子の混ざりかた

Chapt.3 で述べた侵入型固溶体と置換型固溶体を含めて，主な合金原子の混ざりかたを**図4.1**に示す．原子 A の母格子に対して，(a) は大きい原子 B あるいは小さい原子 C が置換型固溶体となった場合，(b) は小さい原子 I が侵入型固溶体になった場合である．

いずれも異種原子がランダムにむりやり混合した状態であるため，母格子はひずむ．そのため，混合の割合には一定の限度がある．ただし，性質の似た同族の原子どうしの場合は，自由な組成で混合できる．これを全率固溶という．Au－Cu，Cu－Ni などはこの例であるが，完全にランダムではなく，部分的に規則的な配列（**規則格子**という）も組成によっては生ずる．

A 母格子に異種金属原子が多くなるとひずみが許容できなくなり，むしろ化合物をつくって安定化する．**図4.1**(b) の J は，侵入型非金属原子が集まって化合物として析出する場合である．これらは，酸化物，炭化物，窒化物など，いわゆるセラミックスの組成であり，硬いものが多い．

図4.1(c) は，置換型になる金属原子が過剰になって一定の整数比で結合する**金属間化合物**（intermetallic compound）として析出する例を描いた．A・B 原子間の価電子軌道の重なりの方向性が，特定の結合形態となるほうが安定する場合である．原子数に対して価電子の多い場合に生ずるので結合が強く，一般に硬いものが多い．

図4.1(d) は，結晶粒界や異質物界面など母格

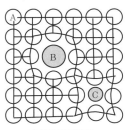
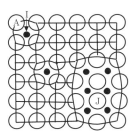

(a) 置換型固溶体
大きい原子Bと小さい原子C
の固溶体（母格子A）

(b) 侵入型固溶体
小さい合金原子Iの固溶体と
析出物J（母格子A）

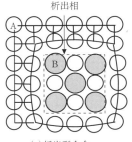
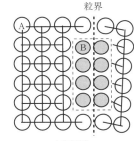

析出相　　　　　　　　　　粒界

(c) 析出型合金
合金原子Bが母相Aと化合物
を形成して析出する場合

(d) 偏析
合金原子Bが母相Aの粒界
などに局部的に集まる

図4.1　合金原子の混ざりかた

子の乱れのある所に異種原子が集まる例で，**偏析**（segregation）という．これは最終凝固部分などに原子が濃化する現象で，次項で説明する．

以上のように，A 格子に B 原子を混ぜたとき，混合割合が小さければその比で均一に分布するが，割合が多くなると偏った混合になり，別の相に分離して，液相における A・B 原子の比は保たれない．この状態を示すものが「状態図」である．

4.2　状態図とは

状態図とは，合金をつくる原子の組成に対して，

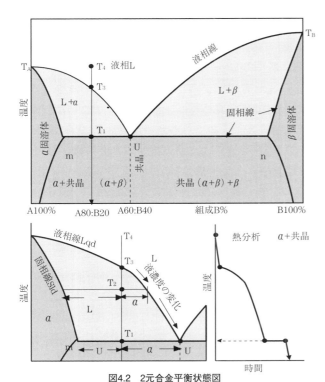

図4.2　2元合金平衡状態図

成する合金系をいう.

状態図は熱的に平衡状態であること，すなわち温度・組成が決まれば時間が経過してもその状態が変化しないことを前提としている．そこで正確には**2元系平衡状態図**という．通常は2元系を扱うので単に状態図(equilibrium diagram, phase diagram)と呼ぶことが多い.

図上のある点を取り，それが属する相の平衡に関する自由度Fを次のように表わす．これを**ギブスの相律**という.

$$F = n + 1 - P \quad\cdots\cdots\cdots(4.1)$$

ここで，n：成分の数

P：相の数

である.

液相線はLとSの2相で$P = 2$，2成分系であるから$n = 2$，したがって，$F = 1$となる.

自由度1とは，選択できるパラメータは一つだけで，温度か組成かどちらか一方を決めればもう一方も定まることを意味している.

A金属にBが少し添加されると，a固溶体ができる．Bの最大固溶度は，温度T_1の時のmである．反対側でも同じで，B金属にAが少し添加されたβ固溶体で，最大固溶度はnである．a，βは一般に左側から名付ける．これらの固溶体は，$n = 2$，$P = 1$，したがって$F = 2$，自由度2は，温度，組成どちらも自由に決められる．温度を決めてもa固溶体の組成は変えられる.

縦軸のT_A，T_Bはそれぞれ純A金属，純B金属の融点である．$T_A < T_B$とする．どちらの場合も合金元素が添加されると凝固開始点(液相線)は下がる．これはA－AあるいはB－B結合よりA－B結合が弱いことを示している．融点は，$n = 1$，$P = 2$であるから，$F = 0$となる．自由度0とは，融点がその金属固有の値であることを示している.

さて，液相線が両側から中心へ向かって下がるから，どこかでぶつかる．これがU点で，共晶点(eutectic point)という．ここではL＋Sの2相共存域はない．ここでは液相から凝固すると，いきなりa相とβ相が同時に晶出する．これは結

ある温度で平衡に存在する原子混合状態の領域を表わしたマップ図である．後のⅢ実用金属には複雑な状態図が例示されているが，ここでは**図4.2**の簡単な2元合金の例で基本を理解しよう.

横軸は組成を表わし，左端がA原子100%，右端がB原子100%，その間は両者混合で，通常は左から右にBの配合比率(原子数の比率は原子% [at%]，質量比の場合は質量% [mass%]，古い文献では重量% [wt%]と書かれている)が示される．縦軸は温度である．高温側の液相Lは溶融状態である.

L＋a，L＋βの領域は，液相と固相が共存(平衡)している領域である．液相Lと接する上限の線を液相線，固相Sと接する線を**固相線**という．その下のa，β，共晶($a + \beta$)は固相Sである.

ここで「相」(phase)とは，「気相」，「液相」，「固相」を表わすが，ここでは気相は考えない．ただし，固相は上に述べた混合状態によって固溶体，化合物などに分けて考える．元は元素成分で，2元系とは2成分の金属(化合物の場合もある)で構

晶構造が異なるから混合するわけにはいかず，2相がサンドイッチ状に相互に積層して現われることが多い．

Chapt.6で扱う鉄－炭素系状態図では，固溶体（γ相）から別の二つの固相（α相とθ相）が同時に現われる．この場合は「共析」(eutectoid)という．液体から固体が出る場合を「晶出」(crystallization)，固体から固体が出る場合を「析出」(precipitation)として区別している．

共晶点は二つの固相α，βと液相で $n = 2$, $P = 3$ であるから，$F = 0$ となる．したがって，この共晶点もAB合金固有の融点なのである．しかも，純Aあるいは純B金属の融点より低い（一方が低融点金属の場合は，純金属の融点のほうが低いこともある）．このような温度の定まった共晶点を，温度センサの較正に用いることがある．

次に，組成がA80：B20である合金を溶融状態の温度 T_4 から冷却する時の状態変化を詳細に見よう．下の拡大図を見てほしい．T_3 で液相線に至ると，液相の中からα固溶体が晶出する．これを「初晶」というが，図4.3のように，ある核から木が枝を出すように特定の結晶方位に伸びるため，樹枝状晶(dendrite)と名付けられている．

温度 T_2 におけるα相と液相の質量比は，液相線と固相線を水平に結ぶ線上で垂直な組成線が分ける配分になる．これが固相側にL，液相側にα相と梃子のモーメントの関係と似ていることから，梃子の関係(lever rule)といわれる．

温度が下がるにつれてα晶が多くなるが，これによって残った液相はA成分が減少し，B成分の濃度が高くなる．この濃度変化は液相線に沿ってUに向かう．T_1 にまで下がると液相のB濃度はUに達し，共晶の組成になる．共晶は前述のように自由度0であるから，残りの液相が全部凝固するまで温度は変化できない．これは，水が氷になる場合と同様で，この時放出される熱を「潜熱」という．

拡大図の右は，試料の温度を測定した熱分析の図である．液相の中に温度計を挿入して温度変化を計測すると，液相では冷却速度は速いが，液相線で初晶が晶出し始めると冷却が緩慢になる．共晶温度では，凝固終了まで温度が一定に保たれる．液相－固相間の状態図作成にはこの熱分析が用いられる．固相間の相変化は，熱膨張や電気抵抗などで調べる．

共晶温度 T_1 から下ではこの時のU：αの比で「金属組織」(microstructure)が決まるが，α相はB金属固溶度が減少するので，急冷するとBが過飽和になる．平衡状態では粒界にBが偏析したりβ相の析出が起こる．

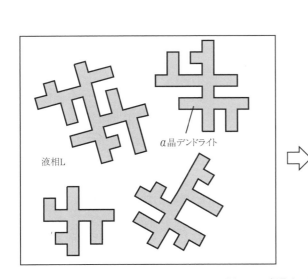

液相L

α晶デンドライト

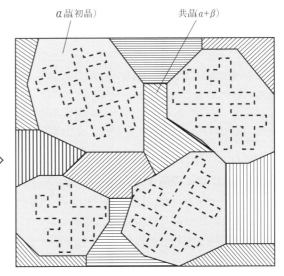

α晶(初晶)

共晶(α+β)

図4.3　α相晶出から完全凝固まで

以上の晶出や濃度変化は平衡状態であるから，あくまでもきわめてゆっくり冷却した場合である．通常は，冷却の場合は過冷が起こり，昇温の場合は過熱が起こる．冷却の場合でいえば，液相から結晶が晶出するには核生成が必要である．

核生成は種になるものを与える場合は別にして，確率的なゆらぎで原子の凝集エネルギーが大きくなる場所で起こる．この確率は，過冷がある程度進んだ時に最大になる．一度凝集した核に次々と原子が凝集する結晶成長はむしろ容易であり，核さえできれば成長する．固相どうしの相変化の場合には，後述のマルテンサイト変態のような無拡散の場合は別にして，拡散の過程が重要になる．

状態図にはまだいろいろな形態があるが，ここに述べたことが基本である．詳細については金属組織学の専門書を参照されたい．

4.3　原子は拡散する

金属・合金などの結晶格子中で原子が移動する現象を**拡散**という．母格子中をそれ自体の原子が移動する場合，たとえばFe格子中をFe原子が移動するのを**自己拡散**というが，一般には，母格子と異なる原子，すなわち**溶質原子**の移動が問題となる．

拡散の原動力は，結晶内の異原子濃度が均一になろうとすることにある．そのために濃度の高い部分があると，そこから濃度の低い部分に原子の移動が起こる．これは，温度勾配がある時の熱伝導と同じである．前出の丸棒の熱伝導の図1.7で，高温度 T_1 の代わりに高濃度 c_1，低温度 T_2 の代わりに低濃度 c_2 と置き換えれば，x 方向への溶質原子の流れは，（1.17）式と同じ定常拡散方程式となる．これを **Fick の第 1 法則** と呼ぶ．

$$J = -D \cdot (\mathrm{d}c / \mathrm{d}x) \quad \cdots\cdots\cdots\cdots (4.2)$$

J は単位時間に単位断面積を通過する溶質原子の流量，D は拡散係数，$\mathrm{d}c / \mathrm{d}x$ は濃度勾配で，x 方向に濃度が小さくなるので負号が付いている．

また，熱の（1.18）式と同様に流量が時間により変化する非定常な場合を，**Fick の第 2 法則**という．これは前式を時間 t で微分して得られる．

$$\mathrm{d}c / \mathrm{d}t = -D \cdot (\partial^2 c / \partial x \partial t) \quad \cdots (4.3)$$

この2階偏微分方程式は，一定の初期条件と境界条件の下に数学的に解かれている．たとえば，均一に一定量の溶質原子 c_0 を含有する丸棒を，溶質原子のない丸棒と突き合わせて接合したとしよう．接合部を $x = 0$ とすると，時刻 $t = 0$ で $x > 0$ の側では濃度 $c = 0$，一方 $x < 0$ では $c = c_0$ である．

ある時刻 t における濃度分布 $c(x)$ 分布の解は，次のようになる．

$$c = \frac{c_0}{2}\left[1 - \frac{2}{\sqrt{\pi}} \int_0^{\omega} \exp(-y^2)\mathrm{d}y \right] \quad \cdots (4.4)$$

ここで，

$$\omega = \frac{x}{2\sqrt{Dt}}$$

である．右辺 ［ ］ 内の第2項は「ガウスの誤差関数」といわれるもので，erf ω と書く．この表記を用いれば次のように書ける．

$$c = (c_0 / 2)[1 - \mathrm{erf}\,\omega] \quad \cdots\cdots\cdots (4.5)$$

一方，物質の移動現象は統計学的現象でもある．単純な丸棒の長さ方向（x）のみの拡散を考えると，溶質原子は x 方向の正負どちらのも同じ確率で移動できる．すなわち，ある位置での溶質原子数の1/2が正方向に，1/2は負方向に移動する．そこで，以下のようなシミュレーションをしてみよう．

図4.4 に示すような半無限長の A 金属の丸棒を考え，一定区間 λ ごとに区切る．各区間ごとに256個の格子間原子 B が詰まった丸棒（左）を，空の丸棒（右）と突き合わせて接合したとしよう．時刻 τ ごとに原子 B は λ だけ左右に1/2ずつ移動する（突き合わせ部を原点に右側を x 正方向とする）．

まず，時刻 τ で256個の半分128個が空の棒に λ 移動する．256個満杯のほうには移動しないから，満杯の境目では256個の半分は常に右に移動する．次の 2τ では，128個の半分が左右に単位距離 λ だけ移動する．

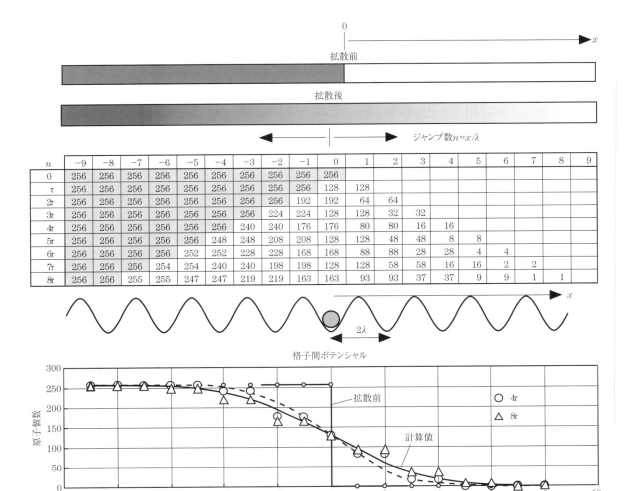

n	-9	-8	-7	-6	-5	-4	-3	-2	-1	0	1	2	3	4	5	6	7	8	9
0	256	256	256	256	256	256	256	256	256	256									
τ	256	256	256	256	256	256	256	256	256	128	128								
2τ	256	256	256	256	256	256	256	256	192	192	64	64							
3τ	256	256	256	256	256	256	256	224	224	128	128	32	32						
4τ	256	256	256	256	256	256	240	240	176	176	80	80	16	16					
5τ	256	256	256	256	256	248	248	208	208	128	128	48	48	8	8				
6τ	256	256	256	256	252	252	228	228	168	168	88	88	28	28	4	4			
7τ	256	256	256	254	254	240	240	198	198	128	128	58	58	16	16	2	2		
8τ	256	256	255	255	247	247	219	219	163	163	93	93	37	37	9	9	1	1	

図4.4 突き合わせた棒の一方向拡散シミュレーション

こうして右へ半分，左が満杯でなければ半分は左へ戻る操作を続けると，8τまでのx方向のλごとのB原子の分布は表のようになる．

t＝4τと8τにおける溶質原子数分布を描くと，図4.4下図のように階段状になる．時間（t＝nτ）とともに左方の丸棒のB原子が少なくなり，右方に裾野が広がるように拡散することがわかる．これを数式で表現してみよう．

時刻 $t+\tau$ における x 位置のB原子数 $n_x{}^{t+\tau}$ は，1ジャンプ前の時刻 t における位置 $x+\lambda$ と $x-\lambda$ の原子数 $n_{x+\lambda}{}^{t}$ および $n_{x-\lambda}{}^{t}$ の半分の和であるから，

$$n_x{}^{t+\tau} = \frac{1}{2}\left(n_{x+\lambda}{}^{t} + n_{x-\lambda}{}^{t}\right) \quad \cdots\cdots (4.6)$$

と書ける．これから時刻 t におけるB原子数 $n_x{}^{t}$ を引いて，x 位置における単位時間 τ のB原子数の変化 $n_x{}^{t+\tau}-n_x{}^{t}$ を求め，さらに τ で割って変化率にすると，

$$\frac{n_x{}^{t+\tau}-n_x{}^{t}}{\tau} = \frac{1}{2\tau}\left[(n_{x+\lambda}{}^{t}-n_x{}^{t}) - (n_x{}^{t}-n_{x-\lambda}{}^{t})\right] (4.7)$$

隣接位置でのB原子数の変化を距離 λ で除して変化率に書き換えると，

$$\frac{n_x{}^{t+\tau}-n_x{}^{t}}{\tau} = \frac{\lambda^2}{2\tau}\frac{\dfrac{n_{x+\lambda}{}^{t}-n_x{}^{t}}{\lambda}-\dfrac{n_x{}^{t}-n_{x-\lambda}{}^{t}}{\lambda}}{\lambda} \cdots (4.8)$$

ここで，飛び飛びの値である τ，λ を0に近づければ，次の微分方程式になる．

$$\frac{\partial n}{\partial t}=\frac{\lambda^2}{2\tau}\frac{\partial}{\partial x}\frac{\partial n}{\partial x}=\frac{\lambda^2}{2\tau}\frac{\partial^2 n}{\partial x^2} \cdots\cdots\cdots\cdots (4.9)$$

B原子数 n は溶質原子の濃度 c に比例するから，n を c に置き換えると，

$$\frac{\partial c}{\partial t}=\frac{\lambda^2}{2\tau}\frac{\partial^2 c}{\partial x^2} \cdots\cdots\cdots\cdots\cdots\cdots (4.10)$$

が得られる．

ここで，

$$D=\frac{\lambda^2}{2\tau} \cdots\cdots\cdots\cdots\cdots\cdots\cdots (4.11)$$

とすれば，前出のFickの第2法則 (4.3) 式に他ならない．

そこで，解析的に求めた濃度分布を上のシミュレーションに重ねて描くと，図4.4下図の曲線になる．熱伝導方程式のアナロジーから求められた解がガウスの誤差関数で表わされることは，拡散の統計学的な性質を反映している．

図4.5 は，固溶原子が母格子の中を拡散する模式図である．母格子原子とほぼ同等の大きさの置換型溶質原子は，空孔を介して移動する．Vの位置に空孔があり，固溶原子Bがそこから離れている場合を考えよう．

まず母格子のA原子1が空孔Vに移ると，1の位置が空孔になる．Aの自己拡散で空孔がそれと逆に拡散したことになる．これを繰り返して4に空孔が達した時，やっと固溶原子Bは空孔4の場所に移動し，空孔は5に至る．つまり，A

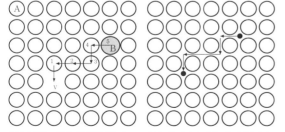

母相原子の移動（自己拡散），あるいは置換型原子の移動.拡散速度が遅い.空孔Vの位置に原子1が移動,原子2が空孔1に移動,…によって，見かけ上空孔が移動したように見える．

侵入型原子は,母格子の間を自由に移動できる.拡散速度が速い.Fe格子中のH,C, O,Nなどがこの例.

図4.5　固溶原子の拡散

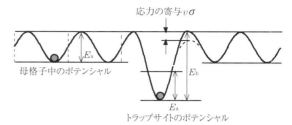

図4.6　母格子ポテンシャル中の深い井戸

格子中をB原子が拡散するには，Aの自己拡散エネルギーも必要となる．したがって温度が高くないと拡散は困難である．

一方，母格子A原子よりも小さい侵入型溶質原子（たとえばFe中のH，C，Nなど）は，前述のように原子配列の隙間を比較的自由に移動できるので拡散しやすい．先のシミュレーションは，水素の拡散などを念頭に置いている．

そこで，最も小さい原子HがFe格子中を拡散する例を考えよう．水素は小さいとはいえ，母格子原子との引力斥力の作用するポテンシャルの場の中で移動するには，熱エネルギーの助けが必要となる．このように熱により反応が促進されるような物質の運動形態を**熱活性化過程**と呼ぶ．Fickの法則で拡散係数 D が熱の関数（反応速度論でいうアレニウスの式）となっている．すなわち，

$$D = D_0\exp\left(-E\diagup RT\right) \cdots\cdots\cdots (4.12)$$

ここで，D_0：定数

R：気体定数

T：温度

E：活性化エネルギー

今，H原子の移動に対するFeの格子間ポテンシャルを2次元的に描くと，**図4.6** のようになる．低温では水素原子の運動エネルギーが小さいため，ポテンシャルの山 E_a を越えることができない．

温度の上昇とともに母金属原子は格子点で振動して，ポテンシャルの波にゆらぎを与える．同時に水素原子は運動エネルギーを得て，山を越えて移動できる頻度が高くなる．つまり，外から E_a を越える熱エネルギーが与えられて，初めて水素原子は自由に移動，すなわち拡散ができるようにな

る．これが**活性化エネルギー**といわれる所以である．

さて，結晶の中には転位や粒界，異相界面など
いろいろな格子の乱れがある．このような場所で
はポテンシャルの谷間が深い井戸のようになり，
ここに落ち込む（トラップ）と，ここから脱出する
にはより大きなエネルギー E_b が必要である．す
でに Ea のエネルギーは得ているから，さらに必
要なエネルギーは $E_b - E_a$ となる．

通常，金属中にはこのような欠陥が多数あるた
め，たとえば鋼中の室温付近の水素拡散速度は，
トラップにより見かけ上小さくなる．

さらに熱活性化過程に応力の助けがあると，活
性化エネルギー E は，

$$E = E_0 - v\sigma \quad\cdots\cdots\cdots\cdots\cdots (4.13)$$

と書ける．

ここで，E_0：応力の寄与がない場合の
活性化エネルギー
v：活性化体積

4.4 熱力学のおさらい

Chapt.2 で扱った化学ポテンシャルや拡散にお
ける活性化エネルギーを理解するには，ある程度
の熱力学の知識が必要である．そこで，以下に関
連する部分の要点を述べておこう．

母結晶格子中の固溶原子がきわめて希薄な場合
は，外から流入した熱量ΔQによって増大した内
部エネルギーの増加ΔUは，外に仕事をする運動
エネルギーの増分が小さいから，固溶原子がより
広い範囲に広がる傾向，すなわちエントロピーが
増大する分としてまかなわれる．

「熱力学第1法則」では，ある系における外と
の熱量の出入り dQ と力学的仕事の授受 dW は，
内部エネルギーの増減 dU として表わされる．こ
れは「エネルギー保存則」とも呼ばれ，力学的仕
事と熱はエネルギーとして互換性があることも示
している． すなわち，

$$dU = dQ + dW \quad\cdots\cdots\cdots\cdots (4.14)$$

鉄中の希薄な水素が無欠陥の格子中を拡散する
問題では，第2項 $dW = 0$ とみなせる．

固溶原子が母格子のポテンシャルの山を超える
ために必要な内部エネルギー増分（この場合は昇
温などによって外から与えられた熱量に等しい）
ΔUを，**活性化エネルギー**と呼んでいる．

ある系のエネルギー状態量として内部エネル
ギー U と圧力体積項 PV の和を，エンタルピー H
という関数で表わす．

すなわち，

$$H = U + PV \quad\cdots\cdots\cdots\cdots\cdots (4.15)$$

今，P 一定の条件で，ΔQ 流入により内部エネ
ルギーが U_A から U_B に，体積が V_A から V_B に増
大したとすると，

$$\begin{aligned}
\Delta Q &= (U_B - U_A) + P(V_B - V_A) \\
&= (U_B + PV_B) - (U_A + PV_A) \\
&= H_B - H_A = \Delta H \quad\cdots\cdots\cdots (4.16)
\end{aligned}$$

となり，ΔQ はエンタルピー増加ΔHと書ける．

Chapt.1 で示した定圧比熱 C_p の(1.21)式は，

$$C_p = (\partial H / \partial T)_p \quad\cdots\cdots\cdots\cdots (4.17)$$

とも書ける．

金属では，格子ポテンシャルを超える時の活性
化エネルギーには応力の寄与も可能であり，等温・
等圧条件でギブスの自由エネルギーを考える場合
は**活性化エンタルピー**と呼ぶ． 一般にΔHは，
(4.15)式を微分して得られる．

$$dH = dU + PdV + VdP \quad\cdots\cdots (4.18)$$

右辺第3項を左辺に移項して次式のように表わ
せば，エントロピー変化項となる．

$$dH - VdP = dU + PdV = TdS \cdots (4.19)$$

格子拡散ではP，V一定として扱えるから，活
性化エンタルピーによりエントロピーが増加する
ことを示している． すなわち，昇温して拡散速度
が速くなることは，水素原子が運動して無秩序に
散乱するエントロピー増大を意味している．

エントロピーとは，クラジウスが導入した概念
で，ある温度 T で準静的（可逆過程）に微小熱量
dQ を受けて状態が A から B に変化したとすると，
dQ / T は途中の過程によらず一定である．

$$S = \int dQ / T \quad\cdots\cdots\cdots\cdots (4.20)$$

これがエントロピーである． 逆にいえば，エン

トロピーの変化しない状態変化は可逆である．統計熱力学では，原子の配列の数のような確率変数を W とすると，エントロピー S は次のように表わされる．

$$S = k \log W \quad\cdots\cdots\cdots\cdots (4.21)$$

ここで，k はボルツマン定数である．この W は，秩序がないほど大きい．たとえば，A・B 原子が完全に分離した偏析のような混合は，エントロピーが小さい．これは，互いにランダムに混合してエントロピーを増大させようとする．これが上に示した拡散のシミュレーションであった．

拡散では，母格子原子にゆらぎを与えて外部から与えたエネルギーは熱として失われ，いったん散ったものは元へ戻らない．エネルギーは保存されるといっても，散逸した分が含まれての話である．熱効率(熱出力／熱入力)が 1 になるのは，絶対 0K のみである．

世の中，放っておけば常に乱れる方向に向かう．完全な熱力学的可逆過程は現実にはあり得ず，永久機関は永久に発明できない．これが熱力学第 2 法則といわれるもである．

クラジウスの表現によれば，「他に何の変化も与えず熱を低温から高温に移すことはできない」．熱は低きに流れる．逆に流れると何かが起こる．クーラーを運転すれば熱風が外に逃げ，エントロピーは増大する．石油が消費されヒートアイランド現象が起こる．第 2 法則は，エントロピー増大の法則ともいえる．

絶対 0K では原子の振動は止まり，すべては運動しないから熱も移動しない．そこでエントロピーは 0 になる(熱力学第 3 法則)．熱が移動しないのに熱効率が 1 というのはおかしいが，これは極限値として低熱源の温度を 0K とする定義である．

物質が持っているエネルギーのうち，エントロピー項は利用できないというのは第 2 法則から分かる．そこで利用できるエネルギーは，内部エネルギー U からエントロピー項 TS を除いた分である．これが**自由エネルギー**である．

$$F = U - TS \quad\cdots\cdots\cdots\cdots (4.22)$$

を**ヘルムホルツの自由エネルギー**という．これにさらに圧力のなす仕事 PV を加えた場合を，**ギブスの自由エネルギー**という．

$$G = U - TS + PV \quad\cdots\cdots\cdots (4.23)$$

(4.15) 式を用いてエンタルピー項 H で表わすと，

$$G = H - TS \quad\cdots\cdots\cdots\cdots (4.24)$$

ギブスの自由エネルギーを持ち出したのは，合金相，拡散，Chapt.2 で取り扱った単極電位などの平衡・非平衡を扱う場合に必要な概念であるからである．「平衡」とは，$dG = 0$ で G が最小値になる場合である．これは (4.24) 式からみれば，エントロピーが最大になることを意味している．

1mol 当たりのギブスの自由エネルギー G を化学ポテンシャル (chemical potential) という．モル数を n とすると，

$$[\partial G / \partial n]_{p,T} = \mu(P,T) \quad\cdots\cdots (4.25)$$

と表わされる．図4.4の拡散を例に取ると，B 原子が 0 の右棒に向かって拡散するのは，負の勾配を持つ化学ポテンシャルが駆動力となっている．すなわち，$dG < 0$ であり，自由エネルギー減少方向，エントロピー増大の方向である．

最後に，**図 4.7** を用いて 2 元合金状態図を熱力学の観点から考えよう．

図 4.7 (a) は，図 4.2 と同じ図の再現である．A・B 金属が混ざる時にギブスの自由エネルギー G の組成に対する変化は，(4.24) 式からエンタルピー H とエントロピー項 $-TS$ の両者の寄与がある．温度が低いと H(主に内部エネルギー U) の寄与が大きくなり，混合のしかたは結合エネルギーにより変化する．

A－A，B－B 結合が A－B 結合より強ければ，H の組成に対する変化は上に凸になり，A・B が分離する傾向となる．反対に A－B 結合が強ければ下に凸になり，AB 混合により G は下がる．**図 4.7** (b) は前者の例を示している．一方，温度が高くなるとエントロピー項の寄与が増大する．エントロピー項は同図のように，一般に下に凸で完全にランダムに混合する傾向を持つ．

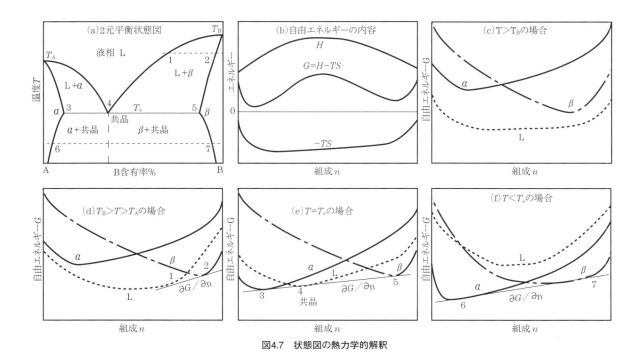

図4.7 状態図の熱力学的解釈

結果として，Hが下に凸なら，すなわちA－B結合傾向が強いなら，Gも下に凸で両者は混合するほうが安定になる．しかし，Hが上に凸であると同図(b)のようにGの変化は単調ではなくなる．この場合は，A金属にBが少し混合する，またB金属にAが少し混合する，いわゆる固溶体が生成される．

同図(c)以下は，同図(a)の状態図のいろいろな温度における液相L，固溶体αおよびβの自由エネルギーGの組成n(B/Aのモル比)による変化を示している．同図(c)は，温度が高融点金属Bの融点T_Bより高い場合で，液相LのGが最も低いために液相のみが安定している．

図4.7(d)は温度がT_B以下に下がった場合で，B側でβ固溶体のGがLよりも低く，組成1，2で共通接線$\mu = \partial G / \partial n$が引けることから，化学ポテンシャルが等しい組成1の液相と，組成2のβ相が平衡することを示している．温度がT_Aより低くなるとα相について同じことが起こるが，この図は省略してある．

図4.7(e)は共晶温度Teの場合で，α相，液相L，β相の三つのG曲線に共通接線がある．

これは組成3のα相，組成4の液相，組成5のβ相が等しい化学ポテンシャルを持ち，平衡することを意味している．組成4は共晶組成である．

図4.7(f)は共晶温度より下の場合で，液相LはGが大きく存在できない．組成6のα相と組成7のβ相が2相に分離して共存する．組成6，7の間ではα＋β相が安定になるが，実際には状態図の説明で述べたように，共晶組成のA金属側ではα＋共晶，B金属側ではβ＋共晶となる．

II キャラクタリゼーションと試験

　リスボンは坂の多い街である．軒の迫った坂道を登る旧式のトラムは楽しい．子供がデッキにぶら下がって遊ぶ風景は，昔トラックの荷台にぶら下がった時代を想い出す．今は新型トラムも海辺を走る．地下鉄も海洋博以降便利になった．かつて日本にキリスト教と西洋文化をもたらした覇者の面影は今はない．

　「キャラクタリゼーション」とは，材料の素性を明らかにすることである．X線や電子線などを用いて組成，結晶構造，金属組織などを調べる方法である．これに対して，材料の能力を調べるのが「試験」である．これには，破壊して調べる方法が採られることが多い．引張試験・硬さ試験はその代表である．すでに完成品であるか稼働中の装置では，非破壊で検査せざるを得ない．超音波，X線など金属内部を検査できる方法と，磁気や浸透探傷など表面の傷を検査する方法がある．

リスボン市電　　2軸単車．形式569号．制御器などは更新されているという(運行中)．同形式533号は高知の土佐電鉄が購入，運行中

Chapter 5 特性を調べる

材料をつくる側は，素材の品質はどうか，製品が所定の組成になっているかを分析する．一方，熱処理や加工する側は，その品質を基に加熱温度や加工度を決める．その結果，機械の設計者が求めた諸特性が具備されているか試験する．さらにユーザーは，求める条件に適合するか検査する．ものがつくられて使用されるまでには，こうしたいろいろな過程でそれぞれの物差しを用いて，製品の所要特性，安全度，適用限界，満足度が測られる．ここでは，基本的な検査の方法とツールを学ぼう．

5.1 材質の分析

表5.1は，金属の物理的・化学的性質を明らかにする「分析」(characterization)の主なものである．これらの多くにX線や電子線の技術が用いられている．そこでまず，X線について基礎知識を得ておこう．

(1)X線の基礎

X線は，電子やX線自体を金属に照射すると発生する．電子もX線（光子：photon）も粒子の性質と波動の性質を持っている．テレビやパソコンのCRT（Cathod Ray Tube の略で，陰極線とは電子流のこと）から電子顕微鏡，X線発生装置など，多くは加熱したフィラメントから飛び出す熱電子を電磁コイルで加速している．この装置を「電子銃」と呼ぶ．

電子を高速に加速して運動エネルギーを与え，これをターゲットになる金属に衝突させると，その運動エネルギーの大部分は自由電子に与えられて熱になるが，ある確率で光子（X線）になる．そのエネルギーは量子化され，次式のようになる．

$$E = h\nu \quad\cdots\cdots\cdots\cdots\cdots\cdots\cdots\cdots (5.1)$$

ここで，h：プランクの定数

ν：振動数

ただし，波長λとの間に$\nu = c / \lambda$の関係があり，cは光速である．

衝突のエネルギー交換効率が高いほど$h\nu$は大きく，したがって波長λの短い光子（X線）が放

表5.1 金属の主な分析法

目的	方法	適用例
組成分析	蛍光X線分析	溶湯分析・製品分析
	ガスクロマトグラフィ	ガス分析
	質量分析	ガス分析，固体分析
表面分析	X線マイクロアナリシス（XMA）	析出物，化合物，偏析
	2次イオン質量分析（SIMS）	吸着，偏析，同位体
	X線光電子分光分析（ESCA）	腐食，吸着，化合物
	オージェ電子分光分析（AES）	粒界偏析，吸着
表面形態	電子顕微鏡（走査型）（SEM）	破断解析，表面トポグラフィ
	表面粗さ計	表面仕上げ，摩耗
	走査トンネル顕微鏡	半導体，変態形状
	原子間力顕微鏡	半導体，絶縁物，腐食
金属組織	マクロ組織（肉眼）	偏析，溶接，表面硬化
	光学金属顕微鏡	ミクロ組織
微細構造	X線回折	結晶構造，応力測定，配向
	電子線回折	析出物，整合性，錆構造
	電子顕微鏡（透過型）（TEM）	転位組織，析出

射される．**図5.1**は，放射されるX線の強度と波長の関係を表わしている．図中のSWLは短波長端（short-wave length limit）で，1回の衝突で全エネルギーを放出する場合に相当するから，これ以下の波長のX線は発生しない．

何回も衝突してエネルギーが失われる場合はそれよりも波長が長くなるので，SWLより長波長側のX線が連続的に生ずる．このようにいろいろな波長を含むX線を「連続X線」（continuum X-ray）あるいは**白色X線**（white X-ray）という．加速電圧が高いほど，波長の分布は短いほうに偏る（図中の電圧は理解を助ける意味で示した）．ところが，ある加速電圧以上（励起電圧）になると連

続 X 線分布に鋭いピークが現われる．これは高速で衝突した電子が，ある軌道電子を玉突きのようにはじき出した場合に起こる．これを「励起された電子」という．

図5.2は，高エネルギー電子が衝突した時の励起状態を模式的に示したものである．今，K 殻電子を叩き出したとしよう．K 殻には空準位ができるので，外側の L 殻や M 殻から電子が落ち込む．この時のエネルギー放出（$E_K - E_L$）が $h\nu_k$ のエネルギーを持つ X 線を放射し，同時に L 殻の他の電子に E_A のエネルギーを与えて殻外に放出する．前者を**特性 X 線**（characteristic X-ray），後者を「オージェ電子」という．

特性 X 線は，L 殻からの落ち込みの場合は K_a 線，M 殻からの場合は K_β 線と名付けられている．Chapt.1 で述べたように，L 殻には p，s 軌道，M 殻には p，s，d 軌道があり，それぞれでわずかに波長が異なるが，ここではその詳細は考えない．落ち込みの確率は M 殻より近い L 殻が大きく，図 5.1 にも描いたように K_a 線が強い．当然，L 殻電子がはじき出されて M 殻から落ち込む場合もある．これは L_a 線という．

K 殻は陽子に最も近く，束縛力が大きいから，ここから電子を外（真空準位）に放り出すエネルギー E_K は L 殻（E_L）や M 殻（E_M）よりも大きい．衝突する電子の運動エネルギーがこれより大きくないと，強い K_a 線は出ない．そのためには一定の励起電圧が必要となる．特性 X 線の波長 λ は，

次式のように物質に固有である．

$$1 / \lambda = C(Z - \sigma)^2 \quad\cdots\cdots\cdots\cdots\cdots (5.2)$$

ここで，C，σ：定数

Z：原子番号

これを**モーズリーの法則**（Moseley's law）と呼ぶ．これを利用した分析方法に「X 線マイクロアナリシス」がある．

K 殻から叩き出された電子やオージェ電子は「2次電子」という．どちらも分析の情報として利用される．前者は走査型電子顕微鏡（SEM）で利用する．オージェ電子が生ずるためには，L から K への落ち込みのエネルギー（$E_K - E_L$）と，さらに L 殻から飛び出すエネルギー E_L が必要となる．飛び出したオージェ電子のエネルギーは，$E_A = E_K - 2E_L$ となる．この場合は「KLL オージェ電子」という．この他に LMM，MNN などがある．このエネルギーも元素により定まっているため，「オージェ電子分光分析」として利用される．

次に，X 線を結晶格子に照射するとどうなるか．図5.3はその様子である．強度 I_0 なる X 線が結晶中を距離 x 透過すると，次式のように強度は減衰して I になる．ただし，波長 λ_0 は変わらない．

$$I = I_0 \exp(-\mu x) \quad\cdots\cdots\cdots\cdots\cdots (5.3)$$

ここで，μ：**吸収係数**

この「透過 X 線」は，溶接欠陥，鋳造欠陥，プリント基板などの非破壊検査に利用される．これは，欠陥による散乱や吸収を利用して強度の濃淡を画像に変換する技術である．プリント基板検

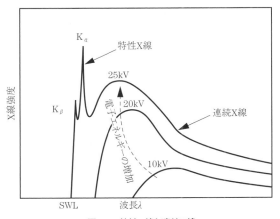

図5.1　特性X線と連続X線

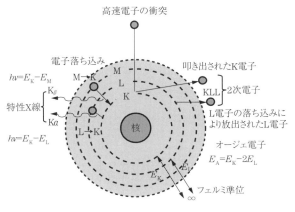

図5.2　電子の衝突による特性X線と2次電子の放射

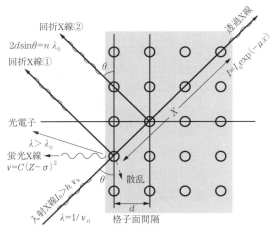

図5.3 X線照射による回折・透過および蛍光X線・光電子の放射

図中のラベル：
回折X線②　$2d\sin\theta = n\lambda_0$
回折X線①
透過X線　$I = I_0\exp(-\mu x)$
光電子　$\lambda > \lambda_0$
蛍光X線　$\nu = C(Z-\sigma)^2$
入射X線 $I_0 \to h\nu_k$　$\lambda = 1/\nu_0$
散乱
格子面間隔　d

査などには，波長が長く吸収の大きい「軟X線」が用いられる．

吸収の内容には，散乱の他に電子線と同じように２次X線を発生させることが含まれている．入射X線がK殻やL殻の電子を叩き出すエネルギーがあれば，電子線の衝突と同じことが起こる．この時叩き出される電子は「光電子」（photoelectron）という．

これを利用した表面分析法に「X線光電子分光分析」がある．空準位になった軌道に外の軌道電子が落ち込み，発生する２次X線を「蛍光X線」（fluorescent X-ray）と呼ぶ．これも先のモーズリーの法則により，照射された金属固有の波長となるため成分分析に利用される．入射X線よりはエネルギー $h\nu$ が下がるため，波長 λ は長くなる．

X線散乱の一つに，表面近くでの反射がある．**図5.3** の回折X線①および②は，格子面間隔 d に関係した光路差がある．この距離が入射X線の波長 λ の整数（n）倍であれば①と②は強め合い，半波長（$\lambda/2$）の奇数倍であれば弱め合う．入射角を θ とすると，強め合う条件は次式で表わされる．

$$2d\sin\theta = n\lambda \quad \cdots\cdots\cdots\cdots\cdots\cdots (5.4)$$

これを**ブラッグの条件**（Bragg's law）という．結晶の構造解析，残留応力測定などに欠かせない基本的な関係式である．

(2) 組成分析

元素の分析は，かつては溶解，濾過，沈殿，滴定といった「湿式法」，あるいは燃焼によりガスにして分析する「乾式法」などであったが，現在は，半導体検出器の登場で前述のX線・電子線の利用技術が進み，コンピュータ解析と併せて，いわゆる機器分析が主流となっている．次に表5.1の主な方法を紹介する．

① 蛍光X線分析
（XRF：X-ray Fluorescence Analysis）

最も普及しているバルク試料の元素分析法の一つである．ここで「バルク」とは，電子ビームのように μm〜nm の細束な照射を行なう局所分析ではない，という程度の意味である．X線であるために照射直径を数mm〜10mm程度とすることができる上，真空にしなくても分析可能なのが特徴である．

装置としては，分光結晶により波長分析する方式（WDX：Wavelength Dispersive X-ray spectrometer）と，半導体検出器（SSD：Solid State Detector）によりエネルギー分散分析（EDX：Energy Dispersive X-ray spectrometer）する方式がある．

WDXは，放射された蛍光X線をBragg条件で分光するが，測定可能な波長範囲が分光結晶の d によって制限される．そのため汎用器では，いくつかの分光結晶を用いなければならない．

EDXは，SSDに入射した蛍光X線をエネルギーに比例した波高パルスに変換する．この感度が従来の放射線計数管よりも高く，波高を分別計数する多チャンネル波高分析器を用いて，同時に短時間で分析できる．SSDは熱ノイズを抑えるために液体窒素などで冷却する．検出器を保護する窓などによってエネルギーの小さい軽元素は強度が減衰し，検出が困難になる．通常はNa〜Uが測定範囲である．

普及機器は簡単なコンピュータ操作だけで，いわば素人でも分析ができる．そのために，逆に結果を鵜呑みにしてしまう恐れがあり，分析に供す

る試料表面の調製には注意が必要である.

アルミナで研磨するとアルミが混入することがある. モーズリーの法則でもわかるように, エネルギーレベルは原子番号順であり, たとえば隣り合った Fe と Mn はピークが重なる. これもコンピュータが判別してはくれるが, 解釈にはやはり専門的検討が必要となる. こういう分解能の点では, EDX より WDX のほうがよい.

② 質量分析 (mass spectrography)

試料を陽イオン化し, 電圧で加速して磁場に入れると, 質量 m と荷電数 z の比 m/z に応じて軌跡が曲がり, 物質に応じて分別できることを利用した分析法である. 試料は, ガス分子の場合は電子を照射する方法, 固体試料ではそれ自体を電極にして高周波スパークによる方法など, イオン化することが必要である. ガスや化合物の分析も可能である.

③ ガスクロマトグラフィ (gas chhromatography)

不活性ガスなどをキャリアガスとして, 試料ガスを混合する. このガス中の試料を吸着あるいは分配する固定相のカラムを通すと, 固定相との親和力の大小に応じてガスの移動速度が変わり, 分離が起こる. これを示差型熱伝導検出器で記録する. 金属中のガス成分を分析する場合, 金属を加熱あるいは溶融し放出されるガスを分析する.

(3) 表面分析

① X線マイクロアナリシス
（XMA:X-ray Microanalysis,
EPMA:Electron Probe Microanalysis）

試料に電子線ビームを照射して, 放出される特性 X 線を分析する. ビームが $1\mu m$ 以下と細いので, 特性 X 線の発生する領域は深さで $1\sim5\mu m$ 程度である. このために, 非金属介在物, 結晶粒単位の合金相, などの組成, 摩擦面や腐食層の組成分析などに利用されている. 画像処理で成分ごとの色分けができるなど, 組成マッピングが可能である.

蛍光 X 線の場合と同様に, WDX 方式と EDX 方式がある. SEM などに組み込む場合は EDX 方式である. 解像度は EDX より WDX のほうがよい. 分析器には, 2 次電子を用いた組成像, ビームを走査することにより, 線上の成分分布 (線分析), 面上の成分分布 (面分析), 表面凹凸などを調べる機能が付いている.

② 2次イオン質量分析
（SIMS : Secondary Ion Mass Spectrometry）

高エネルギーのイオンを金属表面に衝突させると, 玉突き状の衝撃が表面近傍の格子に伝わり, 表面の原子がイオンとなり, 電子などとともに飛び出す. このイオンを「2 次イオン」という. これを前述の質量分析器で分析する. この方法の特徴は, 細束 1 次イオンによって表面の原子が剥ぎ取られるので, 微小領域の表面層の深さ方向の元素分布が 1 原子層ごとに nm オーダで分析できること, 同位体の分離も可能なこと, 他の方法では困難な水素の存在状態を可視化できること, などである.

③ X線光電子分光分析
（XPS:X-ray Photoelectron Spectroscopy,
ESCA:Electron Spectroscopy for Chemical
Analysis）

X 線照射で蛍光 X 線とともに内殻から放出される光電子を用いて, 元素だけでなく原子の結合状態, 化合物の同定などができる. 蛍光 X 線と同様, X 線照射であることから試料を真空に置かなくてもよく, 広い面積の平均的な情報が得られる. ただし, 検出深さは表層数 nm でありバルクとはいえない.

表面を別のイオン源でスパッタリング (表面原子を剥ぎ取る) すれば, 表層の深さ方向の情報が得られる. 不働態膜, 腐食などの表面分析に利用される.

④ オージェ電子分光分析
（AES: Auger Electron Spectroscopy）

オージェ電子は, 電子線ビームを試料に当てた時に特性 X 線とともに放射される 2 次電子の一種であるが, 検出できるエネルギーを持って外に飛び出せるのは表層数 nm に限られる. XPS と

違うのは，1次電子ビームが絞られているため，局所の表面情報という点である．高真空の試料室に引張装置を備えて，粒界割れを発生させ，スパッタリングしながら破面の深さ方向分析を行なうと粒界への偏析が明らかになる．

図5.4は，低合金鋼の破面をスパッタリングしながらリンの鉄に対する相対ピーク高さ(P/Fe)の変化を見た例である．焼戻し温度が320℃，450℃では粒界破壊が起こっており，リンが粒界に偏析している様子が見られる．焼戻し温度500℃では擬へき開破壊で，この破面にはこのような偏析は見られない．

⑤ 表面形態分析

表面の凹凸を調べる方法として，簡便なのは触針式粗さ計である．走査すれば画像処理で立体像も描ける．**表面粗さ**には図5.5のようなJISの表示方法(B0601-2001)がある．

表面は，うねりを伴った細かい凹凸である．細かい凹凸を粗さという．機械式であるから，触針の先端の径より小さな波形は当然，再現性が悪くなる．そこで，ある波長以下の波形はローパスフィルタでカットオフする．この値は，測定される粗さの範囲によって決められている．粗さ表示の一つは「算術平均粗さ Ra」で，次式で定義される．

$$Ra = \frac{1}{L} \int_0^L |Z(x)| dx \cdots\cdots\cdots\cdots (5.5)$$

ここで L は基準長さで，Ra の範囲で決められ

る．$Z(x)$ は測定方向 x に沿った粗さ曲線で，粗さが平均線と囲む面積を正負併せて積算し，これを基準長さ L で平均する．最近の粗さ計は，コンピュータ処理で結果が表示されるようになっている．この Ra はこれまで，「中心線平均粗さ」(1982)，「算術平均粗さ」(1994)と，JIS改訂のたびに名称が変わってきた．

もう一つの表示は，基準長さ L のうちで最大の山高さと谷深さの和で，「最大高さ Rz」という．最大高さは「Rmax」(1982)，「Ry」(1994)と表記されてきた．一方，Rz は10点平均粗さというパラメータであったが，2001年の改正で10点平均粗さはなくなり，最大高さを Rz と変えた．

このような表記法の変遷はISOとの整合性によるもので，旧いデータを参照する時には注意されたい．

最近は，原子スケールの凹凸が計測できるようになった．一つは**走査トンネル顕微鏡**(STM：Scanning Tunnel Microscope)である．試料表面ときわめて鋭い針(プローブ)の先端を機械的には非接触で数原子間隔にまで近づけ，両者の間に電圧を印加する．すると電子の波動性により非接触空間を電流が流れる．通常は絶縁の山があって電流は流れないが，量子力学効果によりトンネルを抜けるので「トンネル効果」，電流を「トンネル電流」という．この電流が一定になるようにプローブを走査すると，プローブの垂直変位から表面の

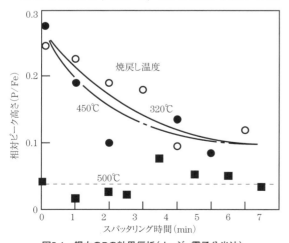

図5.4　鋼中のPの粒界偏析(オージェ電子分光法)

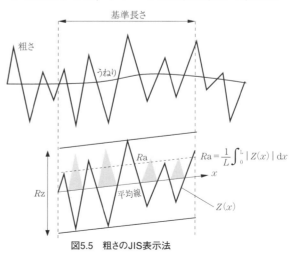

図5.5　粗さのJIS表示法

原子の凹凸に沿った像が描ける．ただし，絶縁物は原理的に測定できない．

これに対して**原子間力顕微鏡**（AFM：Atomic Force Microscope）は，絶縁物でも測定が可能である．これも鋭い針のプローブを用いる．これを非常に軟らかい板ばねの先に付けて試料表面の数原子距離まで近づけると，原子間に斥力が働いて板ばねがたわむ．このたわみが一定になるように制御してプローブを走査すると，やはり試料の表面原子の凹凸像が得られる．これを用いて，従来の電子顕微鏡では得られなかった鋼のマルテンサイト中に析出する炭化物の形態などが観察されている．nm のスケールで原子を積み上げたり剥ぎ取ったりする技術は「ナノテクノロジー」といわれ，半導体分野で応用されている．

⑥ 走査型電子顕微鏡
（SEM：Scanning Electron Microscope）

電子線を細く絞り込み，試料上で直径 10nm 程度の焦点を結ぶようにする．電子が衝突すると直接表層で散乱する後方散乱電子や，図 5.2 の機構の 2 次電子などが放出される．前者はエネルギーが大きくこれを用いてはコントラストが生成できない．2 次電子はエネルギーが小さく角を回り込むことができるため，これを試料に対して傾いたシンチレーション検出器上の静電電極に集束させると，表面凹凸のコントラストが得られる．

検出器の全面にグリッドを設けてバイアスをかけると，後方散乱電子と 2 次電子の分別ができる．検出器で光となった信号は，光倍増管で CRT 上の輝度として像をつくる．エッチングした金属組織でもその凹凸から像が得られる．光学顕微鏡と大きな違いは焦点深度が大きいことで，破面のような凹凸の激しい面でもきれいに結像する．Chapt.13 に述べるフラクトグラフィに有力なツールである．

後方散乱電子は原子番号 Z の情報を持っているので，これを別の検出器で検知すれば組成像が得られる．SEM はレンズ系を持っていない．観察像の拡大は走査範囲の大小による．ビーム径が小さいことが，微小部分を拡大しても観察できる解像度を保証している．さらに 2 次電子と同時に放射される特性 X 線を EDX で分析できるオプションもある．

(4) 金属組織（metallography, microstructure）

金属組織には，肉眼で観察するマクロ組織と光学顕微鏡で観察するミクロ組織がある．

まず試料のつくりかたである．

①検査したい供試体をエメリーソー（水冷高速回転切断機）で細分し，埋込みプレスに入る大きさにする．

②観察したい面（検鏡面という）を下にしてホットプレス機に入れ，熱硬化性樹脂の中に埋め込む．

③円筒形の樹脂の検鏡面を平面研磨していく．エメリーソーの切断面は比較的平面性が良いので，自動研磨機であればそのまま回転式研磨機の研磨紙を粗目から細目に変えながら仕上げていく．途中で粗さのステップを飛ばしすぎると，前の研磨傷が消えずかえって時間がかかる．手研磨では前の研磨方向と別の方向に磨き，前の傷が消えれば次のステップに進む．最終はエメリー紙 ＃600 以上まで行なう．

④微細なアルミナ研磨粉を水に混濁させ，バフ研磨する．アルミナには粗仕上げと細仕上げ用がある．XMA や他の分析でアルミの混入を避けたい場合はダイヤモンドペーストを使用する．これで鏡面になる．鏡面研磨はやりすぎると介在物が剥落してその部分から傷を引くので，前段階のエメリー研磨を十分に仕上げることが重要である．研磨の各ステップでは水洗を十分に行ない前工程の研磨粉が残らないように注意する．

⑤検鏡面を目的に応じた腐食液で腐食（エッチング）する．腐食液の一部の例を**付表6**（巻末）に示したが，この他にも合金ごとに多様な液がある．詳細は「金属データブック」などを参照されたい．液組成も記載されている例を参考に，各自使いやすい液を調合するのがよい．腐食後はよく水洗してドライヤーで熱風乾燥する．

試料と埋め込み樹脂の間に腐食液が浸透して，乾燥時に浸み出すと，隅部がオーバーエッチになる．とくに破面を含む断面などで起こりやすい．これを防止するには，アルコールで洗浄して浸み込んだ腐食液を希釈するとともに速乾する．

マクロ組織は，溶接部，表面硬化焼入れ層，偏析，鍛造・圧造組織の流れなどを見るために欠かせない．大きいままで検査することが多いので，鏡面研磨まで至らず，温塩酸中に浸漬して腐食する場合もあるが，これでは微細な組織は判別できない（写真 6.8 参照）．

ミクロ組織は，腐食で現出した組織を光学式金属顕微鏡（倒立型のほうが検鏡面の平行が出せる）で観察して撮影する．最近はCCDカメラの画質も向上し，直接コンピュータに圧縮ファイルとして取り込めるため，報告書やプレゼンテーションへの出力が簡単になった．

顕微鏡の分解能，すなわち二つの点を識別し得る能力は，使用する光の波長により限界がある．可視光（波長 $\lambda = 0.4 \sim 0.7\,\mu\mathrm{m}$）を用いる場合は，通常は倍率にして600倍程度が実用限度である．これで画像上の1mmが $1.7\,\mu\mathrm{m}$ であるから，その1/5程度，画像上0.2mm（試料上約 $0.35\,\mu\mathrm{m}$）が肉眼で判別できる限界である．

これに対して後述する電子顕微鏡では，電子ビームの波長が0.005nm（50kV）と短い．波長からだけでいえば，光学式に比べて10万倍解像度がよいことがわかる．

(5)微細構造解析

Braggの条件を基礎としたX線回折は，結晶の構造，すべり変形，集合組織，残留応力などに役立っている．X線が結晶格子で回折するのは，X線の波長が結晶格子間隔と同程度であるからである．回折によく使われるCrのKα線は0.23nm（2.3Å），CuのKα線は0.15nm（1.5Å）である．これに対してα鉄の格子常数（bcc 立方体の稜の長さ）は0.29nm（2.9Å），Alは0.40nm（4.0Å）である．

X線ビームは光子として波動と同時に粒子の性格もあるが，電界を与えて加速したり，磁界により曲げたりはできない．エネルギーは $h\nu$ で与えられるから，振動数あるいは波長にのみ依存する．X線ビームを絞るにはスリットやコリメータ（小さい穴）を通す．すると照射エネルギーは減少する．エネルギーを集中させるために凹面反射鏡のような回折結晶で集束させると，白色X線では波長により分光してしまう．

回折の応用例として**X線応力測定法**を紹介する．

図5.6は，x 方向に引張力を与えた試料の結晶 A，B，C のひずみを示している．測定すべき格子面の間隔は，結晶 A では引張応力に平行なので小さく，結晶 C では直角なので最大になる．B はその中間である．

A，B，C それぞれのひずみは，

$$\varepsilon_z = (d_z - d_0)/d_0,\ \varepsilon_\psi = (d_\psi - d_0)/d_0,\ \varepsilon x = (d_x - d_0)/d_0 \text{ となる．}$$

d_0 は応力のない状態の格子間隔，d_z，d_ψ，d_x は z 方向，ψ 方向，x 方向の応力下の格子間隔である．

求めたい ε_x は，格子面がX線を入射できない方向に向いているため，測定可能な ε_z，ε_ψ から推定する．ψ 方向のひずみ ε_ψ は，次のように表わされる．

$$\varepsilon\psi = \frac{1+v}{E}\sigma_x \sin^2\psi - \frac{v}{E}(\sigma_x + \sigma_y) \cdots\cdots (5.6)$$

ここで，E：ヤング率

v：ポアソン比

求めたい応力は σ_x である．(5.6)式は $(\sigma_x + \sigma_y)$ が表面の主応力和で不変値であるから，ε_ψ は $\sin^2\psi$ の一次関数である．ε_ψ はBraggの条件から求まるから，ψ を変えて ε_ψ を測定し，$\sin^2\psi$ に対してプロットすると σ_x はその勾配から求めることができる（$\sin^2\psi$ 法という）．

図5.6では紙面に直角な y 方向を省略しているが，$\varepsilon_z = -v(\varepsilon_y + \varepsilon_x)$ の関係があり，無視しているわけではない．**図5.6**は試料面の法線方向応力 $\sigma_z = 0$（平面応力）を想定して描いたが，残留応力などは主応力が試料表面に対して傾く．

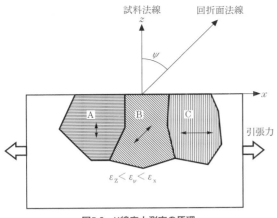

試料法線 z

回折面法線

ψ

x

引張力

A B C

$\varepsilon_z < \varepsilon_\psi < \varepsilon_x$

図5.6 X線応力測定の原理

X線の応力測定は表面だけで可能であるが，表面から内部に向かって応力勾配を持つような応力分布も，表面を少しずつ電解研磨で掘りながら測定して推定できる．これは表面硬化処理や加工の残留応力測定に応用される．

さらに詳細については，たとえば日本材料学会編『X線材料強度学』（日本材料学会編／養賢堂1973）などを参照してほしい．

一方，電子線も回折に使われる．電子は電荷があるから，電界で加速できるし磁界で曲げることもできる．電子線の波長 λ は，

$$\lambda = h / mv \qquad (5.7)$$

ここで，m：電子の質量

一方，電子の速度 v，電荷 e，加速電圧 V とすると，電子の運動エネルギーは，

$$mv^2 / 2 = eV \qquad (5.8)$$

両式から波長 λ（Å）は，

$$\lambda = \sqrt{150 / V} \qquad (5.9)$$

加速電圧 50kV の時の電子線の波長は，0.005nm（0.05Å）とX線より2桁小さい．そのため電子線はX線に比べると散乱や吸収が大きく，空気中では使えない．また金属中でも吸収が大きく透過性が悪いために，試料は薄膜でなくてはならない．しかし，電界で加速，磁界で集束・発散するため電磁レンズを構成でき，薄膜試料を透過して拡大観察したり，電子線回折が可能である．これが**透過型電子顕微鏡**（**TEM**：Transmission Electron Microscope）である．転位の実体を観察できたのもこの装置のお陰であった．

解像度はきわめて高くなり，格子像も観察されている．TEM は同時に電子回折が可能であることから，析出物と母相の整合関係などの解析ができる．薄膜をつくる場合，機械的加工ではひずみが入るために，**電解研磨**などの技術が用いられる．

5.2　破壊強度試験
（destructive mechanical testing）

材料の売買で指定される**機械的性質**とは，降伏点（耐力），引張強さ，伸び，絞り，とオプションとして，硬さ，シャルピー衝撃値がある．これらは，材料の強度と靭性・延性を保証するものであると同時に，設計の根拠ともなる．しかし，用途に応じてはこのような一般値だけでは不十分で，曲げで使用される梁，ねじり荷重で使用されるトーションバー，変動荷重下で使用される車軸など，それぞれの特性が要求される．その主な強度試験法を**表5.2**に示す．

(1)引張試験（tensile test）

金属の丸棒，板，線の形状の試験片（JIS Z 2201）の両端をつかみ，破断するまで引張り，荷重と試験片の伸びの関係を求める試験である．丸棒試験片の一例として，JIS 4 号試験片を**図5.7**に示す．試験機ではロードセルで荷重を，クロスヘッド（試験機の移動側のチャック）で伸び量が計測される．これを応力とひずみの関係に直すと**図5.8**のようになる．前述の機械的性質の項目の大部分は，引張試験から得られる．

ここで，応力とひずみの定義をしておこう．応力 σ とは，ある面にかかる垂直荷重 F をその面積 A で割った値である．すなわち，

$$\sigma = F / A \qquad (5.10)$$

である．

一方，ひずみ ε は，ある長さ L に対する伸び量 ΔL の割合，すなわち，

$$\varepsilon = \Delta L / L \qquad (5.11)$$

表5.2　金属の主な強度試験法

目的	方法	特性値
機械的性質	引張試験	降伏点，耐力，引張強さ，伸び，絞り
	圧縮試験	圧潰強度
	曲げ試験	曲げ強さ
	ねじり試験	ねじり強さ
	硬さ試験	HV, HB, HR (A, B, C, F), HS
	シャルピー衝撃試験	吸収エネルギー，遷移温度
耐久性	疲労試験	引張り，曲げ，ねじり疲限
	転がり疲れ試験	ピッチング，フレーキング寿命
	摩耗試験	比摩耗量
	クリープ試験	高温クリープ寿命
	腐食試験	発錆寿命，孔食
破壊力学特性	破壊靭性試験	K_{Ic}, J_{Ic}

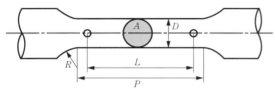

平行部直径$D = 14$，標点距離$L = 50$，
平行部長さ$P = $約60，$R \geqq 15$mm
以上によらない場合は，$L = 4\sqrt{A}$　ただし，A：平行部断面積

図5.7　引張試験片（JIS 4号）

引張試験で用いる応力は，断面積は引張る前のA_0を用いるので，ここでは公称応力σ_nとしておく．

$$\sigma_n = F / A_0 \quad\cdots\cdots\cdots\cdots\cdots\cdots\cdots (5.12)$$

これに対して(5.10)式を「真応力」という．ひずみは，試験片の平行部に一定長さの標点を付け，引張り前後の標点距離L_0とLの差$(L - L_0)$のL_0に対する比，

$$e = [(L - L_0) / L_0] = \Delta L / L_0 \quad\cdots\cdots (5.13)$$

で表わす．これを「公称ひずみ」と呼んでおく．

荷重を負荷すると，試験片はまず弾性的に伸びる．この弾性ひずみは，後述の塑性ひずみに比べると小さいから，真応力σとεの間には，フックの法則，

$$\sigma = E_\varepsilon \quad\cdots\cdots\cdots\cdots\cdots\cdots\cdots\cdots (5.14)$$

が成り立つ（$\varepsilon \fallingdotseq e$）．

応力が増大すると，Chapt.3で説明したように転位が動き出し，すべりが起こる．この塑性変形の始まる応力を**降伏点**（yield point）という．降伏点を過ぎると，荷重を除荷してもひずみは0には戻らないため，「永久変形」とも呼ばれる．変位

速度一定の引張試験では，荷重の増加速度がやや遅くなる．簡易的にはこの時を降伏点とみるが，これが明瞭でないこともある．

そこでJIS Z 2241では，いくつかの求めかたを示して降伏点の代用としての耐力（proof stress）を定義している．最も一般に採られる方法は「オフセット法」である．金属は塑性変形が起こっても結晶構造は変わらないから，ヤング率も変わらない．

そこで塑性変形の途中で除荷すると，弾性部と平行に弾性ひずみ分だけは0に戻る．そのため，永久伸びが$e = 0.002 (0.2\%)$となるひずみ軸上の点から，弾性領域と平行に引いた直線が変形応力曲線と交わる点を耐力（$\sigma_{0.2}$）とするのである．

最近のコンピュータ制御試験機では，この計算が組み込まれている．ただし，軟鋼だけは降伏点が明瞭に現われる．これは，転位が炭素のコットレル雰囲気を抜け出す時に雪崩現象が起こって応力が緩和されるため，荷重がいったん下がるからである．このピークを**上降伏点**という．

いったん下がった荷重のまま，図3.11に示したようなリューダス帯が試験片平行部全体に行き渡るまで応力はほぼ一定になる．これを**下降伏点**という．炭素鋼の引張試験結果をまとめて例示すると**図5.9**のようになる．上下降伏点が現われ

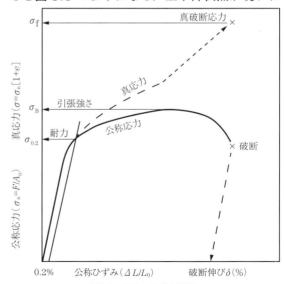

図5.8　応力—ひずみ線図

るのは 0.3% C 程度までで，炭素量が増加すると出現しなくなる．これはリューダス帯の伝播がフェライトの特性であり，パーライトが多くなると試験片全体への伝播の前に局部で加工硬化段階に入るからであろう．

公称応力曲線が最大になる点を引張強さ（σ_B）という．構造物の設計は弾性計算に基づいているため，許容応力の根拠となるのは降伏点である．これに対して引張強さは，材料強度の指標とされている．

なぜ最大値があるのか．それは，これより変形が不安定になり局部伸びが起こって試験片がくびれ，断面減少が急激に進むからである．塑性変形が始まると伸びが大きくなるとともに断面が減少する．塑性変形しても体積は不変であるから，

$$A_0 L_0 = A(L_0 + \Delta L) \quad\cdots\cdots\cdots (5.15)$$

したがって(5.13)式より，

$$A = A_0 L_0 ／ (L_0 + \Delta L) = A_0 ／ (1 + e)$$

となるから，真応力 σ は(5.10)式より，

$$\sigma = (F ／ A_0)(1 + e) = \sigma_n (1 + e) \quad\cdots\cdots$$
$$\cdots\cdots\cdots (5.16)$$

一方，(5.11)式で L が変化することを考慮すると，L が L_0 から $L_0 + \Delta L$ まで変化する時のひずみは，

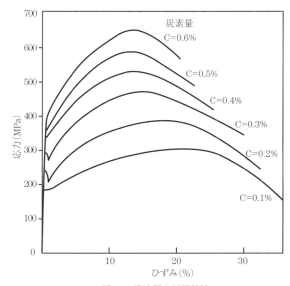

図5.9　炭素鋼の引張特性

$$\varepsilon = \int_{L_0}^{L_0 + \Delta L} \frac{dL}{L} = \ln\left(1 + \frac{\Delta L}{L_0}\right) = \ln(1 + e) \, (5.17)$$

これを「対数ひずみ」という．これは(5.15)式から，

$$\varepsilon = \ln(A_0 ／ A) \quad\cdots\cdots\cdots\cdots\cdots (5.18)$$

とも書ける．すなわち，$A = A_0 \exp(-\varepsilon)$ であるから，(5.10)式より，

$$F = \sigma A_0 \exp(-\varepsilon) \quad\cdots\cdots\cdots\cdots (5.19)$$

となる．塑性不安定が起こってFが最大値になることから，

$$dF = (\partial F ／ \partial \sigma) d\sigma + (\partial F ／ \partial \varepsilon) d\varepsilon = 0$$

(5.19)式より，

$$A_0 \exp(-\varepsilon) d\sigma - A_0 \sigma \exp(-\varepsilon) d\varepsilon = 0$$

すなわち，塑性不安定条件は次のように表わせる．

$$d\sigma ／ d\varepsilon = \sigma \quad\cdots\cdots\cdots\cdots\cdots\cdots (5.20)$$

真応力－対数ひずみで表わした曲線の勾配が応力に一致した時にくびれが始まる．

塑性曲線を次のように近似する．

$$\sigma = C \varepsilon^n \quad\cdots\cdots\cdots\cdots\cdots\cdots\cdots (5.21)$$

ここで，C：定数

　　　　n：加工硬化指数

(5.20)式から $nC\varepsilon^{n-1} = C\varepsilon^n$ であるから，$\varepsilon = n$ となる．

すなわち，引張強さに対応する対数ひずみは，加工硬化指数に等しい．曲線の形状から $n < 1$ であり，引張試験では ε が1を超える変形はできない．1を超える大変形には，圧延・線引きのような加工法が適している．

くびれ部分の断面積が測定できなければ，試験片の真応力線図は最大荷重以上で計算できなくなる．そこで，破断後の標点距離 L_f から「破断伸び δ」と，破断部の面積 A_f から「絞り ϕ」を次のように求め，延性のパラメータとする．

$$\delta = [(Lf - L_0) ／ L_0] \times 100 \cdots\cdots (5.22)$$
$$\phi = [(A_0 - Af) ／ A_0] \times 100 \cdots\cdots (5.23)$$

また，破断時の荷重 F_f を A_f で除した応力を「真破断応力」（$\sigma_f = F_f ／ A_f$）と呼び，破壊強度の指標とする．

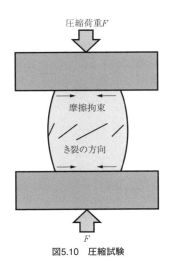

圧縮荷重 F

摩擦拘束

き裂の方向

F

図5.10　圧縮試験

(2) 圧縮試験 (compression test)

過大荷重で潰されないか，圧潰荷重はどのくらいかなど，設計や品質保証の評価試験として日常的に行なわれる試験であるが，JIS 規格はない．それは，この試験を解析的に行なうことが難しいからである．

引張試験と同じ材料試験機が用いられる．実物形状の圧潰試験は別として，通常は円筒形試験片が用いられる．直径に対して円筒が長すぎると座屈が起こるため，円筒は短い．

図5.10 のように上下の圧縮治具との接触面の摩擦によって応力は円筒に一様にかからず，変形は太鼓のように中央が膨らんだ状態になる．圧縮の場合も，前述の対数ひずみは適用できる．圧潰の一つの目安は，き裂の発生である．き裂は図に示すように，太鼓の膨らんだ面にせん断応力によって斜めに発生する．

(3) 曲げ試験 (bending test)

曲げ試験は，引張りに比べると高応力が簡単に得られるため，多様な方法が適用されている．曲げ梁は曲がる外側は引張り，内側は圧縮になりその間に応力の発生しない中立軸がある．**図5.11** の例で，外側の引張応力を求めよう．

外縁の x 方向応力 σ_x は，中立軸からの距離 y，モーメント M とすると，

$$\sigma_x = My \,/\, I_z \quad\cdots\cdots\cdots ((5.24)$$

ここで I_z は，中立軸上で紙面に垂直な z 軸の周りの断面2次モーメントで，材料力学の教科書や便覧にいろいろな断面形状について計算式が載っている．

高さ h，幅 b の矩形断面梁ならば，$I_z = bh^3 \,/\, 12$ であるから，$h = 2^y$ として，

$$\sigma_x = 6M \,/\, bh^2 \quad\cdots\cdots\cdots\cdots\cdots (5.25)$$

直径 d の円形断面ならば，$I_z = \pi d^4 \,/\, 64$ であるから，$d = 2y$ として，

$$\sigma_x = 32M \,/\, \pi d^3 \quad\cdots\cdots\cdots\cdots (5.26)$$

一端固定の片持ち梁の場合には，自由端に荷重 F が加わった時の自由端から x の位置のモーメントは $M = -Fx$ であるから，M は固定端で最大になる．矩形断面ならば，最大曲げ応力は，

$$\sigma_x = 6FL \,/\, bh^2 \quad\cdots\cdots\cdots\cdots\cdots (5.27)$$

両端支持の3点曲げでは，荷重点のモーメントが最大で $M = FL \,/\, 4$ であるから，最大曲げ応力は矩形断面なら，

$$\sigma_x = 3FL \,/\, 2bh^2 \quad\cdots\cdots\cdots\cdots (5.28)$$

以上は梁の自重が無視できる場合である．曲げ梁は，支持点が固定であるか，ローラ支持であるかなどにより応力の集中度が変わる．

曲げやねじりの場合，応力の断面分布は外縁で最大になるから，降伏点を超えると外側だけが塑性変形する．

そこで，除荷すると引張側は伸びてしまうために圧縮残留応力が，圧縮側は縮むために引張り残留応力が残る（Chapt.11 参照）．

JIS Z 2248 に［金属材料曲げ試験方法］があるが，これは塑性曲げ変形（たとえば180°曲げ）によって裂ききずなどの欠陥の有無を調べることが目的の試験である．

以上は静的曲げ試験であるが，後述の衝撃試験や疲れ試験など動的負荷試験では，曲げ試験が多用されている．

(4) ねじり試験 (torsion test)

ここでも材料力学のおさらいをしよう．

図**5.12**のように，半径r，長さLの丸棒にトルクTを与えてねじる場合を考える．せん断ひずみγは次のように定義される．

$$\gamma = \overline{\text{BC}} / L \quad\cdots\cdots\cdots\cdots\cdots (5.29)$$

$\text{BC} = r\phi$であるから，

$$\gamma = r\phi / L = r\theta \quad\cdots\cdots\cdots (5.30)$$

ここで，θ：単位長さ$L = 1$の時のϕ（$\theta = \phi / L$）

せん断応力τは，剛性率をGとすると，

$$\tau = G\gamma = G\theta r \quad\cdots\cdots\cdots\cdots (5.31)$$

せん断応力τはrに比例するから，外縁で最大τ_{max}になり，τ_{max}は次のようになる．

$$\tau_{max} = Td / 2I_p \quad\cdots\cdots\cdots\cdots (5.32)$$

ここで，$I_p = 2I_z$を「断面2次極モーメント」という．曲げで示した丸棒のI_zを用いれば，次のようになる．

$$\tau_{max} = 16T / \pi d^3 \quad\cdots\cdots\cdots\cdots (5.33)$$

ねじり試験の静的試験は線材などに適用され，破壊までのねじり回数や欠陥の有無を調べる．動的試験としては疲れ試験に適用される．

(5) 硬さ試験（hardness test）

硬さは，試料より十分に硬い圧子を一定の荷重をかけて試料に押し込み，生じた永久変形の大きさを尺度にする方法と，硬いハンマーを試料に衝

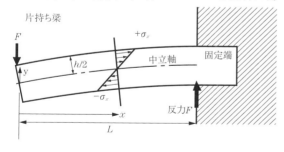

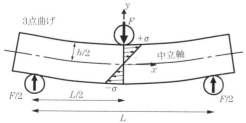

図5.11　代表的な梁の曲げ

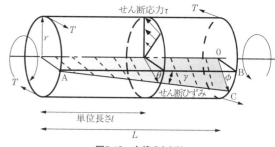

図5.12　丸棒のねじり

突させてその反発エネルギーを尺度にする方法がある．前者は「押込み硬さ試験」と呼び，「ブリネル硬さ試験」，「ビッカース硬さ試験」，「ロックウェル硬さ試験」がある．後者は「反発硬さ試験」と呼び，「ショア硬さ試験」他，規格化はされていないが各種便利な試験器が開発されている．いずれの方法も，塑性変形抵抗を測定することに変わりはない．

硬さの圧痕は周辺に塑性変形の影響を及ぼすため，隣接する測定位置は十分離れていなければならない．また試料の縁に近すぎてもいけない．次に示すJIS本文には，圧痕の直径に対してこれらの制約が記されているので注意されたい．

硬さ試験機は，試験力を重錘を用いて梃子で与えるようになっている．そこで試験力の表記は，名称として従来通り重錘の質量単位kgで表わすのがわかりやすい．たとえば，1kgの重錘を使用するビッカース試験力は，記号としてHV1（試験力9.807N）となっている．そこで，以下では試験力を従来単位kgfのままで書くことにする．

①ブリネル硬さ試験

（Brinell hardness test：JIS Z 2243）

超硬合金球（直径$D = 1 \sim 10$mm）を試験力F（$500 \sim 3000$kgf）で押し込み，生じた円形のくぼみの直径dを測る．隣接する圧痕間距離は$3d$以上，試料縁からは$2.5d$以上内側でなければならない．硬さは荷重Fをくぼみ表面積で割った応力表現で表示する．JISには硬さの計算式が記載されているから，表計算ソフトなどでデータ処理する場合は参照するとよい．通常はdとHBWの対応表を利用する．

［表記例］350 HBW 10 ／ 3000（350 が硬さ値，10mm 球，荷重 3000kgf）

従来は，圧子の材質が鋼球であれば HB あるいは HBS と表記したが，1998 年の改正で ISO 導入により超硬合金圧子だけとなり，従来データと区別するため表記が HBW となった．また，従来の JIS にはなかった小さい試験力が規定されており，この場合は JIS 表記のように試験力明記が必要であろう．

従来の文献データの HB は，とくに断わりがなければ，試験荷重は鋼で 3000kgf，非鉄で 500kgf である．

②ビッカース硬さ試験
（Vickers hardness test：JIS Z 2244）

正四角錐のダイヤモンド圧子を所定の荷重で押し込み，四角の圧痕の対角線長さ d を顕微鏡で測定する．ブリネル硬さと同様，試験力 F をくぼみ表面積で割った応力表現で硬さを表示するため，硬さ値はブリネルとほぼ同じである．試験力は 10gf から 100kgf までと広範囲で，結晶粒単位の微小硬さからセラミックスなどの硬い材料まで広範囲に適用される．

顕微鏡観察面で測定するため，表面の研磨が必要である．隣接する圧痕間距離は鋼，銅合金なら 3d 以上，試料縁からは 2.5d 以上内側，軽金属や低融点金属では，それぞれ 6d 以上，3d 以上内側でなければならない．昔は荷重 1kgf 未満は「マイクロビッカース硬さ」と呼ばれ，表記法も異なっていたが最近はその区別はない．ただし試験機は高荷重用とマイクロ用は別である．

［表記例］350HV0.3（350 が硬さ値，0.3 は試験力 300gf：約 2.9N），試験力保持時間が 10 〜 15s 以外の時は時間の明示が規定されているが，最近の試験機は圧子の上下や保持が自動的に行なわれる．

試料面が曲面であると圧痕が正方形にならず，一方の対角線が延びた菱形になったり，非対称な菱形になる．この場合の補正の方法も規格に記載されている．

頂角の大きい菱形四角錐圧子で押し込みが深くならないように工夫すると，メッキ層のような薄膜の硬さを測ることができる．これをヌープ硬さ試験（Knoop hardness test：JIS Z 2251）という．ビッカース試験機を用いて圧子を交換するだけで測定ができる．

③ロックウェル硬さ試験
（Rockwell hardness test：JIS Z 2245）

ロックウェル硬さは圧痕の面積ではなく，押し込み深さを計測する．押し込み初期のばらつきをなくすために，一定の初期力で押し込んだ後，さらに試験力を加えてから追加分のみを除荷する．この時の圧子の変位差 h を計測する．機構上全自動化が容易であるため，現在は自動計測機が多い．

ロックウェルは圧子の種類と試験力によって「A，C，D スケール」（円錐ダイヤモンド），「B，E 〜 HK スケール」（鋼球あるいは超硬合金球）の 9 種類，また表層測定用のスーパーフィシャル 15N，30N，45N スケール（円錐ダイヤモンド）3 種類，15T，30T，45T スケール（鋼球・超硬球）3 種類，合計 15 種類のスケールがある．種類が多く換算がやっかいであるが，実際は HV < 100 の軟らかい非鉄金属は F スケール，HV < 250 の非鉄金属は B スケール，軟鋼は A スケール，硬鋼は C スケールが主な使用範囲である．

硬さの範囲が広く共通記号で表わせるビッカースは顕微鏡用の研磨が必要，ブリネルはこれまでの機種では試験力が大きすぎる，という制約があるのに対して，ロックウェルは平面さえ出ていれば鏡面研磨は不要であり，試験力も試料によって選べ，スケールが多い難点を除けば簡便な試験法である．

［表記例］70HRA（70 が硬さ値，A スケール），42HRC（42 が硬さ値，C スケール），60HRBW（60 が硬さ値，B スケール超硬球使用），70HR30N（70 が硬さ値，30N スケール）

円筒側面測定用の V 溝台があり，曲面の硬さも計れるが補正が必要である．

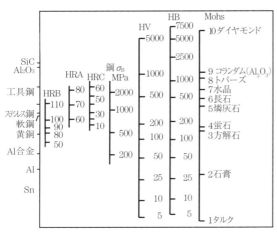

図5.13　各種硬さの比較と材料強度の対応

表5.3　硬さからの強度推定式

材料	引張強さ推定式(MPa)	適用範囲
鉄鋼	σ_B=3.2 HV	
鋳鉄	σ_B=2.3 HB-230	ねずみ鋳鉄
アルミ合金5000番台	σ_B=4.2 HV	0.5〜1.0mm薄板
アルミ合金1000,3000番台	σ_B=3.5HV	0.5〜1.0mm薄板

材料	耐力推定式(MPa)	適用範囲
鉄鋼	$\sigma_{0.2}$=5HV-170	
軟鋼	$\sigma_{0.2}$=2.4HV-132	0.1%C,$\sigma_{0.2}$<440MPa
硬鋼	$\sigma_{0.2}$=4.5HV-77	0.7%C
304ステンレス鋼	$\sigma_{0.2}$=3.1HV-253	
アルミ合金	$\sigma_{0.2}$=3.6HV-30	$\sigma_{0.2}$<590MPa

材料	疲れ限度推定式(MPa)	適用範囲
鉄鋼	σ_w=1.6HV	HV≦400
アルミ合金	σ_w=0.9HV+20	5000系除く

④ショア硬さ試験
（Shore hardness test：JIS Z 2246）

試験機はポータブルな小型のもので，現場的な方法である．室内では安定なスタンドにセットする．試験片に垂直に試験機を当て，ハンマーを一定高さに上げて自然落下させる．試料に衝突して失った運動エネルギーが，位置エネルギーの差としてダイヤルに表示される．

試料が薄い場合，試料表面下に空洞・き裂などがある場合，エネルギー損失が大きく硬さは低目になるので注意を要する．また試験器の当てかたによってもばらつきが出るので，数回場所を変えて試験して安定な値を読み取る．

［表記例］30HSC（30 が硬さ値，C は目測型試験機，1992 年 JIS では指示型試験機は D を付す）

ショア法は垂直方向にしか測定できないが，最近はばね支持のハンマーを電磁的に発射させ，衝突前後の速度差から硬さに変換する全方位型試験機が市販されている．これは当然ポータブルで，現場で簡便に試験でき，出力結果は独自の硬さパラメータとビッカースなどへの換算硬さが得られる．ただし，試験機ヘッドの当てかたによってばらつきが大きい．

(6)各種硬さの比較と強度との関係

前述したいろいろな硬さは，それぞれの間で換算できる．『JIS ハンドブック』の［鉄鋼 I］［非鉄］の巻末に換算表が掲載されているので参考にされたい．ただし，鉄鋼と非鉄材料では多少差異があり，同じ換算表は使えない．

図5.13 に，ロックウェル HRA，HRB，HRC，ビッカース HV，ブリネル HB，モース（Mohs）硬さ，鋼の引張強さのおよその対応を示した．モース硬さとは図に示した鉱物の組合わせで，順次に試料表面を引っ掻いて硬さを決める．前述のように HV と HB はほぼ同じ数値で，アルミニウム合金では HV ≒ 1.1HB の関係がある．

鉄鋼では，引張強さσ_Bの参考値が硬さ換算表にある．またアルミニウム合金は引張強さと HV1 の関係が『アルミニウム・ハンドブック』にある．表5.3 に硬さから引張強さσ_B，耐力$\sigma_{0.2}$，疲れ限度を推定する式を示す．これらはあくまでも概略の推定として参考にしてほしい．

耐力については，引張強さに比べると推定適合度は良くない．これは，硬さが塑性変形抵抗を表す指標であることから当然であろう．疲れ限度σ_wでも耐力よりは引張強さのほうがよく合うことから，σ_w = 0.5σ_Bの関係を根拠に HV との関係が得られる．

アルミニウム合金については，巻末の付表9 の疲れ限度と硬さ HB の関係から求めた．5000番台の5052合金がやや外れるが，それ以外は熱処理にかかわらず概ね直線に載る．

(7) シャルピー衝撃試験
(Charpy impact test：JIS Z 2242)

　材料の靱性を調べるために，**図5.14** のような重いハンマーが振り子運動する試験機で，試験片を打撃して破壊する試験である．試験片は10mm角で，V型（深さ2mm）あるいはU型（深さ2および5mm）切欠きの付いた3点曲げ式である（JIS Z 2202）．

　ハンマーを角度 α まで持ち上げて落下させる．最下点に置いた試験片を破断するために費やしたエネルギー（**吸収エネルギー**という）の分だけ位置エネルギーが減少し，ハンマー振上がり角度は β までとなる．吸収エネルギー K（単位 J）は次のように算出する．

$$K = M(\cos \beta - \cos \alpha) - L \quad \cdots\cdots (5.34)$$

ただし，M はハンマーの回転軸周りのモーメント（N-m），L は試験片なしで空振りした時のエネルギー損失（J）である．

　金属材料用の試験機は，容量が300J あるいは500J である．500J の場合，試験片の打撃速度は約5.5m/s となる．試験片は試験台にただ置くだ

けですばやくセットできるので，あらかじめ加熱したり冷却して吸収エネルギーの温度による変化を求める．延性破壊から脆性破壊に移行する温度を**遷移温度**というが，この解析は Chapt.13.2 に詳述してある．最近は，吸収エネルギーだけでなく荷重の変化を記録できる計装シャルピー試験機が市販されている．

　シャルピー以外の衝撃試験は，シャルピー型と同様の試験片を片持ち曲げで破壊するアイゾット衝撃試験（1998年の改訂で JIS Z 2242 から削除された），重錘を垂直に落下させる落重試験（鉄道用レールなどで行なわれている）などがある．

(8) 疲れ試験（fatigue test）

　機械部品には，ばねや車軸のように変動荷重を受ける部材が多い．変動応力下で破壊する現象を**疲れ破壊**（疲労という用語も使われる）という．疲れの現象や解析については，やはり Chapt.13.3 に詳述するので，ここでは試験方法についてだけ紹介する．

　車軸など回転軸を模擬した試験方法としては「回転曲げ疲れ試験」（JIS Z 2274）がある．試験片は平滑（モーメントの最大になる中央に平行部のあるものと円弧形状のもの）と切欠き付き（V・U溝，丸孔など）がある．

　試験機の多くは試験片を回転軸に直結し，つかみ部の外側にベアリングを介して重錘を下げる4点曲げ方式であるが，片持ち曲げ方式もある．繰返し速度は，1000～5000rpm（17～83Hz）が原則となっている．疲れ強度は試験片の表面粗さに影響されるので，とくに平滑材では表面仕上げに規定がある．また，ねじりなどが複合しないような注意も必要である．

　板ばねなど平板曲げ振動を模擬した試験方式としては「平面曲げ疲れ試験」（JIS Z 2275）がある．試験機としては，ねじり試験も可能なシェンク式が普及している．繰返し速度は回転曲げと同様，1000～5000回／min（17～83Hz）である．試験片は板側面が円弧形状のものと，平行部のあるも

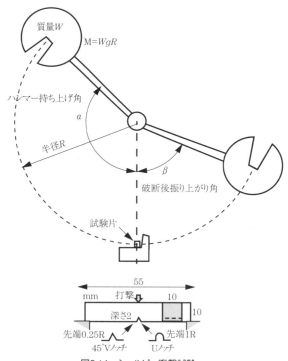

図5.14　シャルピー衝撃試験

のが規格化されている．十分な表面仕上げや所定の曲げモーメント以外の負荷がかからないことなどの注意が必要である．

軸荷重方式試験は，金属共通試験としてはJIS規格にはないが，油圧制御のパルセータを用いて広く行なわれている．この場合は試験片形状によっては圧縮が不安定となるため，引張りのみの片振り試験が多用される．繰返し速度は，変位と油圧ポンプの能力で決まり，油圧能力が小さいと大きな変位では速度が制限される．

大型の試験片で1Hz以下から小型試験片で50Hz程度までと，回転曲げや平面曲げに比べて低速の使用範囲となっている．油圧制御方式は，波形の選択や多段荷重などのプログラミングができるため，軸荷重だけでなく曲げも含めて実体の評価試験などに広く使用されている．

ねじり方式試験も共通試験としてはJIS規格にない．コイルばね，トーションバー，ワイヤなど実機としては繰返しねじり応力が作用する部材は多いが，曲げ方式試験に比べ対象が特定分野に限られるためか，稼働している試験機数は少ない．

ベアリング，歯車，車輪・レールなど，繰返し接触による転がり疲れという現象がある．詳細はChapt.13.6（2）に述べるが，試験方法としては，球の回転接触試験や2円筒の転がり接触試験がある．前者はベアリング鋼の評価の他，潤滑油の評価にも使用されている．

繰返し接触疲れには，転がりの他に**フレッチング疲れ**がある．これは接触部が微小に相対運動をする場合で，Chapt.13.6（3）を参照されたい．車輪・車軸のはめ合い部，重ね板ばね，揺動軸受など事例は多い．試験方法は，曲げの固定端方式，軸荷重試験片を側面から別の圧子で挟む方式などあるが，規格化された方法はない．

(9) 摩耗試験（wear test）

試験片を回転する相手材料の円板上で擦るピニオンディスク方式，グラインダのように回転円盤を試験板に当てて擦る方式（大越式），回転する2円筒に速度差（滑り）を与えて，低速側を試験片，高速側を硬質相手材とする方式（西原式）などがある．摩耗量は試験前後の試験片の質量減から求め，比摩耗量として表わす．

摩耗試験は組み合わせる材料によって結果が異なるから，硬質相手材を特定材料に固定して，試験片側をいろいろな材料にする相対比較試験である．実体試験では，実際に使用する材料の組合わせで行なう．たとえばブレーキのパッドとディスク，パンタグラフの擦り板と架線などはこの事例である（詳細はChapt.13.6（1）参照）．

(10) クリープ試験（creep test）

ある温度で，一定の応力下で時間とともに塑性変形する状態をクリープという（詳細については Chapt.13.4（8）参照）．通常は高温で使用される熱交換器，ボイラー，タービンなどの材料評価の試験である．一定の重錘により梃子で試験片に引張応力（定荷重）を与え，試験片を電気炉で囲んで所定の温度に保持しながら長時間伸びを計測する．データ集積に何年もかかる実験もある．

クリープとは対照的に，一定の変位を与えて時間とととともに応力が減少する状態を，**リラクゼーション**（stress relaxation，**応力緩和**ともいう）という．この試験法はJIS Z 2276 に規定されている．

(11) 破壊靭性試験（fracture toughness test）

Chapt.13.1 に述べる破壊力学による試験法の一つである．モードIの変形で先在き裂が不安定破壊（脆性破壊）を起こす応力拡大係数 K_{IC} を求める．規格としてはASTM-E399［平面ひずみ破壊靭性試験］がある．試験片は**図5.15**に示すCT試験片（Compact Tension），および3点曲げ試験片がある．これらの切欠きの先端には疲れき裂を入れる．この時の最大振幅ΔK_I値は，その後求める破壊靭性値 K_Q 値の 60％を超えてはならない．

疲れき裂が十分低い荷重で発生するには，切欠きの先端が十分鋭く，かつ切削時の残留応力が残らないようにする．仕上げ加工は放電加工など無

ひずみ加工がよい．切欠きと疲れき裂を含めた長さ a は，$0.55 \geqq a/W \geqq 0.45$ とする．W は試験片幅である．

さらに，a と試験片厚さ $B (= W / 2)$ は，次の条件を満足しなくてはならない．

$$a, B \geqq 2.5 (K_{Ic} / \sigma_{0.2})^2 \quad \cdots\cdots\cdots\cdots (5.35)$$

ここで，$\sigma_{0.2}$ は 0.2％耐力である．これは，き裂先端の降伏領域が小規模(線形)で，き裂幅の中央が平面ひずみになる条件である．試験片に荷重 F を加えて不安定破壊が起こる時の F_Q を求め，さらに破面から a を測定する．そして，次式から K_Q を計算して，これが (5.35) 式の条件を満足していれば K_{Ic} とする．

CT 試験片では，

$$K_Q = \frac{F_Q}{BW^{0.5}} \left[29.6 \left(\frac{a}{W}\right)^{0.5} - 185.5 \left(\frac{a}{W}\right)^{1.5} + 655.7 \left(\frac{a}{W}\right)^{2.5} \right.$$
$$\left. -1017.0 \left(\frac{a}{W}\right)^{3.5} + 638.9 \left(\frac{a}{W}\right)^{4.5} \right] \cdots\cdots (5.36)$$

3 点曲げ試験片では，

$$K_Q = \frac{F_Q S}{BW^{1.5}} \left[29.6 \left(\frac{a}{W}\right)^{0.5} - 4.6 \left(\frac{a}{W}\right)^{1.5} + 21.8 \left(\frac{a}{W}\right)^{2.5} \right.$$

$$\left. -37.6 \left(\frac{a}{W}\right)^{3.5} + 387 \left(\frac{a}{W}\right)^{4.5} \right] \cdots\cdots\cdots\cdots (5.37)$$

ここで，S：曲げのスパン

(5.35) 式から，小型の試験片で正当な K_{Ic} を求めるには高強度(高耐力)材料であることが要求される．K_{Ic} の SI 単位は，$MPa \cdot m^{1/2}$，応力の従来単位 kgf/mm^2 を用いると，$kgf \cdot mm^{-3/2}$ である．換算は $1 kgf \cdot mm^{-3/2} = 0.31 MPa \cdot m^{1/2}$ となる．

疲れき裂から脆性破壊ではなく，延性破壊が起こる条件の基準もある．日本機械学会で定めた[弾塑性破壊靱性 JIC 試験方法] JSME S001-1981 がそれである．試験片は**図 5.15** と同様のものを使用する．J は線形ならば，き裂によるエネルギー開放率 G (Chapt.13.1 参照)に相当する「J 積分」という概念に由来する．

き裂が延性的に進行する(安定き裂進展)時の荷重 F－変位(CT 試験片ではき裂開口変位 δ)図の面積から J を計算し，「J－き裂進展量 Δa の図」(R 曲線という)で $\Delta a = 0$ に外挿した J 値を J_{IC} とする方法である．詳細は上記基準を参照してほしい．

5.3 環境試験

材料の使用環境が腐食性の強い環境である場合，環境下での耐久性を評価する必要がある．主な環境劣化試験を**表 5.4** に掲げる．腐食環境は大気環境(とくに海沿地帯，工業排気ガス)と特殊環境(トンネル，ガス・水道施設，地中埋設，油井・天然ガス井，パイプライン)に大別される．これらの環境での腐食劣化には，錆，腐食減肉，局部腐食(孔食)，電食などがある．さらに荷重が負荷される部材では，応力腐食割れ，水素脆性割れ，腐食疲れ破壊などがある．

高温環境では，前述のクリープ，酸化，高温ガス (H_2，CO，SO_2) などにおける劣化がある．放射線暴露環境では重い中性子が原子をはじき出して生ずる照射劣化があるが，ここでは触れない．環境劣化現象の詳細は Chapt.13 で扱うので，ここでは主な試験法についてだけ述べる．

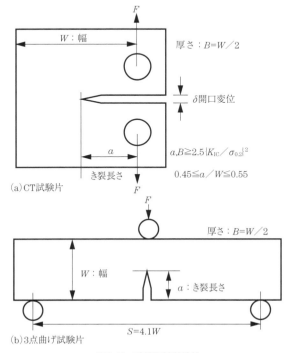

(a) CT 試験片

$厚さ：B = W/2$

δ 開口変位

a

き裂長さ

$a, B \geqq 2.5 |K_{Ic} / \sigma_{0.2}|^2$

$0.45 \leqq a/W \leqq 0.55$

(b) 3 点曲げ試験片

$厚さ：B = W/2$

W：幅

a：き裂長さ

$S = 4.1W$

図5.15　破壊靱性試験片

表5.4　主な環境劣化試験

項目	試験法	目的
腐食	塩水噴霧試験	耐食材料，めっき，塗装の耐候性評価
	浸漬試験	耐食材料，めっき，の耐食性評価
	乾湿繰返し試験	厳しい腐食環境の腐食速度評価
	大気暴露試験	実環境での材料，防食処理の耐久性比較
	電気化学的試験	分極特性，pHの影響，水素の吸収拡散
環境強度	応力腐食試験	ステンレス，銅合金など応力下での耐久性
	遅れ破壊試験	高強度鋼の水素による遅れ破壊腐
	腐食疲労試験	食環境での疲労寿命
高温環境	クリープ試験	熱交換器，タービン材料のクリープ特性
	高温ガス腐食試験	ボイラー，焼却炉，タービン，化学反応器
液体金属接触	水銀接触試験 溶融Zn浸漬試験	研究あるいは問題が生じた時の原因究明
放射線	中性子照射劣化試験	原子炉材料

塩水噴霧試験（salt spray testing）は JIS Z 2371 に規格化されている．材料自体，めっき，塗料などの耐候性を比較するための試験である．試料を35℃の密閉したチャンバーに並べて置き，ノズルから塩水を噴霧して一定時間運転する．金属試料の腐食は腐食生成物を除去（方法も記載あり）して質量減で評価するか，錆の面積率で評価する．めっきや塗料では，あらかじめ傷を付けて発錆状況を調べることもある．

規格には，中性食塩水の他に酢酸塩水噴霧試験や塩化銅を添加して腐食性を加速した**キャス試験**（CASS：Copper accelerated Acetic acid Salt Splay test）の記載がある．塗料やプラスチック材料では紫外線による劣化があるため，紫外線照射の可能な試験機もある．

水や食塩水などに浸漬する腐食試験もよく行なわれる．腐食は乾湿繰返しのほうが厳しいので，ゆっくり回転する装置に試料を取り付け，液浸漬と乾燥が交互になる試験法（Cyclic Corrosion Test：CCT）もある．

ステンレス鋼については，Chapt.6，Chapt.13で説明する粒界腐食の問題があり，これを調べる試験方法が規格化されている．次の煮沸試験などを行なうかどうか判断するための「10％しゅう酸エッチ試験方法」（JIS G 0571），「沸騰硫酸・硫

酸第2鉄腐食試験方法」（JIS G 0572），「沸騰65％硝酸腐食試験方法」，「70℃硝酸・ふっ化水素酸腐食試験方法」（JIS G 0574），「沸騰硫酸・硫酸銅腐食試験方法」（JIS G 0575）などがある．

大気腐食では，屋外で南に地平と30°傾けて試料（板試験片）を取り付け，発錆状態を観察する暴露試験がある．とくに海塩粒子が飛散してくる海岸に暴露サイトが設置されることが多い．アルミニウム合金について，JIS Z 0521 の試験法規格がある．

電気化学的試験法は，比較電極を用いて，電位を一定に保つポテンショスタット，電流を一定に保つガルバノスタット，pH を一定に保つ pH スタットなどにより，試験片と対極（Pt 電極など）の間の電位・電流を制御しながら，腐食電位，分極特性，過電圧などを調べる試験である．

環境強度試験は，腐食条件下で応力の作用による破壊特性を調べる．応力腐食割れ（SCC）については耐食材料で起こるので，ステンレス鋼やアルミ合金に試験法規格がある．ステンレス鋼については，沸騰42％塩化マグネシウム中（143℃）で引張りあるいは U 字曲げ条件で破断まで試験する方法（JIS G 0576），アルミニウム合金については，板の3点曲げあるいは C 字型曲げジグで応力負荷した状態で，30℃の中性食塩水中に浸漬あるいは1時間ごとに乾湿を繰り返す方法（JIS H 8711）がある．

遅れ破壊試験は規格はないが，水素をあらかじめチャージしてから Zn めっきなどで放出を抑制し，大気中で負荷する（引張りあるいは曲げ）方法，電解液中で水素をチャージしながら負荷する方法，腐食液に浸漬したまま負荷する方法などが採用されている（Chapt.13.4 参照）．

腐食疲れは，回転曲げや軸荷重など腐食槽が取り付けやすい負荷方式を用いて，食塩水，希酸水溶液など，いろいろな腐食環境で試験が行なわれている．試験方法の規格はとくにない．

高温環境試験は，ダイオキシン対策で最近増加している高温焼却炉など，プラスチック系廃棄物から出るガスの問題など，従来の酸素，水素，亜硫酸ガス以外の対応が課題となっている．

表5.5　主な非破壊検査方法

方法	適用
X線透過法	鋳造欠陥,溶接欠陥の気泡・巣など空洞の大きい欠陥,軟X線(電気部品ハンダ,軽合金),CT(断面像)
超音波探傷法	A, B, Cスコープ,CT(断面像),熱処理欠陥,鋳造欠陥,溶接欠陥,自動探傷,裏面情報(腐食減肉など)
アコースティックエミッション	外部変形による内部欠陥の発生・拡大,き裂位置の評定,軸受などの使用中の損傷のモニタリング
磁粉探傷法	表面欠陥のみ,熱処理欠陥,鋳造欠陥,溶接欠陥
浸透探傷法	表面欠陥のみ,現場で簡単に何にでも適用できる
渦流探傷法	表面欠陥のみ,溶接欠陥,自動探傷
打音検査	表面下の空洞,ボルトのゆるみ,合板接合不良

5.4　非破壊検査

(NDI：Nondestructive Inspection)

　製品の検査,溶接施工部検査,使用中の部材の健全度検査など,破壊して調べることができない場合の検査法である.その意味で試験(test)よりは検査(inspection)がふさわしい.JISハンドブックには[非破壊検査]という1冊があるほど規格・規定も多いので,ここで規格の例示はとくにしない.主な方法を**表5.5**に掲げる.

(1)X線透過法(RT：Radiographic Test)

　健康診断と同様に試験体の一方からX線を照射して反対側に感光フィルムなどを置いて撮影し,欠陥像を写真の濃淡度として表わす方法である.X線は金属内で散乱や吸収により強度が減少するため,透過距離の違い,吸収度の異なる金属種別などによって写真上に濃淡が生ずる.

　濃淡の基準は,階段状に厚さを変えた板(階調計)で求める.また材質ごとに線径の異なる線を並べて(透過度計),識別できる最小線径の供試体板厚に対する比を透過度計識別度として規定している(JIS Z 3104).

　溶接欠陥では,気泡(丸みある形),スラグ巻き込み(細長い塊),割れ(薄い面)などに分類している.波長の長い軟X線は吸収度が大きく,小型電気部品の内部構造やはんだ部分などの識別に利用されている.また,線源にアイソトープを用いてγ線を使う場合もある.X線も含めて放射線の取扱いには免許が必要である.

(2)超音波探傷法
(UT，UST：Ultrasonic Test)

　超音波は可聴音(20Hz〜20kHz)より高い周波数の音波で,金属内では弾性波(縦波,横波,表面波,板波など)として伝播する.等方体の場合,密度ρ,弾性率Cとすると,弾性波速度vは,

$$v = (C / \rho)^{1/2} \cdots\cdots\cdots\cdots (5.38)$$

ここでCは,縦波では体積弾性率$K(= E / 3)$に,横波では剛性率μに対応する.

　(5.38)式によれば,音速が周波数によらないこと,弾性率が高いほど速くなり,密度が大きいほど遅くなることがわかる.因みに縦波速度は,鋼:約5900m/s,アルミニウム:6260m/s,銅:4700m/s,鉛:約2170m/s,水:1480m/sである.アルミニウムは弾性率が小さいが密度も小さいので,音速は鋼よりも速い.

　通常,鋼などで使用される探触子は5MHz〜20MHzで,周波数が高いほど直進性が強くなるが減衰も大きくなる.ただし,前述のように音速は変わらない.50MHz以上の帯域を使用するものに**超音波顕微鏡**がある.これは音響レンズで数μmのスポットに焦点を絞って,表層面直下の欠陥や材質変化を調べるものである.

　通常の探傷法を**図5.16**に示す.探触子から垂直に音波を出して反射エコーを受信する方法を「垂直探傷法」,斜めに音波を出して欠陥から直接あるいは底の反射を利用して間接的に反射エコーを受信する方法を「斜角探傷法」という.探触子は斜角の場合,発信と受信を別にすることもある(2探触子法).

　一つの探触子で送受信が可能なのは,発信にパルスを使うからである.受信した音圧(エコー高さ=欠陥の大きさ,空洞の有無などを示す)を時間で掃引してオシロスコープ上に表示すると,図5.16(上)のようになる.音速は材料によって一定であるから,時間軸は音波の反射してくるまでの距離を表わしている.この表示を「Aスコープ」という.ポータブル探傷器で現場などで使う方法である.

探触子を動かすと，欠陥場所で欠陥エコーが出る．このエコー高さがあるレベル（スライスレベル）を超えた時だけ信号を出すようにすると，画像を探触子の動きに同期して移動させれば断面の欠陥分布が描ける．これを「Bスコープ」という．

探触子を金属表面に直接当てる場合は，透過性の高い水ガラス，グリース，水などを介在させる．薄い試験体の場合は，表面反射がノイズとして欠陥エコーに被さって探傷が難しくなる．この場合は樹脂製の丸棒などを介在させ（遅延材という），ビームを試料位置で集束させる．図5.16（下）のように，試験体を水中に沈めて水を介して探傷する場合を「水浸法」という．この方法の場合，探触子をX-Y面走査すれば，試験体を上から見た全面の欠陥分布がわかる．これを「Cスコープ」という．

欠陥エコーの高さをいくつかのレベルで色分けして表示すると，欠陥の程度がわかる．水浸法では試験体で集束するようにビームを絞るので，探触子から試験体表面の距離（水距離）が一定でないと，水中の減衰と距離変化のために色が変わる．水中に置けない大きさの場合は，噴水などを利用する．圧延品の自動探傷などに使われている．新幹線のレール探傷車では，探触子を埋め込んだ回転車輪とレール間に撒水している．

超音波の利用はこれだけではない．斜角で入射した時に生ずる表面波は，浸透深さが波長程度（鋼で5MHzなら1.2mm程度）であるため，周波数を変えて焼入れ深さ，浸炭深さなどを調べることができる．また応力によって音速が変わることを利用して（音弾性法），ボルトの軸力計などが実用化されている他，減衰を利用して析出脆化など材質や硬さの変化などを検知する試みもある．

(3)アコースティック・エミッション法
（AE：Acoustic Emission）

物体に外力を与えたり内部応力で割れが起こると，μs単位の瞬時弾性エネルギーの放出により数十kHz～数MHzの弾性波が生ずる（図5.17）．

この物体側から発せられる超音波を解析して，欠陥のダイナミックな特性を知る方法である．音源がき裂やマルテンサイト変態などでは突発型の波形，塑性変形やはめ合い時のかじりなどでは連続型の波形となる．

情報としては，AE発生事象の時系列的変化，発生場所の位置評定（複数のセンサによる受信の時間差），AEエネルギー，周波数スペクトル，

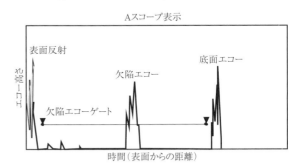

Aスコープ表示

表面反射　欠陥エコー　底面エコー　欠陥エコーゲート

時間（表面からの距離）

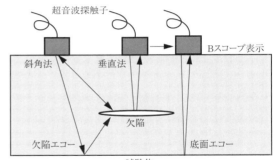

超音波探触子

斜角法　垂直法　Bスコープ表示

欠陥

欠陥エコー　底面エコー

試験体

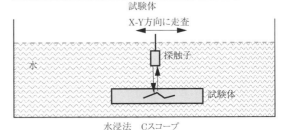

X-Y方向に走査

探触子

水　試験体

水浸法　Cスコープ

図5.16　超音波探傷法

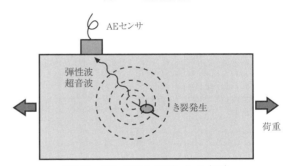

AEセンサ

弾性波
超音波　き裂発生

荷重

図5.17　アコースティックエミッション（AE）

原波形解析(発生源の種別，組織学的特徴など)などが得られる．製品に負荷をかけて欠陥の有無を検査できるが，むしろ使用中の欠陥の発生・拡大をモニタリングすることに向いている．

液化ガスタンクなど大型容器の溶接部の健全度判定，欠陥の位置評定(補修すべき場所の特定)などに使用されている．ベアリングや歯車のピッチングなど動的部材の欠陥モニタリングも研究されている．

(4) 磁粉探傷法(MT：Magnetic Test)

図5.18に示すように，表面欠陥のある物体(磁性体)に，外から電磁石で磁界を与えると，表面欠陥で磁束が外に漏れる．ここに磁粉をアルコールなどに混ぜて振りかけると，磁粉が欠陥に集まる．磁粉を着色しておくか，蛍光塗料を付けると(蛍光磁粉探傷：暗くして紫外線ランプで検査)識別しやすくなる．幅のある表面傷と細いき裂の区別は可能である．非磁性体には適用できないこと，内部欠陥は検知できないなどの限界はあるが，簡便な方法であり，鋼製品の熱処理現場では焼割れの検査に使用されている．

(5) 浸透探傷法(PT：Penetrant Test)

最も現場的で簡単な検査法である．試験体の検査部分をクリーナ液で脱脂，洗浄する．次に赤い浸透液をスプレーする．十分浸透させてから，クリーナ液を用いて表面を拭う．最後に白い現像液を薄くスプレーすると，き裂から赤い浸透液が浸

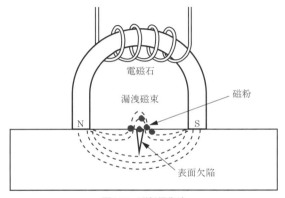

図5.18　磁粉探傷法

み出してき裂を現出する．これらはスプレー缶でセットで市販されている．隙間や鋭い隅部では液が溜まりやすく赤くなるので，欠陥と誤認しないよう注意が必要である．

(6) 渦流探傷法(ET：Eddy current Test)

交流を流したコイルを試験体に近づけると，試験体表面にはコイルの磁束変化に逆らうような渦電流が誘導される．渦電流に誘起される逆向きの磁束変化がコイルのインピーダンスを変える．これがこの方法の原理である．非接触で使用できることから，高速検知や自動測定が可能である．ただし，表皮効果のために対象は表面に限られ，絶縁物では測定できない．

インピーダンスは，金属表面の欠陥の他に導電率，透磁率など材質によっても変化する．そのため，熱処理，加工による材質変化，たとえば溶接部検知(レール探傷車)，異金属検知，溶融金属液面検知(連続鋳造機湯面管理)などに応用されている．また試験体とコイルの距離(リフトオフという)によっても感度が変わる．探傷には善し悪しであるが，この特性は変位センサ(摩耗量測定)などに応用されている．小型でポータブルな試験機から，パイプ溶接部検査の大型定置式までいろいろな装置がある．

(7) 打音検査
(hammering test, tapping test)

これは通常の非破壊検査項目に入っていないほど原始的な方法である．西瓜を叩く，医師の打診，鉄道の機関士がハンマーで車輪やベアリングを叩く仕業検査，いずれも音を聴いて異常がないか判断する．高力ボルトの遅れ破壊検査では，ボルトに手を当ててハンマーの打撃振動の伝達状況からボルト軸力が抜けていないか判別する．人間の感覚の鋭さはこれを見分けられる．これを装置化し，連続的に試験体を叩いて振動の伝達関数から異常を判断する機器もある．航空機のハニカム構造接合部やFRPの積層異常診断に用いられている．

Ⅲ 実用金属

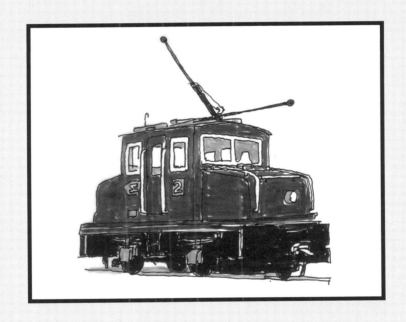

　鉱山やトンネル工事では小型の電気機関車が活躍する．坑内は煙や排気ガスの出る機関車は使えない．ただし，トロリー集電はスパークによる粉塵引火や感電の危険があるため，バッテリー式の機関車である．坑外はSLやトロリー式電気機関車が活躍したが，次第にディーゼル機関車に代わった．この凸型電気機関車も，最後はセメント工場で働いて引退した．

　本編より，実際に使われる金属材料の話になる．

　まずは，鉄鋼材料である．消費量をトン数で比較すると鉄は全金属の95％を占めるから，まだ鉄器時代は続いている．鉄は高温になると結晶構造が変わる．これが焼きを入れるなどの熱処理により，多様な用途を生み出す源である．軽金属として御三家，アルミニウム，マグネシウム，チタンが登場する．最後は電気用に不可欠な銅で終わる．実用金属はこれだけではないが，イントロとしてはこれで十分と考える．

凸型電気機関車　日本最初の電気機関車の1台．1922年東洋電機・汽車製造製で浅野セメント上磯工場構内用．MM45kW×2，2軸，ハンドブレーキ＋電磁ブレーキ併用（東洋電機製造横浜工場で静態保存）

Chapter 6 鉄鋼材料

2002年現在の世界の鉄鋼需要は約8億トンを超えている。日本の年間粗鋼生産量は1億トンの水準に安定しているが、かつて世界のトップであった時期には約2億トン近いこともあった。鉄鋼の主要生産地は、日本・アメリカ・ヨーロッパ・ロシアから、中国・台湾・ブラジル・インドなどが加わり、安価な製品の市場参入と、世界的な景気後退による需要減で供給過剰気味になり、大幅な価格低下をもたらしている。日本国内の高炉保有企業も再編が進み、いわゆるグローバル化の波を受けつつある。

鉄は産業の米といわれた。米も減反で輸入が増加して同じ憂き目を見ている。産業での情報分野の役割は飛躍的に伸びたが、それでもやはり鉄は必要かつ重要であることには変わりはない。

6.1　鋼はどのようにつくられるか

鉄鋼の生産方法を大別すると、鉄鉱石を主原料として溶解還元する高炉から圧延までの「高炉一貫法」、再生鋼（スクラップ）を主原料とする「電気炉法」がある。

図6.1に高炉一貫法のプロセスを示す。**高炉**の原理は、酸化物である鉄鉱石をコークスとともに炉頂から投入し、熱風でコークス（炉内で重みで潰れないように石炭を乾留してつくる）を燃やす。不完全燃焼で生じた一酸化炭素（CO）が、CO + O（鉄鉱石中の酸素）→ CO_2という反応により、鉄鉱石から酸素を奪うと同時に、還元された鉄に炭素が入って融点を下げる。

溶融鉄は重く炉底に沈む。原料には石灰石も加える。石灰石は融点が低く軽いので溶融鉄の上に溜まり、酸化防止、不純物捕獲、保温などの役割がある。これを**スラグ**（slag：通称「のろ」）という。この溶融鉄は**銑鉄**と呼ばれ、炭素含有量が多いのでそのまま鋳鉄原料ともなる。高炉の炉底に溜まった銑鉄（高炉銑）を、溶銑台車に流し入れる（出銑）。

溶銑台車で搬送中も後工程の処理を容易にするため、脱珪（Si）、脱隣（P）、脱硫（S）などの溶銑予備処理を行なう。次に、転炉で吹錬して鋼にする。転炉は、炉を回転傾斜させて溶銑、合金添加物（フェロマンガンなど）、場合によってはスク

ラップ（製鋼所内で発生した切捨て余材、「冷材」）を装入し、縦に起こして上から純酸素を吹き込むランスを炉中に降ろす。

さらに酸素を湯面に吹き付けて、余分な炭素を燃焼させて減らすとともに、発熱、撹拌しながら吹錬する。これを「純酸素上吹き転炉」、通称**LD転炉**という。LD転炉は、このプロセスを開発したオーストリアの二つの製鉄会社の所在地、LinzとDonawitzの頭文字から取っている。

高炉でせっかく酸素を除いたのに、なぜ再び酸素で吹錬するのだろうか。

この場合の酸素は燃料であるが、当然やりすぎると鉄が再び酸化物となり損失となる。そこで、上吹きだけでは撹拌が不十分なため、炉底のノズルから不活性ガスや炭酸ガスなどを吹き込み、吹錬時間の短縮をはかっている（上底吹き、LD-OB転炉）。

1960年代までは1チャージ操業に6時間もかかる平炉法が主流であったが、LD転炉（150～300t）はこれを30分程度に短縮した上に品質も向上するという画期的な技術であった。日本では1970年代に一気にLD転炉への転換が進んだ。

炭素が所定のレベルにまで下がると吹錬は終了する。再び炉を傾けて取鍋に移す（出鋼）。この時、鋼中の酸素を除くために脱酸剤を添加する。脱酸剤にはSi、Al、Tiなどの酸化しやすい活性金属が用いられる。これで普通鋼の製鋼は終了である

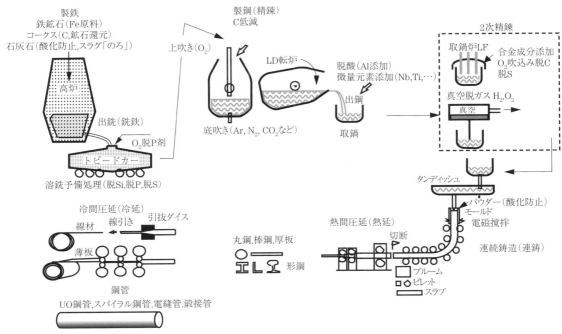

図6.1　鋼のできるまで

が，高品質，高純度な鋼材では，取鍋に電極を入れて再加熱して合金成分を添加調整し，さらに脱炭，脱硫を進める．

また，鋼中に溶存するガス成分であるO_2，H_2を除去するために真空脱ガス処理を行なう．これらを**2次精錬**という．とくにステンレス鋼のような高合金鋼では，Crの酸化損失を防止しながら低炭素域まで脱炭するために，アルゴン（Ar）雰囲気や真空中での特殊な処理を行なう．

酸素は非金属介在物の原因になる（非金属介在物の有害性については後述）．

鋼中の水素の溶解度は温度の低下とともに減少し，とくに溶鋼中で大きかった溶解度は，凝固すると急に低下する．そのため，過飽和水素はガスとして非金属介在物周辺などに析出し，内部き裂を発生させる．これは後に疲れ破壊の原因になるなど，有害な材質欠陥である．

アーク熱により溶融する電気炉法は転炉と同じ製鋼プロセスであるが，規模は転炉より小さい（～120t）．原料は上蓋を開けて上から装入し，精錬後は炉を傾けたり，スラグが入らないよう炉底の

孔から出鋼する．高炉を持たない製鋼所が，スクラップなどの冷材だけを用いて操業できる．

6.2　鋼の造形プロセスと品質

精錬を終了した溶鋼は，鋳造して造形プロセスに入る．鋳造法には「造塊法」と「連続鋳造法」がある．

(1)造塊法(ingot making process)

造塊法は，溶鋼を分塊圧延や鍛造が可能な大きさの鋳型に鋳込んで鋼塊（ingot）を製造する方法である．小型の鋼塊では1個ずつ上注ぎするが，この場合，飛散した溶鋼が型の壁面で凝固酸化して「スプラッシュ」といわれる表面欠陥になる．大型鋼塊（～ 15t）では，一つの湯口から溶鋼を注ぎ，下からいくつかの鋳型に分流して注入する（下注ぎ）．

図6.2に示すように，脱酸の強さによって3種類の鋼塊がある．

①リムド鋼(rimmed steel：縁付鋼)

溶鋼を鋳型に注入すると，型から熱を奪われる

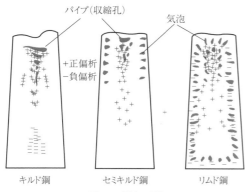

図6.2　鋼塊の種類

ために凝固が外から中心に向かって進む．この時，C = 0.05 〜 0.2%，Si ≤ 0.1%，Mn ≤ 0.50%の低炭素鋼では，脱酸が不十分であると凝固前面でCとO_2が反応してCOを主成分とするガスが発生し，激しい沸騰現象を起こす．鋼塊の縁（rim）で生ずるため，これを「リミングアクション」という．

このガスが浮上しないうちに凝固すると，鋼塊の縁に気泡が残る．そのため鋼塊上部にひけ（パイプ：収縮孔）が発生しないので，歩留まりが85%以上（切り捨てが15%未満）となり，無駄がないという長所がある．これが「リムド鋼」である．

この気泡は還元性のガス気泡であるため，高温でも内面が酸化せず，後の圧延で潰れて圧着するために欠陥としては残らない．その名の通り，縁は初晶の成長が不純物を鋼塊中心に追いやるためにきれいで，清浄度が高い．ただし，酸素が多いために中心部の非金属介在物が多い．

②キルド鋼（killed steel：鎮静鋼）

出鋼時に Si, Al など脱酸剤を添加してリミングアクションを鎮静化した鋼を「キルド鋼」という．リミングアクションはC, Si, Mnが多くなると起こりにくくなるから，前述の成分範囲以上の中高炭素鋼，低合金鋼などはすべてキルド鋼となる．キルド鋼は著しい偏析は生じないが，上部に大きなひけを生ずるので，20%以上も切り捨てなくてはならず，コスト高になる．この切捨てが不十分な場合，**収縮孔**は内面が酸化されているた

め，圧延で圧着せず欠陥として残る．「パイプ傷」，「2枚板」などともいう．

キルド鋼といえども鋼塊偏析は避けられない．キルド鋼より品質は落ちるが，適当にリミング反応を抑えて歩留まりを向上させた**セミキルド鋼**もある．

（2）連続鋳造法（continuous casting）

造塊法では，鋼塊を分塊圧延によって小断面の「ブルーム」（矩形断面）などに仕上げてから最終断面（型，板，条など）の圧延に入るが，「連続鋳造法」は溶鋼からいきなりブルームや，それより小断面の「ビレット」，「スラブ」などに鋳造する．

図6.3は連続鋳造プロセスの模式図である．生産性が高く品質も安定しているために，1970年代後半から1980年代に，造塊法に代わって急速に導入が進んだ．

連続鋳造の溶鋼は，造塊法でいえばキルド鋼で

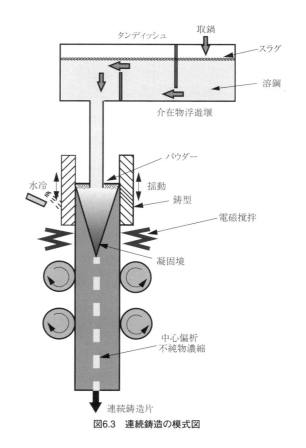

図6.3　連続鋳造の模式図

ある．連続鋳造機の上部には溶鋼を蓄めておく容器（タンディッシュ）がある．ここでも堰を設けるなど非金属介在物の浮上分離を行なった後，型（モールド）に鋳込む．型離れを良くするために，型は上下に揺動する．

湯面に浮くパウダーは，保温，酸化防止とともに型に沿って引き込まれて潤滑の作用をする．これが時として巻き込まれて，大型の非金属介在物になることがある．前述の鋼塊に比べて連続鋳造の断面積は小さく，冷却が速い．それによって不純物は中央に集中する．

また，場合によっては中央に**引け巣**（center shrinkage）ができることもあるが，内面が酸化しないので圧延後は圧着する．冷却速度の調整と電磁攪拌により，最終凝固部の偏析を散らす工夫も行なわれている．

鋳造を開始するには，まず「ダミーバー」という引出し用の鋼片を用いる．連続して別の鋼種を鋳造（通称「連々鋳」）する時は，異種鋼種が混合した部分を切り捨てる．

スラブ，ブルーム，ビレットは均熱炉で再加熱して製品断面の熱間圧延に送るが，省エネルギーのために連続鋳造の熱を利用する直送圧延もある．厚板，形鋼，レールなどは定尺に切断して，冷却床で生ずるひずみを矯正して製品となる．薄板はさらに冷間圧延で強化し，所定の厚さにする．線材は，ダイスを通して冷間引抜きにより所定の線径にする．これらはいずれも

コイルに巻き取る．

（3）偏析（segregation）

偏析は，組成が均一でなく，場所によって濃度差が現われる現象である．合金元素や不純物元素が平均組成よりも多い場合を「正偏析」，少ない場合を「負偏析」という．図6.2では，前者を＋，後者を−で示してある．

金属が凝固する場合は，状態図で説明したように，液相線と固相線の分離によって必ず偏析が起こる．液相から最初に晶出する固相は，必ず純度が高い．そのために，鋼塊や連続鋳造片の凝固の初期部（鋳型の壁に接した部分）と最終部（鋼塊では上部，連続鋳造片では中心）に，合金元素や不純物の濃度差が生ずる．これを**マクロ偏析**（macroscopic segregation）という．

一方，初晶の樹枝状晶の間にも初晶から除外された不純物や合金元素が濃縮する．これを**ミクロ偏析**（interdendric segregation）という．このような凝固時にできた偏析は，その後圧延して断面が縮小すれば，それに対応して一定比のまま小さくなるが，焼なましを行なっても簡単には消失しない．

写真6.1は，圧延したばね鋼を焼入れ焼戻しした組織である．黒っぽく見える場所には，Mn，P，Sなどが偏析している．黒く明瞭な粒界にはPが偏析している．このような不純物の粒界偏析は，焼戻し脆性や水素脆性による粒界破壊の原因

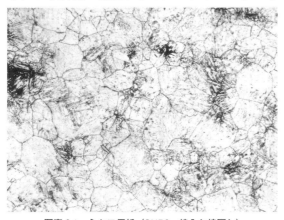

写真6.1　ミクロ偏析（SUP9，焼入れ焼戻し）

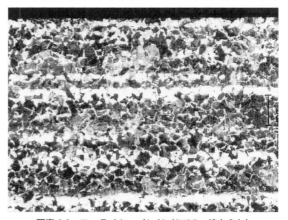

写真6.2　フェライト・バンド（S40C，焼ならし）

表6.1　鋼中の非金属介在物のJIS分類

分類	内容	主体組成	形態例
A系	加工によって伸びた粘性介在物	MnS, FeSなどの硫化物	
B系	加工方向に集団で並んだ不連続粒状介在物	Al₂O₃, SiO₂など	
C系	粘性変形しないで不規則に分散した介在物	Nb, Ti, Zrなどの酸化物, 炭窒化物	

にもなる.

　一方, 炭素量の少ない初晶の樹枝状晶は圧延で伸びており, 焼なましをするとその部分が**写真6.2**のようなフェライト・バンドとして現われる.

(4)非金属介在物(non-metallic inclusion)

　非金属介在物とは, 金属元素の酸化物や硫化物などで, 導電性がないとか延性がないなど非金属的な特性を持つ粒子をいう. JIS では圧延後の形状によって, **表6.1** のように3種類に分類している.

　A系は, MnS などの硫化物(sulfide)および珪酸塩(silicate)で延性があり, 圧延方向や鍛造方向に長く伸びるために強度の異方性をもたらす. 融点が低く, 軟らかい.

　B系は脱酸剤の Al 酸化物が残留したもので, Al₂O₃(アルミナ)が主体である. 硬く延性がないために粒状であるが, その集合体が圧延方向に伸びて分布する.

　C系は延性がなく単独で存在するもので, Nb, Ti, Zrなど結晶粒微細化などのために添加する成分の酸化物や炭窒化物などがある. 形態は角張って硬い.

　A系, B系のように熱間圧延で伸びた介在物は, 圧延方向とその直角方向で機械的性質が異なる, いわゆる強度, 延性の異方性が現われる. これは, それ自体の形状とマトリックスの鋼との硬さや弾性率の違いなどから応力集中源となるからである. とくに熱処理で強度を向上させた場合に, 伸びや絞り, シャルピー衝撃値のような延性, 靭性が, 圧延と直角な方向に小さいという異方性が顕著になる.

　またA系硫化物は, 使用環境から水素を吸収する触媒作用もあり, 水素脆性割れの起点となったり, 焼入れ時や溶接時の割れ発生の起点となることがある. 異方性の現われないC系介在物でも, 軸受など疲れ寿命(転がり疲れ)を著しく損なう.

　非金属介在物の評価は, JIS では清浄度で規定されている. これは顕微鏡の対物レンズに格子目を設けて, 400倍で介在物が占める格子点の数を全格子点で除した%で表わす(点算法). ただし, 400倍で見る局所的面積なので, 少なくとも30視野以上について観察し, 平均を求める必要がある.

　最近の高炉一貫製鉄での製品は, 清浄度が0.15%未満が普通である. 昔の製品, 電気炉の再生鋼, 海外からの輸入品などには, これを超えるものが時としてある. しかし, 点算法で求めた清浄度と疲れ強度の関係などは不明確である.

　介在物の有害性についてのより明確な予測法は, 疲れ破壊(Chapt.13.3)の項で詳述する.

　介在物の有害性を低減するには, 前述のように製鋼過程における介在物低減(脱硫銑, 転炉の撹拌力向上, 真空脱ガス, 連続鋳造など)の他に, いろいろな方向から圧延や鍛造を行ない, 介在物を分断, 分散させることや, Ca などを添加して介在物を害の少ない形にする形態制御などの方法がある.

　介在物生成元素であるSとOは有害成分としてその低減が課題であったが, Sを故意に添加して切削加工時の切り屑(chip)の切れを良くして被削性を改善した**硫黄快削鋼**(鉛快削鋼もあるが, Pb による公害防止のため使用されなくなった), 小さな酸化物を分散させて生成させ, これを核に結晶粒を微細化する酸化物細粒鋼など, 特殊な意図的添加もある.

(5)表面傷

　鋳型に面した最初の凝固面にはいろいろな欠陥がある. 溶湯が鋳型に飛び散って酸化物となるスプラッシュ, 気泡, 急速冷却によって柱状晶が割れる熱間き裂, 溶湯の流路や炉壁から混入する砂

の噛み込み，粒界酸化，脱炭，パウダーの巻込み，などである．このように圧延前に生じた表面の欠陥を地きず(JIS G 0556 参照)という．

一方，圧延により発生する傷としては，ロールの傷の転写，張り出した部分が潰されるラップ傷などがある．これらは圧延後の検査によってグラインダで除去する．

最近はオンラインの超音波探傷法が導入されているが，それでも見逃がされて使用された場合は，疲れ破壊など不具合の原因となることがある．

6.3 鉄－炭素状態図の見方

鋼や鋳鉄は，Mn や Si などの合金元素も添加されてはいるが，炭素がその性質を左右する．そこで鉄－炭素状態図が熱処理などの基本となる．状態図は，ある温度で安定に存在する相を示した平衡状態を示したもので，昇温，降温ともにゆっくりした変化でなければ実現しない．急冷する時は別の相変態が起こる．

鉄－炭素系といっても，Fe が C と結合できる範囲は化合物 Fe_3C の炭素量 6.7%までで，それ以上は炭素がグラファイトとして独立に分離する．**図 6.4** では，炭素5%までの範囲を示している．このうち鋼の範囲は C ≦ 2%であり，2%＜C＜5%が鋳鉄である．図中で融点が最低になるのは共晶(C = 4.32%)で1147℃，純鉄の融点1536℃から比べると約400℃も低い．

高炉銑は，CO ガスで酸化鉄を還元すると同時に炭素が固溶され，共晶組成に近くなると溶融して炉底に溜まる．したがって，高炉銑はそのまま鋳鉄の原料になる．共晶では，オーステナイトと同時に，炭素が黒鉛(グラファイト，graphite)として晶出(共晶黒鉛)する場合と，セメンタイトとして晶出(レーデブライト，ledeburite)する場合があり，それによって状態図がわずかに変化する．ここでは煩雑を避けるためにグラファイト線図は描いていない．鋳鉄については別項で述べる．

図 6.4 の左側の縦軸は，純鉄の変態の様子を示している．常温では α 鉄であるが，加熱して

911℃を越えると γ 鉄に，さらに1392℃で δ 鉄(フェライトと同じ bcc 構造)になり，1536℃で溶融して液体になる．δ 鉄部分の複雑な部分(包晶反応)は高温であり，熱処理など冷却後の鋼の性質・組織には影響しないのでここでは触れない．図中の相と境界線の名称は次の通りである．

① オーステナイト(austenite：γ鉄)

面心立方型(fcc)の Fe 結晶格子に C が最大2.14%まで固溶できる侵入型固溶体．炭素鋼ではA1 変態点以上の高温度でしか存在しないが，Ni，Cr，Mn などを大量に添加すると常温でも存在するようになる．後述するオーステナイト型ステンレス鋼はその例である．

② フェライト(ferrite：α鉄)

体心立方型(bcc)の Fe 結晶格子に炭素が最大0.02%しか固溶しない侵入型固溶体．A3 以下の温度で存在し，常温では C の固溶度はほぼ0(厳密には0.4ppm)となる．鉄といえば強く硬い代名詞のように思われるが，フェライトは焼なました状態では軟らかく，ビッカース硬さ100HV 程度と考えればよい．

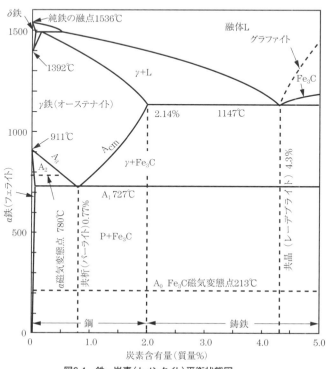

図6.4 鉄－炭素(セメンタイト)平衡状態図

③ セメンタイト（cementite）

Fe_3C の組成を持つ鉄炭化物である．炭素の含有比でいえば $C = 6.7\%$ で，熱平衡状態での C の最大含有率である．非常に硬く，1340HV 程度ある．金属と非金属の化合物はセラミックスの一種であり，硬いのは納得がいく．

④ パーライト（pearlite）

$C = 0.77\%$ で A_1 温度727℃で生ずるフェライトとセメンタイトの2相混合物，共析組織である．軟らかいフェライトとその10倍以上も硬いセメンタイトが層状に重なり合っているため，フェライトよりは硬くセメンタイトよりは軟らかい．

後述するように，冷却速度が大きくなるほど重なり合う層の間隔は小さくなり，硬くなる．層間隔は焼なましでも $1\,\mu\text{m}$ 以下と小さい．これを**層状パーライト**（lamellar pearlite）というが，熱処理でセメンタイトを球状化（spheroidal cementite）したものを，**球状パーライト**（spheroidite，sphe-roidized pearlite）という．

⑤ A_0

セメンタイトの磁気変態点で，213℃以上ではセメンタイトは非磁性になる．

⑥ A_1

パーライト／オーステナイト変態温度で，ゆっくりした昇温と降温では727℃である．昇温と降温の速度が速いと過熱・過冷が生ずる．そこで昇温時を Ac_1，降温時を Ar_1 と称する．

因みに，添字の c はフランス語の chauffage（加熱），r は refroidissement（冷却）で，とくに c は英語の cool と間違えないように．

⑦ A_2

フェライトの磁気変態点で，780℃以上ではフェライトは非磁性になる．

⑧ A_3

フェライト／オーステナイト変態点で，炭素量が多いほど低下する．この場合も過熱・過冷の場合は，昇温時を Ac_3，降温時を Ar_3 と称する．

⑨ A_{cm}

セメンタイト／オーステナイト変態点で，炭素量が多いほど上昇する．この場合も過熱・過冷の場合は，昇温時を Ac_{cm}，降温時を Ar_{cm} と称する．

6.4　炭素鋼の熱処理

状態図で見たように，鋼には $\alpha - \gamma$ における炭素の溶解度の違い，結晶格子の変態があることが，「熱処理」（heat treatment）によって多方面の用途が拓ける素因になっている．ここでは**図6.5**の鋼の領域に限った状態図を見ながら，熱処理方法とその組織を学ぼう．

熱処理は，**図6.6**のような加熱と冷却のサイクルを与えて，望む組織を得る処理のことである．加熱は，品物を加熱炉（電気炉，ガス炉など）に装入して，品物全体が所定の均一な温度に達するまで昇温する．小物や表面硬化などの目的には電磁誘導加熱（高周波加熱）法もある．

その後，所定温度に一定時間保持した後に冷却する．昇温速度と保持時間は熱処理の目的と品物の大きさにより異なる．冷却方法は熱処理を左右する重要な処理の一つで，主な方法としては次のようなものがある．

・炉冷（FC：Furnace Cooling）

炉内に置いたまま熱源を切り徐冷する．

・空冷（AC：Air Cooling）

炉から出して大気中で冷却する．

・強制空冷（SQ：Slack Qenching）

空気を吹き付けたり噴霧で冷却する．「緩徐焼入れ」ともいう．

・急冷（quenching）

水あるいは油などの冷却液に入れるか，噴射する．

次に主な熱処理を示す．

(1)焼なまし（焼鈍）（Annealing）

亜共析鋼では，**図6.5**の A_3 線より 20～50℃ 上の加熱領域 A，過共析鋼では A_1 線より上の加熱領域 C で，十分な時間保持して炉冷する．その目的は，切削など加工を容易にするための軟化，結晶粒を揃える（大小混ざっている混粒の粒を揃

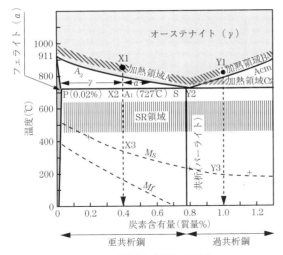

図6.5　炭素鋼の熱処理状態図

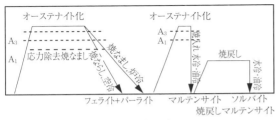

図6.6　熱処理の加熱・冷却サイクル

えることを「整粒」という），などである．この方法はJISでは「完全焼なまし」と分類されている．

JISには，「拡散焼なまし」，「軟化焼なまし」，「高温焼なまし」，「球状化焼なまし」の他，次の「応力除去焼なまし」などがある．

(2)応力除去焼なまし
(SR：Stress Relieving)

図6.5にSR領域として示したA1以下の温度範囲（450〜650℃）に加熱，保持して徐冷する．目的は，冷間加工や溶接などにより発生した残留応力を除去することである．

450℃という温度は，冷間加工で歪んだ結晶が再び元の粒形に戻る（加工で導入された転位が消滅，再配列する）最低温度，いわゆる**再結晶温度**である．

(3)焼ならし（焼準）（Normalizing）

亜共析鋼では，図6.5のA₃線より20〜50℃上

の加熱領域A，過共析鋼ではAcm線より上の加熱領域Bで，完全にオーステナイト化した後空冷する．目的は，鋳造や熱間鍛造で生じた粗い結晶粒の細粒化，硬さの調整などである．

(4)焼入れ（Quenching，Hardening）

亜共析鋼では，A₃線より20〜50℃上の加熱領域A，過共析鋼ではA₁線より上の加熱領域Cで，必要最小時間保持して急冷すると，A1線よりかなり過冷されてから図6.5に示したMs点と呼ばれる温度で，後述する硬いマルテンサイトに変態する．この時の硬化度を「焼入れ性」という指標で表わす．焼入れ性は炭素量が多いほど良くなる．

炭素量が0.2％未満では焼入れ性が悪くなり，ほとんど硬化しなくなるので，硬化させるには他の合金元素が必要になる．

低炭素鋼では焼入れ性が悪いために「水焼入れ」（WQ：Water Quenching）が必要であるが，炭素量が増えるとひずみや割れ（**焼割れ**）が生じやすくなる．

一般には，C≧0.35％では，水に油滴を分散させたエマルジョン液の使用や「油焼入れ」（OQ：Oil Quenching）により，冷却速度を適度に下げなくてはならない．ひずみや割れは品物の形状，とくに肉厚の急激な変化，鋭い隅部などによっても発生しやすくなる．

(5)焼戻し（Tempering）

焼入れしたままでは硬くて脆いので使用には耐えない．そこで強度や硬さは下がるが，再加熱して靱性を回復させる必要がある．これを「焼戻し」という．

焼戻しは焼入れと一対の処理であり，通常焼入鋼といえば焼入れ焼戻し（QT）された鋼をいう．すなわち，焼入鋼の強度と靱性は最終的な焼戻しにより決まるのである．

焼入れしたまま長時間放置すると，鋼中に存在する水素によって放置中に割れることがある．これを**置き割れ**（遅れ破壊の一種）という．焼入れ後

はすみやかに焼戻しをしなくてはならない.

6.5 炭素鋼の顕微鏡組織

炭素鋼は, 0.77 % C の時を**共析鋼**(eutectoid steel), それよりも炭素が少ない場合を**亜共析鋼**(hypoeutectoid steel), 多い場合を**過共析鋼**(hypereutectoid steel)と呼ぶ.

JIS では, 亜共析鋼は G 4051 (2009) 機械構造用炭素鋼鋼材で, S10C から S58C までが規格にある. 数字は C の成分 % の 100 倍を記号化している. S35C であれば, C = 0.32 〜 0.38 % の範囲があり, 中央値が 0.35 % であることを示している. 炭素鋼といっても, この他に Si = 0.15 〜 0.35 %, Mn = 0.60 〜 0.90 % を含有している.

共析鋼と過共析鋼は, G 4401 (2009) 炭素工具鋼鋼材として SK60 〜 SK140 がある. 数字は上記と同様に炭素量中央値の 100 倍を示している. SK75 が共析鋼に相当する. いずれも Si = 0.10 〜 0.35 %, Mn = 0.10 〜 0.50 % である.

C, Si, Mn, P, S は鋼の 5 元素ともいわれ, すべての鋼材に含まれている. このうち P, S は不純物で上限が規定され, 通常は ≦ 0.030 % となっている.

まず, 亜共析鋼の焼なましの例として, 0.4 % C 鋼 (S40C) を図 6.5 の X1 点から降温していく様子を見よう.

A3 線までくると, オーステナイト (γ) の粒界などにフェライト (α) が析出する. これを「初析フェライト」という. A_3 と A_1 の間の温度では, 未変態のオーステナイトと初析フェライトとが共存し, その割合 $\gamma : \alpha$ は図中に矢印で示すようになる(梃子の原理).

析出するフェライトは純鉄に近い(炭素固溶限は P 点 0.02 %)ので, 残ったオーステナイトの炭素含有量は A_3 線に沿って増大し, 温度が A_1 まで下がった時は S (C = 0.77 %) になり, オーステナイトは一挙に共析変態を生じてパーライトになる.

質量比 α / γ は A_3 での 0 から, A_1 では, α / γ = (S-0.4) / (0.4-P) = (0.77-0.40) / (0.40-0.02) ≒ 1.0

まで増大する. A_1 温度でのパーライトの生成は, 硬いセメンタイト (Fe_3C 炭化物) と軟らかいフェライトが同時に層状に重なって析出するので「共析反応」と呼ぶ. この反応は潜熱を伴い, すべての反応が終了するまで一定の温度727℃を維持する.

A_1 以下の温度では, 先のフェライトとパーライトの比 1:1 のまま, **写真 6.4** に示す常温の組織となる. 昇温の場合はこの逆の変化が起こる.

一方, 過共析鋼ではどうか. 先と同様に図 6.5 のオーステナイト領域 Y1 (C = 1.0 %) から冷却する場合を考えると, A_{cm} 線でセメンタイト(初析セメンタイト)が析出する. ところがセメンタイトの炭素含有量は約 6.7 % であり, パーライトに比べても 9 倍近くある. 先と同様に, てこの原理から求めるパーライトに対する初析セメンタイトの質量比はわずか 4 % にすぎない. **写真 6.6** で粒界に見えるのが初析セメンタイトである.

炭素量の増大に伴う組織の変化を, **写真 6.3 〜 6.6** に示す. 炭素量による組織の変化をまとめると, 次のようになる.

炭素量が少ない時は白いフェライトが多い. 炭素量が増えるとともに黒いパーライトが増えて, 共析鋼では全部パーライトになる. さらに炭素量が増えて過共析鋼になると, ほぼ全面パーライトであるが, 旧オーステナイト粒界(高温でオーステナイトであった時の粒界のこと)にわずかに初析セメンタイトが見られる.

セメンタイトの硬さはおよそフェライトの 10 倍近くあり, したがってパーライトはフェライトよりも硬い. そのため, **図 6.7** に示すように亜共析鋼は炭素量が増えるほど, 強度は増大する. しかし, 共析を超えるとパーライトが硬さを支配するので, 強度は増大しなくなる.

6.6 CCT 曲線

次に, 急冷する場合を含めて冷却速度による組織の変化を考えてみよう. この場合は, **図 6.8** に示す「連続冷却変態曲線」(Continuous Cooling Transformation Diagram：**CCT 曲線**)を用いるの

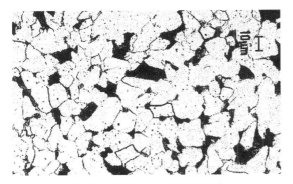

写真 6.3　0.15% C 炭素鋼（SS400）

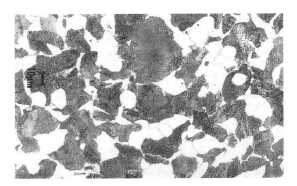

写真 6.4　0.4% C 炭素鋼（S40C）

写真 6.5　共析炭素鋼（SK75）

写真 6.6　1.2% C 過共析鋼

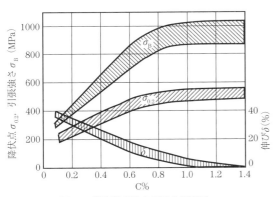

図6.7　炭素鋼の強度・延性と炭素量

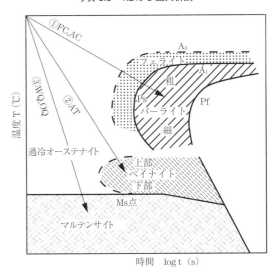

図6.8　連続冷却変態曲線（CCT曲線）

が便利である．実際の温度は最初は急速に降下するが，次第に冷却速度は遅くなる．これを時間軸を対数目盛で表わすと，温度降下が直線で描かれる．

　前項のようなゆっくり冷却する場合は，①のようにA₃以下でフェライトが析出し，A₁でパーライトが析出する．しかし，冷却速度が速いとA₃もA₁も下がって過冷却が起こる．図のフェライト生成のAr₃やパーライト生成のAr₁（Ps 曲線）はC字型であるのでC曲線ともいう．この曲線

の左端を「ノーズ」（鼻）という．

　パーライト変態が終了する時はさらに温度が下がり，Pf 曲線になる．ゆっくり冷却されて高い温度でPs 曲線に達すると，フェライトとセメンタイトの層間隔が粗いパーライトになる．冷却が早く低い温度でPsに突入するほど微細なパーライトとなる．

同じパーライトでも層間隔が微細なほど強度と硬さが高くなる．Ps曲線に達してパーライトが生成しても，Pf曲線に達しないと過冷オーステナイトは100％パーライトにならず，ベイナイトやマルテンサイトになる．つまりこのPsとPfの間を通る冷却速度では混合組織となる．炭素が共析以上では，フェライト生成C曲線はない．

パーライト生成域の下にはベイナイトという組織が生成する領域がある．これもノーズを持つC曲線となっている．共析炭素鋼などではベイナイト生成C曲線はパーライト生成C曲線の下に重なって，長時間側に引込む．したがって，ベイナイト生成温度まで急冷して一定に保持しなければベイナイトにすることはできない．

このような処理を**恒温変態処理**，**オーステンパ処理**（AT：Austempering）という．Cr，Mo，Vなど炭化物形成元素が添加されると，図6.8のようにベイナイトC曲線はパーライト生成Ps曲線よりも左の短時間側に突出するので，連続冷却でもベイナイトになるが，その後マルテンサイトも発生するので焼戻しが必要になる．

肉厚になると内部はベイナイト生成温度に達する前にPs線に達してパーライトが生成するから，表面処理は別として，全断面を完全にベイナイトにするには薄物に限る．

① ベイナイト（bainite）

オーステンパ処理で過冷されたオーステナイトから，針状のフェライトとセメンタイトが析出した組織である．一見焼戻しマルテンサイトのように見えるが，マルテンサイトよりは軟らかく，靱性があり，焼戻しなしでも使用できる．ベイナイトも，生成温度が低いほど強度が高くなる．C曲線の上側で生成したものを**上部ベイナイト**（upper bainaite），下側を**下部ベイナイト**（lower bainite）という．ベイナイト・ノーズが長時間側に引っ込んでいる場合はセメンタイトの析出が遅く，変態終了までの時間が長くなる．

② マルテンサイト（martensite）

冷却速度がさらに速くなり，オーステナイトが

さらに過冷されて不安定になると，原子のわずかの移動だけで起こるマルテンサイト変態が発生する．これは，原子が拡散によりセメンタイト構造を生成する時間がないうちに，低温で安定な構造変態を起こさなければならなくなったことによる．炭素量が0.2％未満の時はbcc型の構造になるが，それより多いと，より歪んだ結晶構造（体心正方晶：bct）になる．

いずれにしてもマルテンサイト変態はせん断変形型の構造変化を起こすので，そのひずみを緩和するために，低炭素鋼では主にすべり変形により高密度の転位が発生する（**ラス・マルテンサイト**）．高炭素鋼ではそれだけでは緩和ができず，双晶変形が支配的になり（**ツイン・マルテンサイト**），高炭素のマルテンサイトのほうが硬くなる．

マルテンサイト変態の起こる温度を**Ms点**というが，これは冷却速度にはよらない．また，すべての過冷オーステナイトがマルテンサイトに変態し終わる温度を**Mf点**という．

炭素量が増えるとMs点も下がるために，Mf点が常温以下にまで下がり，オーステナイトが未変態のまま残るようになる．これを**残留オーステナイト**という．

このオーステナイトは熱的に不安定で，焼戻しやひずみによりマルテンサイトに変態する．これは部品の狂いにもなるため，それを防ぐために0℃以下の低温に再度冷却することがあり，これを**サブゼロ処理**という．

③ 焼入れ性（hardenability）

焼き入れた時に硬化するほど「焼入れ性が良い」という．CCT曲線のパーライト生成C曲線ができるだけ右側（長時間側）にあり，マルテンサイト生成の比率が高いこと，生成されるマルテンサイトが硬いこと，残留オーステナイトが少ないことなどが要件となる．これを数値として表わすには，加熱した丸棒（直径25×長さ100mm）の端面に水をかけて，棒の長さ方向側面の硬さ分布を調べる．これを**ジョミニー試験法**（JIS G 0561），あるいは「一端焼入れ法」という．

焼入れ性は合金元素により増減するが, 炭素を1とした時, 焼入れ性増加元素の寄与を加算して「炭素当量 C_{eq}」として表わす.

$$C_{eq} = C + Si ／ 24 + Mn ／ 6 + Cr ／ 5 + Mo ／ 4 + Ni ／ 40 + V ／ 14 + 5B$$
$$\cdots\cdots\cdots\cdots (6.1)$$

この式からわかるように, C と B (ボロン)が焼入れ性向上への寄与が大きい. このため, 高価な Cr や Mo などを用いず, 安価な焼入れ硬化をねらった鋼種として Mn-B 鋼が普及している (JIS G 3508 冷間圧造用ボロン鋼線材はボルト・ねじ類に使用される素材で, 冷間でボルト頭やねじ転造が容易なように低 C で, しかも後に QT で強度を出せるように B が添加される).

B はオーステナイトの粒界に偏析して, フェライトの析出を抑制する効果があり, 通常の添加量は 0.0008 ～ 0.0015 質量% (8 ～ 15ppm)で十分効果を発揮する.

焼入れ硬さは, マルテンサイトになる率が高いほど上昇する. 肉厚の部品では内部の冷却速度が低下し, ベイナイト・ノーズに達すればベイナイトが, パーライト・ノーズに達すればパーライトが生成する. そのため, 内部ほどマルテンサイト率が低下する. このように内外で不均一を生ずることを**質量効果**という. 丸棒で外側から冷却した時, 中心が 50% マルテンサイトになる直径を臨界直径と呼び, これも焼入れ性の指標となる.

6.7 合金元素の役割

焼入れ性で合金元素の役割を示したので, ここで鉄系材料に添加される合金元素の役割を要約しておこう.

C：鋼の最重要基本合金元素. 炭化物, マルテンサイトなどの構造を介して強度, 硬さ, 耐摩耗性などを増大. 鋳鉄では融点を下げる重要元素

Si：鋼の基本元素の一つ. 精錬時の脱酸, フェライトの強化, 安定化. 鋳鉄では炭化物形成を抑制, C をグラファイト化する. Si ≧ 3% の珪素鋼板は, 高透磁率, 高固有抵抗(鉄損軽減)の軟磁性電磁鋼板としてトランスやモータに利用されている. 酸化物として残ると粒状介在物となる

Mn：鋼の基本元素の一つ. 焼入れ性向上により強度, 靱性を向上. オーステナイト安定化元素の一つである. オーステナイトの加工誘起マルテンサイトを利用した耐摩性材料として「ハドフィールド鋼」(JIS G 5131 高マンガン鋼鋳鋼品)がある.

P：有害な不純物. 焼戻しマルテンサイト鋼では粒界に偏析すると, 焼戻し脆性, 水素脆性(遅れ破壊)の誘因となる. ただし, 高耐候性圧延鋼材 (JIS G 3125)では, 合金元素としてこれも通常は不純物である Cu とともに利用する

S：有害な不純物. 熱間加工中の割れ発生, 溶接部の割れ発生, Mn と結合して熱間で変形しやすい非金属介在物 MnS を形成する. 腐食環境では水素を吸収する触媒効果もある. ただし, 切削性を改善するために故意に添加した快削鋼もある

Cr：焼戻し軟化抵抗の増大を介して強度, 靱性の向上. 耐食性向上(ステンレス鋼の基本合金元素)

Mo：炭化物形成により焼戻し軟化抵抗を増大(焼戻し 2 次硬化)して強度・靱性を向上

Ni：代表的なオーステナイト安定化元素. オーステナイト系ステンレス鋼に利用されている. 低温や高温での靱性を付与する(耐熱鋼, 低温用鋼)

Al：精錬時の脱酸材. 微細な AlN 分散により結晶粒の微細化に寄与する. 酸化物が残ると粒状介在物

Ti：脱酸と結晶粒微細化

Cu：熱間加工時に割れを生じやすい(赤熱脆性). 表面に安定錆を形成するので, 耐候性鋼には P とともに添加される

6.8 強度と靱性の向上

一般に, 強度が高くなるほど靱性は低下する. したがって, 目的に応じた強度と靱性のバランスが必要となる. 鋼の強度を上げるには, 熱処理による方法と, 冷間加工などを組み合わせる方法がある.

（1）熱処理による強度向上

① 焼入れ焼戻し

　焼入れにより得たマルテンサイトは，焼き戻して使用される．焼戻し温度が高くなるにつれて強度（耐力 $\sigma_{0.2}$，引張強さ σ B，硬さ HRC）は下がるが，靭性値（シャルピー衝撃値 AE，伸び δ，絞り ϕ）は上昇する．**図6.9**はこのような挙動を示す図で，「焼戻し特性曲線」という．右下がりの強度曲線の傾きは焼戻し軟化抵抗を表わし，傾きが小さいほど軟化抵抗が大きいという．

　JIS の炭素鋼や低合金鋼の規格には標準熱処理の強度や硬さが記載されているが，これはそれぞれの材料をこの熱処理で使用せよというのではない．示されたこの熱処理を行なった時に所要の強度が保証されれば，JIS 製品として合格するというにすぎない．設計者は，目的に応じて強度・靭性をそれぞれの鋼種の焼戻し特性から決めてもよい．ただし，次に述べる焼戻し脆性などの問題点を把握した上で決めなくてはならない．

　炭素鋼の焼戻しにおける微細構造の変化を**図6.10**に示す．過飽和の炭素を含有したマルテンサイト（bct：body centered tetragonal）を100℃付近で焼き戻すと，ε 炭化物（$Fe_{24}C$）が析出して炭素が吐き出され，低炭素のマルテンサイトになる．しかし，焼入れ時に導入された転位の密度が

高く硬さも高い状態にある．これを「焼戻し第一過程」と呼ぶ．

　浸炭焼入鋼など耐摩耗性を目的に表面硬化する場合は，この温度範囲で焼き戻される．約230℃で，焼入れ時に未変態のまま残ったオーステナイトが熱的に不安定になって ε 炭化物を析出すると，炭素が減少してさらに不安定になり，冷却時に低炭素マルテンサイトになる．この残留オーステナイトの分解を「焼戻し第二過程」という．

　約 300 ～ 400℃では，ε 炭化物は安定なセメンタイト（Fe_3C）になるとともに，マルテンサイトはさらに炭素を減じて正方ひずみが解消され，bcc のフェライトになる．これを「焼戻し第三過程」という．この時，セメンタイトは旧オーステナイト粒界やマルテンサイト・ラス境界に面状に形成される．

　同時に，P，S などの不純物もセメンタイト界面に吐き出される．とくに粒界はセメンタイト生成と不純物偏析が同時に起こりやすく，粒界強度が低下して粒界割れを生ずる．これを**低温焼戻し脆性（350℃脆性）**という．この現象は低炭素系の合金鋼など比較的高靭性の鋼種で，シャルピー衝撃値がこの温度範囲で極小になるという挙動で表わされる．通常は 300 ～ 400℃の範囲の焼戻しは避けなければならない．

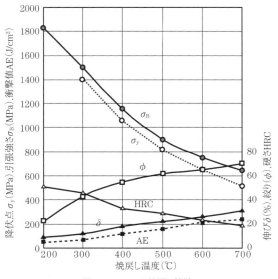

図6.9　S30Cの焼戻し特性

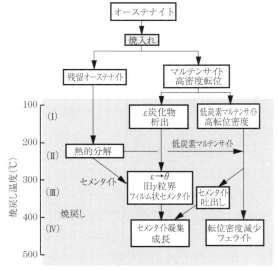

図6.10　焼戻し過程における組織変化

この脆化の対策としては，不純物のP，Sを極力低減する（0.010％未満）こと，粒界炭化物の析出しないオーステンパ処理などがある．約450℃以上になると粒内，粒界ともにセメンタイトは粒状に凝集成長し，フェライトの転位密度が減少してセルを形成し，再結晶する．この段階を「焼戻し第四過程」という．ここでは強度低下が顕著になるが，靱性が増大する．

通常の強靱化の目的にはこの温度範囲が用いられる．しかし，MoやWを含む鋼種では500℃付近になるとMo₂CやWCなどの炭化物が析出して，**図6.11**に示すように硬さが増加する．これを**焼戻し2次硬化**という．これを利用して靱性と同時に高強度を得ることができる．実用的には切削工具の高速度鋼（ハイス）や高強度鋼などに適用されている．

一方，450〜550℃の高温で長時間使用されるボイラやタービンのような部材で脆化を生ずる現象（これも粒界割れ）を**高温焼戻し脆性**（単に焼戻し脆性といえばこちらを指す）という．これは，SnやSbなどIVb，Vb族金属（半金属）が粒界に偏析することによる．この現象を避けるためにも，焼戻し後は急冷するのがよい．

焼入れ焼戻し硬化法は，ボルト，軸，歯車などの機械部品に使用する構造用炭素鋼（S..C），合金鋼（SCr，SCM，SNCMなど），溶接用高張力鋼（60HT以上）などに適用する．**付表7**（巻末）にこれらの代表的な鋼種を挙げておく．

② 時効・析出硬化

(age hardening, precipitation hardening)

これは熱処理型アルミニウム合金などに用いられる強化法である．状態図でα相が広く溶解度曲線が比較的緩やかな場合に，α相で析出物を固溶化した後，急冷によって過飽和固溶体をつくる．これを適当な温度で加熱（時効処理）して基地中に微細析出物を生成させ，転位の運動を妨げる強化法である．鋼の場合，析出硬化型ステンレス鋼（SUS630，SUS631），マルエージング鋼がある．ステンレス鋼については別項で述べるので，ここではマルエージング鋼について触れておこう．

「マルエージング鋼」は低炭素・高合金鋼で，急冷しなくてもマルテンサイト変態を生ずる．低炭素なのでマルテンサイト自体は軟らかく加工が容易である．その後，時効処理によって微細な金属間化合物を析出させ，硬化させる．

例として18Ni-8.5Co-5Mo-0.8Ti（2GPa級）の引張強さと硬さを見よう．

820℃で溶体化した状態では，$\sigma_B = 1$GPa，31HRCであるから，この状態で必要な加工を施す．その後470℃で時効すると$\sigma_B = 2.1$GPa，54HRC

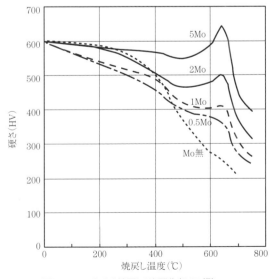

図6.11　Moによる焼戻し2次硬化（0.5C鋼）

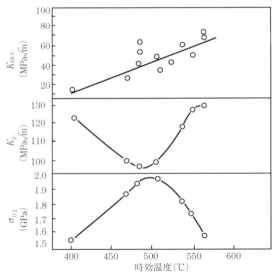

図6.12　マルエージング鋼の時効特性（Dautovichら）

まで硬化する．成分設計により 1.4GPa 級から 2.6GPa 級までの高強度が得られる．高合金鋼であるために高価材料であるが，加工費が高価な金型などには有効に利用されている．

図6.12 は，時効温度による強度と靭性の変化の一例である．500℃付近の時効で強度は最大になるが，靭性が最小になる．靭性を必要とすれば，強度を多少犠牲にして時効温度を亜時効（under ageing）の 470℃ や過時効側（over ageing）の 530℃ などにすればよいが，K_{1SCC}（水素割れ感受性）が問題になる場合には過時効側が良い．

(2)冷間加工による強度向上

冷間加工は転位を増殖させ，転位どうしが絡み合って動けなくなることから硬化する．代表的な製品は，冷間圧延薄板，硬鋼線，ピアノ線などである（巻末・付表7参照）．

薄板は車体などのプレス加工に使われるので，成型時にしわ（ストレッチャー・ストレイン：stretcher strains）が出ないような工夫が必要である．低炭素鋼の引張試験では上下降伏点が明瞭に現われ，降伏伸びが現われる．これは，炭素や窒素など室温では動けない侵入型固溶原子に固着されていた転位が急に解放されるために起こる．

転位芯に侵入型固溶原子が集まる状況を**コットレル雰囲気**という．ある結晶粒ですべり変形が起こると，転位は粒界に堆積（pile up）して隣接粒の転位源に刺激を与える．そして次々と隣接粒の固着転位をなだれのように解放して，局部すべり変形が板を伝搬していく．これは肉眼でも見える変形帯で，**リューダス帯**という（図3.11参照）．これがしわの原因になる．

プレス加工でこの現象が起こらないようにするためには，あらかじめ軽く圧延して降伏現象を通り越しておけばよい．また，Cottrell 雰囲気の形成は時効現象の一つでもあり，これを防ぐために炭化物や窒化物をつくりやすい元素の Mo, Cr, V, Nb, Ti などを添加した非時効鋼が開発されている．

冷間加工強化のもう一つの事例である硬鋼線やピアノ線は，いずれも共析鋼に近い高炭素鋼でパーライトをダイスで線引き加工して製造される．線引き加工には，まずパーライトを微細化する．それには粗引きした線材をパーライト生成 C 曲線の下部温度域に加熱溶融した鉛浴を通す．これを**パテンティング**（patenting）という．

コンクリートの補強材である PC 鋼線などはこのまま使用するが，ケーブルやコイルばねなどに使用するピアノ線の場合は，最終的に 250℃ 付近に加熱して炭素を転位に析出させて転位を固着（anchoring）する処理を行なう．

この温度範囲で鋼が青い酸化色になるのでブルーイング（blueing）処理と呼ぶ．線材は線径により最終加工度が異なるため，一般に細いほど強度が高く，ピアノ線では引張強さが 2GPa 以上の高強度が得られる．

(3)結晶粒の微細化

隣接粒を次々と降伏させる応力 σ_y は，Chapt.3 で述べた Hall-Petch の式で表わされる．再掲すると，

$$\sigma_y = \sigma_i + kd_{-1/2} \quad\cdots\cdots\cdots\cdots\cdots (3.5)$$

この式は，多結晶体の降伏応力，脆性破壊応力などにも適用できる．d は結晶粒径であるが，パーライト層間隔にすればパーライトの強度でも成り立つ．すなわち，粒径が小さいほど強度が増大することを示している．

結晶粒の微細化は，通常相反する強度と靭性を同時に向上できる強化法である．熱間圧延では加工組織は直ちに再結晶してしまうが，この時に結晶核になる微粒子（AlN など）を用いると，多数の核により結晶粒が微細化する．さらに Nb, V, Ti などを用いて加工と相変態を組み合わせた**制御圧延**などにより，微細結晶鋼が製造されている．

これらはいずれも結晶粒が数 μm 程度までの技術であるが，最近はさらに 1 μm 以下のナノサイズ超微細粒鋼の開発が進められている．これには，超微粒粉を用いた**メカニカル・アロイング**

という方法などが検討されている.

　この方法は，まず純金属あるいは合金の微粉末を高エネルギーのボールミルで圧着と粉砕を繰り返しながら，均一に分散した合金粉末にする．この機械的な過程では従来の粉末冶金（粉末の単なる焼結）とは異なる合金化が可能になる．これをホットプレス（HIP：Hot Isostatic Pressing）のような高温高圧で焼結成形する（10.1 参照）．

(4)表面硬化

　表面は耐摩耗性を付与するために硬化して，部材全体の靭性は内部の組織に依存する複合的構造の処理方法である．代表的な方法は，浸炭焼入れ，窒化処理，高周波焼入れ，ショットピーニング処理などである．歯車，軸など多くの機械部品に採用されている．

① 浸炭焼入れ(carbulizing, case hardening)

　浸炭の方法には，ガス浸炭，固体浸炭，液体浸炭などがある．ガス浸炭は炭化水素系ガスを変性してカーボンポテンシャルを高めた加熱炉で炭素を鋼中に浸入させる．固体浸炭は，炭を詰めた箱の中に入れて加熱する方法である．液体浸炭は猛毒のシアン化浴が用いられたが，近年は環境問題で使用されなくなった．

　浸炭鋼（肌焼き鋼）は，C ≦ 0.25％の低炭素鋼，低合金鋼が用いられる．浸炭させない部分は銅めっきや浸炭防止剤を塗布する．

　浸炭は高温（850 〜 900℃）で長時間（8 〜 9 時間）行なうために，芯部(core)の結晶粒が粗大化したり，粒界酸化が起こることがある．そこで一度焼入れして組織を緻密にする（1 次焼入れ）．その後，

浸炭部(case)の A3 線を越える低めの温度（800 〜850℃）に再加熱して焼き入れる（2 次焼入れ）．

　芯部は低炭素で A3 も高く冷却も遅いので，中心に向かうほどマルテンサイトが減り，パーライトの粗い組織になる．焼戻しは通常 150 〜 200℃の低温焼戻しを行なう．これで表面は 850 〜1000HV 程度になる．浸炭硬化深さは JIS G 0557で定められており，断面の硬さ分布で 550HV までの範囲（**有効硬化層深さ**）をいう．この処理では残留圧縮応力も付与されるので，繰返し応力が作用する歯車の歯底では，疲れ強度向上もはかられる．

　写真 6.7 は浸炭のままの組織変化，**写真 6.8** は浸炭焼入れした歯車の例である．

② 窒化(nitriding)

　アンモニアガスなど N を変性できるガスや液体中で，鋼の表面に窒化層を形成する方法である．窒化層は浸炭に比べて処理温度も低く，生成層が薄い．処理後の熱処理が不要なので変形などは生じない．窒化を適用するなら，Cr 添加の SCr やSCM でもよいが，Al を添加した SACM645（JISG 4202）が窒化処理鋼として規定されており，900〜 1000HV の高硬度が得られる．これよりも低めの 500 〜 600HV 程度にする方法を**軟窒化**（商品名**タフトライド**）という．これは，耐摩耗性向上よりも疲れ強度改善に用いられる．

③ 高周波焼入れ(induction hardening)

　家庭用の電子レンジと同じ原理で，品物をコイルの中に置き，交流電流を流すと誘導加熱により急速昇温する．所定の温度で電流を切り，直ちに水をかけるか水中に冷却して焼入れする．周波数

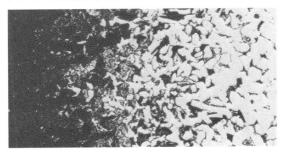

写真 6.7　浸炭組織（焼入れ前）

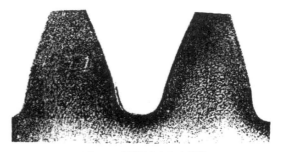

写真 6.8　浸炭焼入れした歯車

の高いほど**表皮効果**(skin effect)によって加熱が表面に限定され，周波数が低いと中まで加熱される．歯車などでは，1歯ずつではなく歯車周囲に数ターンのコイルを巻き，歯全体を一度に熱処理できる．

焼入れの残留応力は最終的には表面圧縮で残るので，鉄道車両では車軸の曲げモーメントの大きい車輪はめ合い部分や，歯車の歯底などの疲れ強度向上に利用されている．

④ ショットピーニング(shot peening)

従来から錆や塗装を落とす方法として，砂を吹き付ける**サンドブラスト**(sand blasting)，刻んだ細い鋼線，鋼ビーズ，セラミックス・ビーズなどを吹き付ける「ショットピーニング」が行なわれてきた．このような下地処理は「ソフトブラスティング」といわれる．

これに対して，表層に薄い塑性変形層を形成して圧縮残留応力を発生させ，疲れ強度の向上をはかる，より強力なショットピーニングがある．このようなハードショットには，ジェット気流や，より大きな鋼球を用いる．ただし，むやみに強すぎても肌を荒らし，逆に疲れ強度を下げるので，ハードショットの後にソフトショットを与える2段処理方法が採られている．

浸炭歯車の歯底などにショットを与えて，加熱で荒れた肌を均すとともに，焼入れによる残留応力に加えてさらに圧縮応力を高め，疲れ強度向上がはかられている．ショットピーニングの強さを測定するには，短冊板の片面にショットして，その曲がりの弧の高さ(**アークハイト**)を求める．

6.9 耐食性の向上

耐食鋼の代表はステンレス鋼である．合金元素としてCrを12%以上添加すると，表層にごく薄い不動態膜を生成するために耐食性を向上させる．この膜が可視光線の波長より薄いnmオーダであるために，金属の光沢ある地色を失わないのである．

ステンレス鋼には基地組織によって，「オース

表6.2 主なステンレス鋼の種類

分類	鋼種	組成	性質と用途
オーステナイト系	SUS301	17Cr-7Ni	冷間加工強化,電車外板,ボルト,ばね
	SUS304	18Cr-8Ni	代表鋼種,一般用途,家庭用品,建材 他
	SUS304L	18Cr-9Ni-lowC	耐粒界腐食性,溶接後耐食性
	SUS316	18Cr-12Ni-2.5Mo	耐孔食性,耐海水性
	SUSXM7	18Cr-8Ni-3Cu	冷間成形性
フェライト系	SUS430	18Cr	Ni無で廉価,耐食性γ系より劣る一般用途,内装建材,家電など
	SUS434	18Cr-1Mo	430の耐海水性改良,自動車外装
2相(γ-α)系	SUS329J1	25Cr-5Ni-2Mo	耐海水孔食性良好,耐SCC,海水熱交換器
マルテンサイト系	SUS410	13Cr	QT,加工性良好,高強度,一般用途,刃物
	SUS440	18Cr-0.7/1.0C	焼入れ性良好,刃物,弁,ベアリング
析出硬化系	SUS630	17Cr-4Ni-4Cu-Nb	17-4PH,単一処理硬化,軸,タービン
	SUS631	17Cr-7Ni-1Al	17-7PH,ST後加工可,硬化処理,ばね類

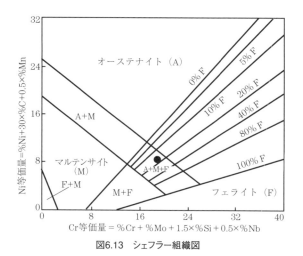

図6.13 シェフラー組織図

テナイト系」，「フェライト系」，「マルテンサイト系」，「析出硬化系」がある．**表6.2**に主な鋼種を示す．

図6.13は，ステンレス鋼の主な元素であるCrとNiに換算した組成と組織の概略を示した図で，**シェフラー組織図**という．

(1)オーステナイト系ステンレス鋼

オーステナイト系の代表的な鋼種である18Cr-8Ni鋼(SUS304)は，図6.13に黒丸で示したように安定なオーステナイト領域より下のA＋M＋F領域にある．通常は1050℃でオーステナイト1相

に溶体化してから急冷するが，これはやや不安定な組織（準安定）で，加熱や冷間加工などによりマルテンサイト（**加工誘起マルテンサイト**という）やフェライトが出やすい．そのためにオーステナイトで発現しなかった強磁性が出てくる．台所の流しも SUS304 であるから，角の折れ曲がり部分だけは磁石を吸引する．確かめてみるとよい．

オーステナイトの特徴の一つは，焼なまし材の引張試験を行なうと，耐力は 250MPa 程度と低いが，加工硬化が大きく引張強さは 600MPa 以上にもなる．これは Al や Cu にも共通した fcc 結晶の特徴である．フェライトなど bcc 結晶は，すべり系が多いことと転位が拡張しないために，一つのすべり系でブロックされると別のすべり面に移ることができる．これを**交差すべり**という．

これに対して fcc はすべり系が限られていることや転位が拡張するために，交差すべりができない．そのため，別の系の転位と絡み合って硬化しやすいのである．

もう一つの特徴として，フェライト鋼の特性である**低温脆性**が見られない．また温度を上げても変態がないこと，不働態膜が緻密で耐酸化性の良いことから，耐熱鋼としての特徴を持っている．つまり，低温でも高温でも耐久性のある鋼なのである．

SUS304 は耐食性が良く使いやすいことから，化学装置，食品加工装置，建材，食器など多方面に使用されているが，注意すべき点がある．

一つは溶接などの熱履歴を受ける時に，450〜850℃の範囲で粒界に Cr 炭化物が析出して，粒界に沿って Cr が欠乏するため，粒界の耐食性が極度に悪化すること，620〜870℃で σ 相と称する硬い FeCr 金属間化合物を生成して脆くなることである．いずれも 950〜1100℃で析出物を再固溶させれば消失する（固溶化熱処理）．

二つは，不働態膜が塩素イオンに弱く孔食を生ずることである．そのため，海水や塩酸などでの使用には注意が必要である（Chapt.13.5「腐食の形態」参照）．さらに，特殊な環境で応力腐食割

れが起こる問題がある．高温で運転される原子力圧力容器の溶接部などで，残留応力による割れ発生がニュースになることがあるが，これらは応力腐食割れの事例である．

図6.14 は，基本合金からの改良の系譜を示したものである．

オーステナイト系本家の 18Cr-8Ni の SUS302 から，$C \leqq 0.08\%$ に下げたのが SUS304 である．これでも粒界炭化物生成の傾向があるので，さらに極低炭素（Low C の L が付く）の 304L がある．他方，Nb，Ti など Cr より強い炭化物形成元素を添加して C をトラップし，耐粒界腐食性を向上させた 321, 347 系などがある．これらの鋼種は，900℃付近で優先的に炭化物を生成させるための安定化熱処理が必要である．

塩素イオンによる孔食防止には Mo の添加が有効で，316, 317 系統はこの改良により耐孔食性が優れている．

電線金具などに使用されるねじ部品は，冷間転造性を向上させるために 3％ Cu を添加した SUSXM7 が使用される．

(2) フェライト系ステンレス鋼

シェフラー図でわかるように，Ni を添加せず Cr だけで耐食性を付与しようとすると，フェライト安定型の組織になる．代表鋼種は 18Cr の SUS430 で，高価な Ni を使用しないので安価であり，建材，厨房材，自動車部品などに使用されているが，耐食性はやや劣る．そのために，Mo を添加して耐海水性を向上させた鋼種（SUS434）もある．

フェライト系の長所は，応力腐食割れが起こらないことである．ただし，高温に長時間さらされると問題が起こる．いわゆる **475℃脆性**と **σ相脆性**である．

前者は名の通り 400〜550℃で加熱されると生ずるもので，常温での衝撃値・延性値が低下して遷移温度が上がり，フェライト系特有の低温脆性を助長する．後者はオーステナイト系で生ずるものと同じで，600℃付近でさらに長時間の加熱に

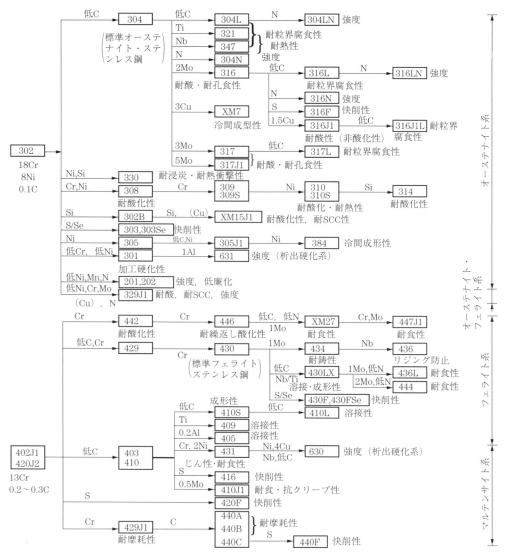

図6.14 ステンレス鋼の系譜（機械学会，機械工学便覧B4より）

より化合物析出が起こる．焼なましは800℃付近が無難で，より高温ではオーステナイト化して結晶粒が粗大になり，低温に過ぎると前述の脆性温度に近づいて危険である．焼なまし後は急冷することで前述の脆化相は消失する．

(3) オーステナイト／フェライト・2相系 ステンレス鋼 (duplex stainless steel)

2相が共存すると，機械的性質や耐食性がオーステナイト，フェライト単相系よりも向上する．耐食性は両相が1：1の時最も良好になるという．

SUS304に比べると，Cl⁻による孔食に強く，応力腐食割れ（SCC）も生じにくい．そのために海水用熱交換器の配管などに使用されている．

(4) マルテンサイト系ステンレス鋼

大気中での不動態化に最低限必要な12〜13％Crのシェフラー図範囲（M＋F）にある合金（SUS410）が代表鋼種である．

焼入れ性を上げるためにCが他の系列に比べて多い．主な用途は錆びない刃物で，とくに食品加工用や外科用などは衛生上の必要性が高い．そ

の他，バルブシートなどの耐摩耗部品に使用されている．とくに高硬度をねらったものに，高炭素17CrのSUS440系がある．より切れ味の良い刃物，ゲージ類，軸受などに使用される．

焼入れは 950 〜 1000℃から油冷（高合金なので薄物ならば空冷でも焼きが入り，場合によっては予熱も必要となる），鋼種や目的によって 200 〜 300℃ 低温戻し，あるいは 600℃付近の高温戻しが行なわれる．

(5)析出硬化系ステンレス鋼
（precipitation hardening）

系統図を見ると，オーステナイト系の301にAlを添加した631（通称17-7PH）とマルテンサイト系の431にNb，Cuを添加した630（通称17-4PH）がある．630は単一熱処理型で，溶体化後Ms点以下に空冷すると硬化するが，本格的な硬化は時効処理で完了する．

一方，631は溶体化処理後はまだオーステナイトであり，硬化せず加工が容易である．これからいったんCr炭化物を析出させてオーステナイトを不安定にした後，Ms点以下の低温でサブゼロ処理により，熱的マルテンサイトを生成させる．さらに時効処理により析出硬化させる．

また，溶体化処理後，冷間圧延で加工誘起マルテンサイトを生成させ，さらに時効処理で析出硬化させる方法もある．**図6.15**はこれらの熱処理の概略を示したものである．

6.10　鋳鉄（cast iron）

図6.4をもう一度見てほしい．これは鉄−セメンタイトの平衡状態図であるが，炭素が2.14％以上の領域が鋳鉄であるとした．共晶レーデブライトはオーステナイトとセメンタイトの混合物であるが，実際は速い冷却速度でないとセメンタイトは現われない．ゆっくり冷却すると炭素はそのまま「黒鉛」（グラファイト，graphite）として晶出する．そこで鋳鉄の領域では，鉄−黒鉛系の状態図を見なければならないが，共晶以下の炭素量ではどちらもあまり変わらない．

さらに後述のように，Siなどの添加によって共晶時の炭素量も温度も変わってくる．鋼では熱処理でセメンタイト系の状態図が重要であり，煩雑を避けるために黒鉛線は描かなかったが，共晶以上（過共晶）の炭素量では，黒鉛液相線はセメンタイト液相線よりかなり上昇する．そのため黒鉛の初晶が大きく晶出して靭性を損なうため，片状黒鉛鋳鉄では亜共晶組成で鋳造する．しかし，鋼に比べれば鉄−炭素状態図はそれほど意識しなくても済む．

鋳鉄は融点が低いのを利用して，複雑な最終製品の形状に近い「かたち」をつくるところに価値がある．これをニアネットシェイプ（near net shape）という．しかし一方では，片状黒鉛の応力集中効果や結晶粒が粗く，脆いという難点があ

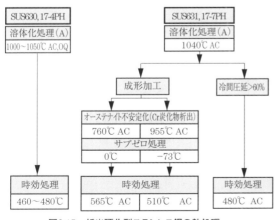

図6.15　析出硬化型ステンレス鋼の熱処理

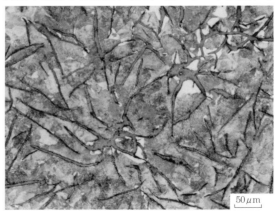

写真6.9　片状黒鉛鋳鉄（FC200，パーライト基地）

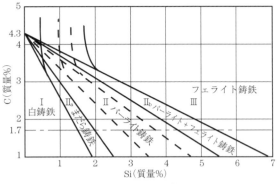

図6.16 マウラー組織図

る．それだけになおのこと，硬く脆いセメンタイトは嫌われる．

　ここで鋳鉄の代表的な組織を見ておこう．**写真6.9**は**片状黒鉛鋳鉄**の組織である．地はパーライト組織となっている．亜共晶鋳鉄では，融体（鋳物では湯という）から冷却すると，まずオーステナイト液相線でオーステナイト初晶が出る．これは樹枝状晶で，この周囲の湯の炭素量は増加する．共晶点では黒鉛がバラの花弁のように成長し，オーステナイトを包み込んだ共晶セルを形成する．花弁のような「片状黒鉛」（graphite flakes）は，平面で切って観察すると糸ミミズ（不完全な球状化で太く，虫食い〈vermicular〉状黒鉛にする**バーミキュラー鋳鉄**というのもある）のように見えるのである．

　鋳鉄は現場で試験用の鋳型に湯を注いで，凝固後冷却してからハンマーで割って破面を検査する．この時の破面が黒鉛のためにねずみ色に見えることから，片状黒鉛鋳鉄は JIS G 5501 でも**ねずみ鋳鉄**（grey iron）と呼ばれる．基地の組織は

C＋Si の組成，冷却速度（肉厚）によって変わる．**図6.16**は組成と組織の関係を示したもので，**マウラー**（Maurer）**組織図**という．Si が少ないか，薄肉で冷却が速い場合は，前述のセメンタイトの共晶が出て破面が白くなる．これを**白鋳鉄**（white iron）という．

　靱性を向上させるために黒鉛を塊状にした**可鍛鋳鉄**（malleable cast iron）は，白鋳鉄を基に酸化脱炭（白心可鍛鋳鉄）するか，焼なまして黒鉛化（黒心可鍛鋳鉄）する．この他，耐摩耗性の要求される圧延ロール表面などに，金型で冷却速度を速めて白鋳鉄化する（チルド鋳鉄）こともあるが，一般には白鋳鉄は硬く，それ自体で構造用製品となることはない．

　Si が多くなるにつれて基地はパーライトからフェライトに変わり，強度・硬さは低下する．ねずみ鋳鉄は，FC100 〜 FC350 まで規格にある（数字は引張強さの等級 MPa を示す）．

　C 以外の添加元素が組織や強度に与える影響は，組成からある程度推定ができる．Si と P の効果を加えた値が炭素当量（CE：Carbon Equivalent）である．

$$CE\% = C\% + (Si\% + P\%) / 3 \quad \cdots (6.2)$$

　たとえば，Si は 1/3 だけ炭素の役割をして，炭素量増加と同等の働きをする．

　また，鋳鉄の化学組成を共晶組成との比率で共晶度を示す炭素飽和度 S_c がある．

$$S_c = C\% / (4.23\% - Si\% / 3.2) \quad \cdots (6.3)$$

　4.23％は，他の合金添加がない場合の共晶炭素量であり，$S_c = 1$ は共晶組成を意味する．強度と硬さとの関係は，30mm 丸棒で次のように推定される．

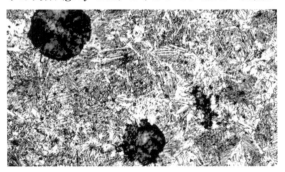

写真 6.10　球状黒鉛鋳鉄（ADI）（大場）

写真 6.11　球状黒鉛の拡大部（Smallman&Bishop）

$$\sigma_{\mathrm{B}}(\mathrm{MPa}) = 980 - 784 S_c \quad \cdots\cdots\cdots (6.4)$$
$$\mathrm{HB} = 530 - 344 S_c \quad \cdots\cdots\cdots\cdots (6.5)$$

実際の強度がこれより高ければ良しとする，ひとつの判断基準でもある．（6.4）式からわかるように，強度を上げるには S_c を低くする（C を下げる）．すると白鋳鉄化しやすくなる．

そこで鋳込み直前に Fe-Si などを添加し，白鋳鉄化を抑えながら黒鉛を微細化すれば靱性が向上する．これを接種（inoculation）という．

もう一つ代表的な組織は，**写真6.10**に示す**球状黒鉛鋳鉄**である．片状黒鉛は切欠き効果により，靱性に乏しく疲れ強さも小さい．そこでこれを球状化すれば，靱性のある「ダクタイル（ductile）鋳鉄」になる．

球状黒鉛鋳鉄は，JIS G 5502 では記号にダクタイルの D を付けて，FCD350 〜 FCD800 まである．黒鉛を球状化するには，$S_c > 1$，すなわち過共晶組成にして Mg を添加する．これにより黒鉛と融体の界面エネルギーが変わり，核から同心円状にタマネギのように黒鉛が急成長する．

写真6.11は破面に見られる球状黒鉛である．破壊でばらけているが，黒鉛の構造がわかる．Mg 処理した溶湯は白鋳鉄化しやすいので接種をする．JIS には黒鉛球状化判定試験がある．

図6.17は ISO から導入した黒鉛の形態分類で，I：片状黒鉛，II：球状化剤が過剰の時，III：球状化剤が不足の時（バーミキュラー鋳鉄），IV：黒心可鍛鋳鉄，V：球状化不十分，VI：完全球状化，である．

全黒鉛粒数に対する分類図 V と VI の粒数の割合を黒鉛球状化率とする．基地の組織は完全フェライトから混合，完全パーライトまである．さらにベイナイトにすると，強度・靱性は一段と向上する．これはオーステンパ処理を行なうので，通称**ADI**（Austempered Ductile Iron）と呼ばれる．JIS では**オーステンパ球状黒鉛鋳鉄**（JIS G 5503）として，FCAD900 〜 FCAD1400 の規格がある．

鋳鉄の種別としては，他に目的に応じた合金鋳鉄などがあるが，詳細は他書を参照されたい．鋳

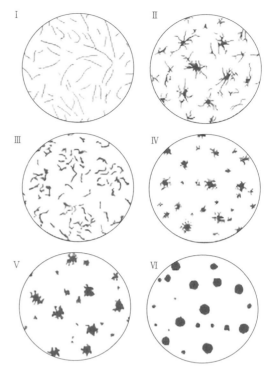

図6.17　黒鉛粒の形状分類図（JIS）

鉄は，ニアネットシェイプの他にも，圧縮に強い，弾性率が鋼より低い，密度が鋼より 10% 低い，振動減衰性（damping capacity）が大きい，耐摩耗性（黒鉛が潤滑になる）が良い，耐熱性が高い，耐食性に優れる，などいろいろな長所がある．

一方，靱性に乏しい，鋳造欠陥が避けられない，などの短所もある．**図6.18**は，引張強さと伸びの関係を，鍛鋼や鋳鋼と比較したものである．ADI は強度レベルで鍛鋼に匹敵する特性があることがわかる．

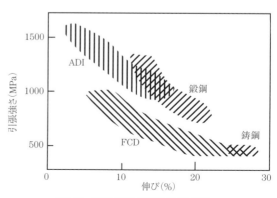

図6.18　鋳鉄・鋳鋼・鍛鋼の強度と延性

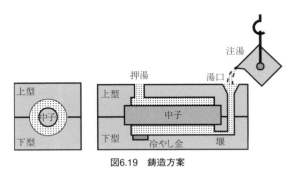

図6.19　鋳造方案

　鋳鋼とは鋼の組成の鋳造品で，炭素鋼からステンレス鋼などいろいろあるが，操業温度が高いこと，鋳鉄の強度・靱性もかなり品質が向上したことなどから，製造そのものが減少しつつある．主な鋳鉄・鋳鋼の機械的特性を，**付表8**(巻末)に示した．

　ここで，簡単な形状品の砂型を想定した鋳造の方法を示しておこう．まず鋳型をつくるために木型から始める．木型は鋳造時に何回も使用する．木型は，粘結剤を加えた砂の中に埋め込み，加圧して固めてから抜き出さなければならない．砂型を崩さず抜きやすくする工夫が必要である．

　図6.19はこうして製作した鋳鉄管の砂型断面である．木型を抜くために鋳型は上下に分割してある．型は少量生産ならば砂型，大量生産ならば金型が使用されるが，砂型も自動化が進んで大量生産向きもある．この他にもいろいろな造型法があり，Chapt.7.2(5)「主な鋳造合金」に解説しているので参照されたい．

　管であるから中空部分を中子という別の鋳型を配置する．中子は主型に支えられたり，融点が高い軟鋼線などで吊ったりする．この線のように別の金属が鋳造品の中に入ることを「鋳ぐるみ」という．型は十分に乾燥する．乾燥不十分であると水蒸気などが出て欠陥となる．

　多くの場合，鋳鉄の溶解は，高炉を小型にしたような「キュポラ」と称する縦型炉で行なわれる．ここから取鍋に移された溶湯は，脱ガス，接種，球状化処理など，いわゆる溶湯処理が行なわれる．そして並べられた鋳型の湯口に次々と注いでゆく．取鍋の湯が少なくなると温度が下がるため，注湯は手早く行なう．温度が下がると湯流れ(流動性)が悪くなり欠陥の原因となるからである．

　溶湯は湯口から湯道を通り，底注ぎの堰で砂などを濾過する．湯が空洞を満たして押湯口から溢れ出したら注湯は終わる．製品の肉厚や形状変化によって冷却速度が変わり，薄肉部は凝固が速く厚肉部は遅い(ホットスポットという)．

　凝固により金属は熱収縮するから，周囲が先に凝固して内部が遅れると，内部は湯が足りなくなり空洞ができる．これを**引け巣**という．引け巣を防止するために，大気圧で圧力をかけることを**押湯**という．

　押湯を効果的に行なうためには，この部分の凝固が最後にならなければならない．そこで押湯の下に冷やし金(chiller)という金属片を置き，凝固が下から上に向かって起こるような工夫も必要である．このような鋳型の設計技術を**鋳造方案**という．

　鋳鉄は歴史の長い材料であるが，最近は薄物で複雑な形状の球状黒鉛鋳鉄製品ができるようになり，自動車の足回り部品として軽量化にも役立っている．しかし，鋳造品には欠陥が付きものであるだけに，設計者は鋳物の鋳造方案者と十分な打合わせが必要である．

　鋳造欠陥の種類をまとめて**表6.3**に示した．

表6.3　鋳造欠陥の種類

名称	原因	改善因子
引け巣（shrinkage cavity）	単に巣ともいう．最終凝固部の収縮デンドライトが見える	押湯，鋳込温度
気泡（blow hole）	溶湯，鋳型から発生するガス，球状の孔	脱ガス（H_2）鋳型乾燥
高温割れ（hot tear）	最終凝固時の収縮応力，破面酸化	肉厚の差
砂かみ（sand inclusion）	型砂の巻き込み	鋳型の脆さ
すくわれ（scab）	鋳型の剥離，凸型欠陥	鋳型の脆さ
湯回り不良（misrun）	湯が全体に回らないうちに凝固	押湯，鋳込温度

Chapter 7 軽金属

7.1 強さと軽さ

　航空機，鉄道車両，自動車などの輸送機器は，積載量に対して自重はできるだけ軽いことが望ましい．また機械の運動体でも，加速度による余計な力を発生させないためには軽量が良い．そこで，軽くて強い材料が必要となる．

　この両者を考える基準として，**比強度**（強さ／密度）という概念がある．また，部材の剛性も同様に**比弾性率**（弾性率／密度）で考えることができる．

　表 7.1 に，代表的な高力軽金属合金，鋼，繊維強化樹脂の比強度・比弾性率を比較した．比強度は，単位を見ると kN・m/kg である．これを別の見方をしてみよう．今，ある長さ L の等断面の真直棒を空中に吊るしたとしよう．長さ L の自重による応力が引張強さに達すると，この棒は重力（加速度 g）によって切れる．この時の力の単位は N = kg・g であるから，比強度の単位は km・g となる．すなわち，表 7.1 の比強度を重力の加速度 g で割れば，自重で切れる長さ km となる．

　たとえば SS400 は，58/9.8 = 5.9km の長さを空中に吊り下げると自重で切れるという意味である．これは断面積によらないから，棒でなくて線でもよい．ピアノ線は実用金属の中で最強の材料であり，比強度も大きいため，長大吊り橋のワイヤに使用されている．

　鋼といえども軟鋼 SS400 では，Mg 合金，Al 合金（超超ジュラルミン），Ti 合金に比べるとはるかに比強度は及ばない．アルミ合金が航空機や新幹線車両などに適用される所以である．さらにガラス繊維（GFRP）や炭素繊維（CFRP）で強化した樹脂では，比強度が金属より 1 桁大きい．航空機を始め各方面で，このような複合材の使用が増加しているのは肯ける．ただし FRP は異方性材料で，繊維方向以外ではこの特性は出ない．なお，比弾性率は金属の場合，ほぼ同等の値になる．

　比強度は使用目的のための特性選択肢の一つであり，実使用に当たっては他の特性が重要になる．ここでは，耐食性と被削性（加工コスト）を参考に掲げた．Mg 合金は耐食性が悪いことから，室内で使用されるノートパソコンやカメラなどには適している．Ti 合金は耐食性は抜群に良いが，被削性が悪く加工コストが価格を押し上げるために，眼鏡フレームやスポーツ用品など高級品に使用される．

7.2 アルミニウムとその合金

(1)アルミニウムの精錬

　南フランスに，Les Baux という岩山に廃墟の古城がある小さな村がある．ここで 1886 年，アルミニウムの原鉱石が発見された．村の名前にちなんで「ボーキサイト」(Bauxite)と名付けられた．現在はもうここでは採掘されてはいない．現在の主要鉱山はオーストラリア北部ヨーク半島，アフリカのギニア，西インド諸島のジャマイカなど，赤道直下が多い．

　ボーキサイトはアルミナ水和物を 50％以上含有しているが，酸化鉄があることから赤い．これを粉末にしてからオートクレーブ内で高温アルカリ溶液でアルミナを抽出する．鉄などの不純物を赤泥として沈殿させた後，アルミン酸ナトリウム溶液に種子を添加して水酸化アルミの結晶を晶出させる．これをロータリキルンで焼成してアルミナ Al_2O_3 にする．この工程を「バイヤー法」という（**図 7.1**）．

表7.1　軽金属の比強度・比弾性率

種別	材種	密度 g/cm³	ヤング率 GPa	熱膨張係数 10^{-6}/k	引張強さ MPa	比強度 kN·m/kg	比弾性率 MN·m/kg	耐食性*	被削性*
Mg合金	AZ63A-T6（MC1）	1.8	45	26	275	153	25	×	○
Al合金	A5083-H32	2.7	72	23	319	118	27	○	○
	A7075-T6	2.8	72	24	570	204	26	△	○
Ti合金	Ti-6Al-4V（TAP6400）	4.4	109	8.4	1170	266	25	◎	×
鋼	SS400	7.8	206	11.5	450	58	26	×	◎
	ピアノ線0.5φ（SWPB）	7.8	202	10	2700	346	26	×	×
繊維強化樹脂	GFRP	2.5	75		2500	1000	30	◎	×
	CFRP	1.7	230		3000	1765	135	◎	×

*◎大変良好，○良，△不良，×要対策

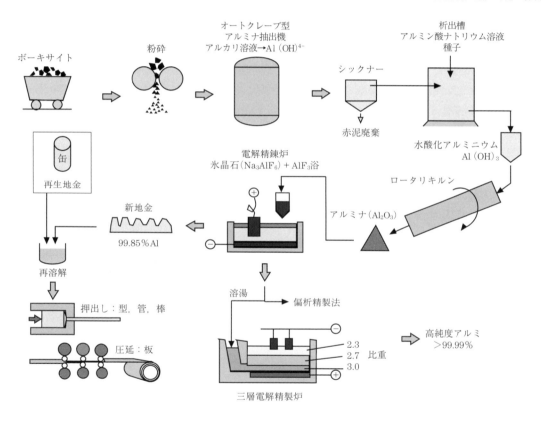

図7.1　アルミニウムのできるまで

次に，このアルミナを氷晶石（Na_3AlF_6）にフッ化アルミニウム（AlF_3）を加えた電解浴に投入して溶融塩電解する．この方法は，フランスのエルーとアメリカのホールが時を同じくして成功した大量生産方式で，**ホール・エルー法**と呼ばれる．

この方式が成功した背景には，直流発電機の登場があった．陽極も陰極も炭素が用いられるが，前者の構造には自焼成式ゼーダーベルグ法と既焼成式プリベーグ法がある．炉底の陰極側に還元された溶融アルミが溜まる．これを汲み出して脱ガスや不純物除去を行なった後，インゴットに鋳込んだものが新アルミニウム地金で，純度はおよそ99.85％である．

電解精錬は大量の電力を消費する．アルミ1kg

を生産するのに必要な電力は，改良を重ねて削減されているとはいえ 12kWh である．アルミニウムが電気の缶詰といわれる理由である．そこで電解精錬は，発電コストの安い水力発電が不可欠となる．発電コストの高い日本での操業は，富士川の水力を利用した蒲原の 1 工場のみで，新地金の99％はオーストラリア（2002 年，31％），ロシア（同年，22％）など外国からの輸入に頼っている．

大量に使用される構造材や日常品では，新地金に加えてリサイクルされた再生地金を用いている．大量使用金属ではアルミはリサイクルの優等生といわれ，アルミ缶ではリサイクル率が 80％以上である．新地金に比べると，再生地金の生産コストは 3％で済む．

電子部品などに使用される 99.99％以上の高純度アルミニウムは，新地金をさらに精製する．それには比重差を利用した 3 層電解精製法や，状態図の液相線と固相線の差を利用した偏析法などがある．

(2)アルミニウム合金の種別と質別記号

大別すれば「展伸材」と「鋳物」があり，それぞれに「非熱処理系」と「熱処理系」がある．**図7.2**はその種別を示したものである．

展伸材では合金の成分系に，A・・・・と 4 桁の数字があり，図に示すように 1000 番台は非熱

処理系純アルミ，2000 番台は熱処理系 Al-Mn 合金，などとなっている．

アルミニウムは，面心立方格子（fcc）であるために降伏点が低いが，鉄のような交差すべりができないので加工硬化度が大きい．そこで展伸材では，構造材向けに強化するには，熱処理の他に冷間加工（非熱処理系）が有効に利用できる．

仕上がりの状態は，合金種別番号の次に示す質別記号で区別される．これには，製造のままの状態を F（鋳物で鋳造のまま），完全焼なまし状態を O，加工硬化は H，熱処理は T が付けられる．さらに冷間加工材では，冷間加工のままを H1n，加工硬化後焼なましで強度調整したものを H2n，冷間加工後歪み時効を防止するための安定化処理を行なったものを H3n と区分する．

ただし n は，75％加工率を全硬質として 8，その 3/4 硬質を 6，1/2 の半硬質を 4，1/4 硬質を 2，特別硬質を 9 とする．冷間加工後と冷間加工後焼なましによる機械的性質の変化を，対応する質別記号範囲 H1n，H2n と合わせて**図 7.3**，**図 7.4**に示す．また**図 7.5**は，質別記号に対応する主な加工と熱処理のフローの概略を示している．

(3)アルミニウム合金の熱処理

アルミニウムには温度を上げても鉄のような同素変態がない．代表的な合金例として，熱処理合

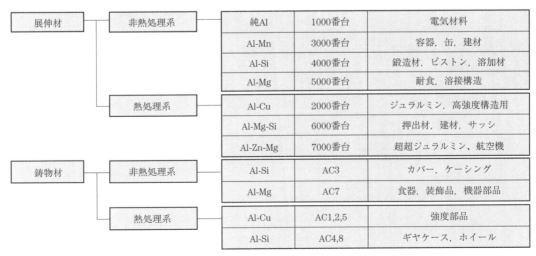

展伸材	非熱処理系	純Al	1000番台	電気材料
		Al-Mn	3000番台	容器，缶，建材
		Al-Si	4000番台	鍛造材，ピストン，溶加材
		Al-Mg	5000番台	耐食，溶接構造
	熱処理系	Al-Cu	2000番台	ジュラルミン，高強度構造用
		Al-Mg-Si	6000番台	押出材，建材，サッシ
		Al-Zn-Mg	7000番台	超超ジュラルミン、航空機
鋳物材	非熱処理系	Al-Si	AC3	カバー，ケーシング
		Al-Mg	AC7	食器，装飾品，機器部品
	熱処理系	Al-Cu	AC1,2,5	強度部品
		Al-Si	AC4,8	ギヤケース，ホイール

図7.2　アルミ合金の種別

金 Al-Cu 系の状態図を**図 7.6** に示す．Al 側の α 固溶体の範囲が鋼のフェライトなどに比べて広く，550℃では Cu を 5.5% も固溶するにもかかわらず，常温ではほとんど固溶しない．そこで，たとえば 4% Cu 合金を固溶限度線を越えて 550℃ に加熱すると，析出していた共晶 $CuAl_2$ は消失して α 単相になる．これを**溶体化処理**（Solution Treatment ：ST）という．

さらにこれを急冷すると過飽和固溶体が得られる．これを**焼入れ**という．鋼のようなマルテンサイト変態は生じないから，焼入れしても硬化はしない．ところがこれを放置しておくと，過飽和固溶体から極微細な析出が起こり，転位の運動障害になるために硬化する．これを**時効硬化**（age hardening），あるいは**析出硬化**（precipitation hardening）という．

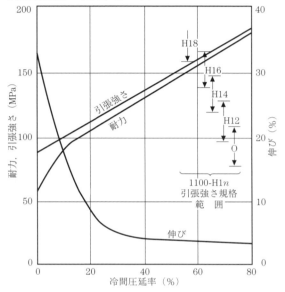

図7.3　純アルミ（1100）の冷間加工特性

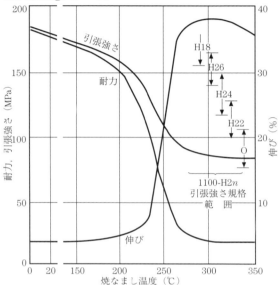

図7.4　純アルミ（1100）冷間加工材の焼なまし軟化特性

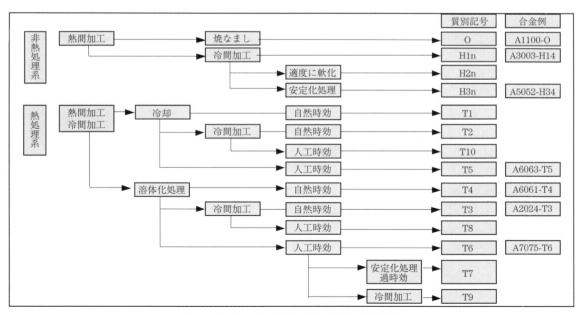

図7.5　アルミニウム合金の加工と熱処理の質別記号

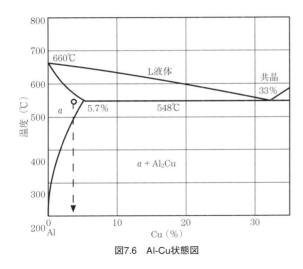

図7.6　Al-Cu状態図

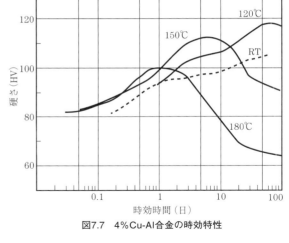

図7.7　4％Cu-Al合金の時効特性

析出物は，二人の発見者に因んで「Guinier-Preston ゾーン」，略して **GP ゾーン**と呼ばれる．光学顕微鏡では観察できない微細な集合体で，当時は X 線回折以外には確認できなかったが，その後電子顕微鏡で板状の析出物が確認された．

図 7.7 は，4% Cu-Al の時効硬化の様子を示している．室温では 2 か月経過してもまだ最大値には至らず，硬化する傾向が見られる．このように室温の時効を**自然時効**という．これに対して昇温して時効する方法を**人工時効**というが，通称これを**焼戻し**ともいう．時効温度が高いほど硬化が速くなるが，最大硬さは低下する．

最大硬さに達するのは，120℃時効で約 2 か月，150℃で 5 日，180℃で 1 日と短縮される．GP ゾーン（Al-Cu では GP1，GP2 の 2 相がある）の析出後さらに長時間時効すると，中間相（θ ' 相）を経て最終的には安定相である Al$_2$Cu（θ 相）に至る．

GP ゾーンは，アルミの母格子と一定の結晶学的関係を持つ微小間隔の整合相であるため，転位がこれを通過するには，整合相を変形するエネルギーが必要になる．中間層 θ ' が出る頃に硬さは最大になる．

それ以上の時効では GP ゾーンが消滅して θ ' が成長する．最終的な安定相 θ は非整合な大きな析出物となり，析出物間隔も広くなるため転位の通り抜けも容易になり，硬さは低下する．

また時効温度を高くすると θ ' への変化が速く，最大硬さは低下する．このように硬さのピークを過ぎるまでの時効や温度の高すぎによる硬さの減少を**過時効**（over ageing）という．T7 処理では，過時効を安定化処理として利用する．反対に適正時効時間より短いか温度が低すぎる場合を**亜時効**（under ageing）という．

鋼では焼入れで硬化し，焼戻しで軟化するが，アルミ合金の場合は焼入れでは硬化せず，焼戻しで硬化する．

GP ゾーンの析出硬化は，Al-Cu 系の他に Al-Mg，Al-Zn，Al-Cu-Mg，Al-Zn-Mg，Al-Mg$_2$Si など，他の合金にも見られる．熱処理の質別記号は，T1 から T10 まであるが，実際によく行なわれるものは次の通りである．

T3：溶体化・焼入れ後，冷間加工してから常温で自然時効する．歪み時効である

T4：溶体化・焼入れ後，十分な時間常温で自然時効する．硬さは低いが靱性，耐食性が良好である

T5：押出しなど高温加工後直ちに冷却して，溶体化処理なしで焼戻しを行なう

T6：溶体化・焼入れ後，焼戻しする

T7：溶体化・焼入れ後，高い温度で過時効する．これは析出による歪みを抑えて靱性・耐食性・耐SCC を改善する安定化処理である

(4)主な展伸材

JIS規格には，板・条（圧延）－ H4000，棒（押出・引抜）・線（引抜）－ H4040，押出形材－ H4100の他，管，箔，鍛造など成形種別によって規格がある．これらの成形の記号は『JISハンドブック（非鉄）』の付録を参照されたい．

主な展伸材の合金種別と特性をまとめて付表9（巻末）に示す．ここに掲載した数値は代表値であり，合金種別や熱処理の違いがどのように性質に影響するかを見たものにすぎない．とくに伸びや疲れ強さは，形状（板，棒，型など）や表面仕上げ状態によって変わることを念頭においてほしい．

耐食性，溶接性，ろう付け性については，A～Dの4段階評価したもので，A，Bまでは実用上問題ないが，C，Dは使用を避けるのが賢明である．この他にも加工性，アルゴン溶接以外の溶接方式の適用性などの使用目的に応じた評価が必要である．詳細は『アルミニウムハンドブック』（軽金属協会）などを参照するとよい．

① 工業用純アルミニウム（1000番台）

純度の少数点以下の数字で番号の下2桁が付けられる．すなわち，＞99.00%は1100，＞99.50%は1050，＞99.60%は1060，＞99.80%は1080，である．導電率と熱伝導率が高く，耐食性も良いので，送電用電線，熱放射材の他，日用品に至るまで用途が広い．ただし強度が低いので，電線には鋼芯を用いたり，板では高力アルミと合わせ板にするなどの方法が採られている．

② Al-Cu-Mg系（2000番台）

熱処理型高力アルミ合金である．2017はジュラルミン（Duralumin）と呼ばれ，ドイツのA.Wilmが1906年に時効硬化を発見する契機となった記念すべき合金である．

彼は，新しく世に出たばかりのアルミニウムの合金をいろいろ試作して焼入れの実験を行なっていた．CuとMgを適当量添加して焼き入れたところ強度が増加したが，測定値が不安定であった．そこで試験機が故障していると思い込み，修理に出した．修理後再び測定すると強度はさらに倍増

して，鋼に匹敵する強度が得られたのである．

Duraluminは，この特許を買い取った会社が町の名前のDurenとフランス語のdur（硬い）に因んで付けた商品名という．さらにMgを増量して強度を向上させたものが2024で，超ジュラルミンと呼ばれる．これらの合金は焼戻しなしでも硬化するため，T4処理が行なわれる．これに焼戻しの効果を生かすためにSiを添加したものが2014である．

アルミの耐食性を損なう主な元素はCuとFeである．Cuは重要な強化元素であるから，必要な悪役である．Feはダイキャストの型離れを向上させるような有益なこともあるが，悪役不純物として扱われる．したがって，ジュラルミン系の合金は耐食性が良くない．

そこで，耐食性が必要な場合には純Al（1230／2024）や耐食性合金（6003）と合わせ板（クラッド）として用いられる．また，高力アルミ合金の一般的特性として溶融溶接やろう付けが難しい．この場合はリベット締結が多用される．2117は溶体化処理のままで供給し，冷間でかしめて自然時効がゆっくり進行するように設計されたリベット用合金である．耐食性が要求されるリベット材としては，5000系の5052，5N02がある．

③ Al-Mn系（3000番台）

非熱処理系合金である．Mnは時効硬化性はないが，再結晶温度を高くし，Feを無害化して耐食性を改善する．1000系アルミよりも強度は高く，成形性も良いので，3003は容器，建材などに用いられる．1%Mgを添加した3004は強度が向上するので，缶などに使用される．

④ Al-Si系（4000番台）

非熱処理系合金である．Siは11.7%でAlと共晶をつくる．Alへの固溶度は共晶温度で1.6%あるが，常温での固溶度は小さい．高Si合金は熱膨張率が小さく，かつSi析出相が耐摩耗性を付与する．4032はこの特性を利用して，さらにMg，Cu添加により析出硬化性を加えた合金で，ピストンや耐摩耗部品の鍛造用材料として利用さ

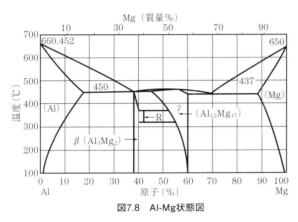

図7.8　Al-Mg状態図

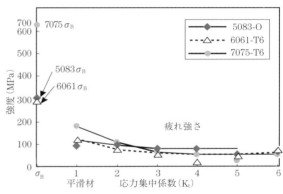

図7.9　高力アルミ合金の疲れ強さ

れている．5％ Si の 4043 は，5000 系や 6000 系の溶接用溶加材（溶接棒）や，ろう材として用いられる．

⑤ Al-Mg 系（5000 番台）

Mg が 5％未満の非熱処理型耐食合金である．**図 7.8** に Al-Mg 2 元系状態図を示す．共晶温度 450℃での Mg の固溶度は 17％あるが，常温ではほとんどない．しかし，時効硬化度が小さいために熱処理強化は期待できない．ただし，時効は皆無ではなく経年変化が起こるので，これを抑制するために約 150℃で安定化処理を行なう（H3n）．

耐食性に優れ，溶接性が良い．通称「アルマイト」と呼ばれる陽極酸化による防食や着色が容易であり，建材，鉄道車両，装飾品，カメラ，日用品など広汎な用途がある．

⑥ Al-Mg-Si 系（6000 番台）

熱処理系の耐食合金である．前述のように Mg を単独で加えても時効硬化性が小さいが，これに Si を添加すると人工時効が有効になる．Mg_2Si が Al とあたかも 2 元系になり，中間相の析出により時効硬化する．低合金でありジュラルミンほどは硬化しないが，加工性に優れるため押出し加工の製品に向いている．

6063 は建材サッシ，Cu を少量加えた 6061 は強度が要求される鉄道車両，タワーなどに用いられる．高強度で高導電率（55％ IACS）の導電材料ブスバーには 6101 がある．

⑦ Al-Zn-Mg (-Cu) 系（7000 番台）

アルミ合金中最強の熱処理型合金である．とくに 7075 は超々ジュラルミンと呼ばれ，第二次世界大戦中，日本とアメリカでそれぞれが独自に開発していたという．これは 6000 系と同様に Al と Mg_2Zn 疑似 2 元系で，人工時効により高張力鋼並の強度が得られる．ただし耐食性が悪く，応力腐食（SCC）感受性が高いため，Mn，Cr などの添加で結晶粒微細化と粒界析出物の制御が必要となる．

第二次大戦中は Cu の節約と押出性改善の研究から，Cu を省いて Mg を抑えた合金が研究され，溶接構造用合金 7N01 が生まれた．JIS のアルミ合金の番号はアメリカ・アルミニウム協会規格（AA 規格）を取り入れているが，日本独自の合金については N が記されている．

高力アルミ合金は耐食性に乏しいことだけでなく，疲労における切欠き感受性が大きいこと，水素脆性傾向を持つ応力腐食割れが起こることも念頭に置く必要がある．

図 7.9 は，7075，6061，5083 合金の引張強さと疲れ強さを比較したものである．引張強さは縦軸上に示している．7075 は 6061，5083 に比べると引張強さは 2 倍程度あるが，疲れ強さになると急激に低下して，平滑材でやや高いものの切欠きがあると差がなくなる．応力集中係数が 4 以上では，むしろ非熱処理系の 5058 よりも小さくなる傾向さえある．

このように疲労強度を問題にする用途に対して

表7.2 アルミニウム鋳物の主な鋳造方式

方式	型の価格	最小肉厚	強度	伸び	精度	後加工	欠陥	生産性	製品寸法
砂型	安	4mm	×	×	×	要	×	小ロット	大型可
金型	高	3mm	△	△	△	要	△	量産	中型
シェルモールド	中	3mm	△	○	△	不要	○	量産	中型
ロストワックス	中	2mm	△	○	○	不要	△	量産	小型
ダイキャスト	高	2mm	△	×	○	不要	×	量産	小型
スクイズキャスト	高	3mm	○	○	○	不要	○	量産	小型

は，高力アルミはその強度を必ずしも発揮してくれない．

7N01 のような Al-Zn-Mg 合金では，人工時効の前に自然時効を行なうと中間析出相が微細化して，最終硬度は自然時効なしに比べて顕著に増大する．これを **2 段時効**という．この方法はすべての合金に有効ではなく，6000 系ではかえって軟化するという逆効果もある．7N01 が溶接性が良いのは，溶接熱影響部が自然時効で硬度を回復できることによる．

(5) 主な鋳造合金

一般に鋳物は，鋳造する型や方式により特性も異なる．アルミニウムは鋳造製品の幅が広く，いろいろな鋳造方式で製造される．**表7.2**は，主な鋳造方式の特性を比較したものである．

砂型は少数のロットからかなりの数量までの生産が可能で，型の価格は雄型である木型代が支配する．ただし，製品の強度・延性が十分に出ないこと，鋳肌が荒いこと，鋳造欠陥も出やすいことから，量産するなら金型を使用したほうがよい．

金型は型製作費が高いので量産向きである．強度や伸びは砂型よりも高い．鋳肌がきれいなこと，砂に起因する欠陥（砂噛み，型のくずれ「洗われ，すくわれ」，型からのガス発生，砂の焼付など）がなくなるなど有利な面がある．ただし，内部欠陥である気泡や引け巣は，溶湯の脱ガス処理，鋳造方案などにより低減させる努力が必要である．

シェルモールドは，金属製の雄型（パターンプレート）上に珪砂と熱硬化性樹脂を加えた造形材を 10mm ほど盛って焼き付け，これを剥がして熱硬化させたものを雌型にする．通気性が良く，気泡ができないこと，鋳肌がきれいなこと，生産性が良く量産ができることから，精密鋳造法の一つとして普及している．ただし，高温鋳造を要する耐熱金属，鋳鋼などや大型品には向かない．

ロストワックスは，蠟(ろう)の雄型に耐火性のある衣をかぶせて化学反応で固化した後，ろうを溶かし出して空洞をつくり，雌型にする方法である．型抜きが不要なので，高精度で複雑形状の精密鋳造が可能である．超硬合金や複雑形状など，機械加工の不可能な製品に向いている．ただし，大型の製品には適用できない．

ダイキャストは，金型（ダイス）に溶湯を圧力をかけて注入し，凝固させる専用鋳造機を用いた精密鋳造法である．以前は，印刷活字の製造に用いられた（活字合金：3Sn-17Sb-Pb 合金）．現在ではアルミ合金の他に，マグネシウム合金，亜鉛合金など広く適用されている．

アルミ合金では，型離れを良くするために不純物である Fe を故意に添加するので，一般の鋳造合金とは別のダイキャスト用合金が規格化（H5302，ADC）されている．ダイスには空気が巻き込まれやすく，鋳物内部に大きな気泡ができやすい．そのため，加熱するとこれが「ふくれ」（**ブリスター**）になるおそれがあり，熱処理はできない．

スクイズキャストは，ダイキャストと同様に高圧で溶湯を金型に注入するが，凝固後まで加圧して鍛造効果を加える方法で，「溶湯鍛造法」という．電磁ポンプで湯を高圧にして充填し，低速で押し込むと空気の巻き込みもなく凝固するので，強度や靱性に優れ，熱処理も可能な製品ができる．また，あらかじめセラミックスなどの強化繊維を金型にセットしておくと，金属基複合材（Metal Matrix Composite：MMC）の製造も可能である．

次に，**付表 10**（巻末）に示す主な鋳造合金 (JIS H 5202) を見ていこう.

① Al-Cu (-Mg)系（AC1A，B）

図 7.6 で見たように 4.5% Cu 合金は，固相線と液相線の間が広く α 初晶のデンドライトが凝固すると液相の充填が不十分になり，微細な巣ができやすい. 溶湯中の水素はここに集まって気泡になる. また凝固部が収縮すると，未凝固部に割れを生じやすい（高温脆性）. これを防止するために Si や Ti が添加される. この系はジュラルミン型の高力合金であり，T6 処理される.

鋳物は展伸材に比べると肉厚である. そのために溶体化処理では十分な時間が必要となる. 2017 では溶体化時間は 1h 以内で十分であるが，AC1A では肉厚にもよるが 10h 程度を要する. 溶体化で温度を上げすぎると部分溶解が生じ，これが焼入れ時の焼割れとなることもあるので注意が必要である. この合金は，航空機，自転車などの強度部材として使用される. 耐食性は悪い.

② Al-Cu-Si 系（AC2A，B）

別名ラウタールともいう. 先の Al-Cu 系に Si を添加して，鋳造性を改善した熱処理型合金である. Al_2Cu とわずかに加えた Mg_2Si の中間相析出で時効硬化する. 強さもあり，溶接性も良い. エンジンのシリンダヘッド，クランクケースなど車の部品として使用される.

③ Al-Si 系（AC3A）

別名シルミンという非熱処理系合金である. 展伸材 4032 と同様の 12% Si 共晶で，熱膨張率が小さい. Si の含有は湯流れを良くし，割れが生じないので，比較的大きな製品，ケース・カバー，ハウジングなどに用いられる. 肉厚で凝固速度が遅いと共晶 Si が板状に析出して強度や伸びが低下するので，Na や Sr を微量添加して共晶を微細化する. これを**改良処理**という.

この合金は，ADC1 としてダイキャスト合金にも規格化されている. ダイキャストは冷却速度が速いので，改良処理は不要である.

④ Al-Si 系（+Mg：AC4C など）（+Cu：AC4B）

鋳造性の良いシルミン系を亜共晶 Si にして靱性を向上させ，Mg や Cu で強化した熱処理型合金である. Mg を用いて Mg_2Si の中間相析出による時効硬化をねらったものが AC4C である. 析出する共晶の微細化に改良処理が行なわれる. ただし，不純物 Fe があると靱性が損なわれるので，Fe を規制したものが AC4CH で，車のアルミホイールなどに使用されている. この合金は鋳造性が良いので，ダイキャスト用には ACD3 がある.

一方，Cu で強化した合金が AC4B である. クランクケースやシリンダヘッドなどに用いられるが，この系も ADC10，ADC12 として，ダイキャストに広く用いられる.

⑤ Al-Mg 系（AC7A など）

別名ヒドロナリウム，略して「ヒドロ」と呼ばれる非熱処理系合金である. 耐食性とくに耐海水性に優れ，強さもある. とくに靱性，延性に富む合金である. ただし鋳造性が悪く，巣ができやすい. 巣が多くなると引張強さは低くなり，伸びも減少する. 衝撃を受けるような部品，たとえば車両のパンタグラフ，架線金具などに多用されている.

⑥ Al-Si-Cu-Ni-Mg 系（AC8B，AC9B など）

別名ローエックスと呼ばれる. これは，熱膨張係数が小さい low extension に由来している. Si を多量に含有した過共晶合金をベースに，Cu，Ni，Mg で強度と耐熱性を付与した熱処理型合金である.

アルミ合金の熱膨張係数は，巻末・付表 2 にあるように約 23×10^{-6}/℃ であり，鋼（13×10^{-6}/℃）など，他の金属に比べて大きい. たとえば，切削加工で温度が上昇したアルミ合金の寸法を鋼の物差しで測ると，常温での寸法に狂いが出る恐れがある.

また，アルミ部品を鋼ボルトで常温で締め付けて温度が上昇するとどうなるか. 被締付け体であるアルミのほうが膨張するため，締付け力が過大になって座面陥没を起こす. これが常温に戻ると，ボルトの緩みとなる.

このように熱膨張の違いは，アルミ合金を使用する場合に常に心がけなければならない．

ローエックスの熱膨張率は，低いといっても $19 \sim 20 \times 10^{-6}/℃$ 程度で，黄銅なみ，鋼にはまだかなり差がある．この合金は，摺動運動体として軽量と耐摩耗性が求められる熱機関のピストンなどに用いられる．

7.3　マグネシウム合金

(1) 地金の製造方法

表7.1 に示したように，マグネシウムは軽量金属の御三家中最も軽い金属である．地金は日本では製造されておらず，100％輸入である．主な輸入国は価格の点から中国が圧倒的で，2000年の統計では輸入量3万8200tのうち80％の3万500t，次いでノルウェーが15％の580tとなっている．この他にダイカスト用地金8600t，粉末3800tなどがあり，総量5万t以上が原料として輸入されている．

マグネシウムの埋蔵量は実質的には無尽蔵といわれ，地殻組成の2.1％，海水中には塩化マグネシウムとして1.3g／L含まれる．$MgCl_2$ はにがり成分として豆腐の凝固剤などにも使用されている．地殻にあるものはドロマイト（$MgCO_3$・$CaCO_3$），マグネサイト（$MgCO_3$）と炭酸塩になっており，これを焼いてマグネシア（MgO）にする．

その後の精錬には，アルミと同様の溶融塩電解法とフェロシリコンを用いた真空熱還元法（ピジョン法）がある．前者は $MgCl_2$ にして溶融し，穴の空いた鉄陰極（鉄と反応しない）の上方へ比重差で浮遊してくる Mg を捕集する．後者では還元された Mg 蒸気を冷却捕集するもので，高純度の地金が得られる．

新塊や再生塊の溶解は，鉄と反応しないために鋼製のるつぼ炉が使用できる．ただし酸化しやすいため，フラックスや不活性ガスで酸化防止することが必要である．

(2) マグネシウムの特性

マグネシウムは最も軽いというだけではなく，他と異なる特異な性質がある．

・**耐食性が悪い**：耐食性は Fe，Cu，Ni など Mg より貴な不純物がある場合に悪く，純度が高いと耐食性は向上する．電位列で卑にあることを逆に利用したものが犠牲陽極である．海水中で鋼の防食に使えば，元来は海水中に存在する物質であり，溶解しても環境を汚染することがない．この場合は純 Mg が使用される．

・**冷間加工性が悪い**：結晶構造が Al のような立方晶でなく，稠密六方晶であるために，常温ではすべり系が限定されて加工硬化率が fcc よりさらに大きいために展延性が良くない．ただし，高温では他のすべり系が働き，加工が容易になる．この特徴を生かして耐熱軽量合金が考えられた．希土類元素（Rare Earth Element: RE）Ce と La を主成分とするミッシュメタルに Zr を添加した合金である．JIS では鋳物（H 5203）の MC8，9，10 の系列がそれに相当する．

T6 あるいは鋳造のまま T5 処理が可能で，250〜300℃でアルミ合金並の強度が得られる．これは $Mg_{12}Ce$ の析出物が高温でのすべりを抑制するためである．エンジン部品などに適用される．

・**制振性が高い**：通常，制振効果は重いほど有効であるが，軽量で制振性があるところが特異な点である．すべり系が限定されて転位が動けず，外からの振動は転位振動の内部摩擦により熱エネルギーに変換される．

・**電磁シールド特性が良い**：広帯域の周波数に対する電磁シールド特性が良いため，従来のプラスチック系ノートパソコン筐体（きょうたい）に対してマグネシウムを適用したのが脚光を浴び，その後携帯電話，ビデオカメラなどに急速に普及した．成形品の70％がこれらの電子機器類に向けられている．

・**耐くぼみ性が良い**：表7.1 に見られるようにヤング率がアルミよりも小さい．このことは外からの衝撃力に対して柔軟であり，打痕が付きにくいことを示している．この特性は，旅行用トランクのフレームやコンテナケースなどに応用されている．

・**発火点が低い**：Al，Ti も活性金属であるが，表層が不動態化されて耐食性が良い．Mg は意識的に陽極酸化でもしなければ，大気中では酸化しやすい．切削性は良いが比熱が小さいため，切り屑が細かいと発熱して燃焼する危険性がある．アルミは溶かしても表面が酸化されて発火する危険性はないが，Mg は 400℃ 以上の熱処理や溶解時は，不活性ガスや真空，あるいは $MgCl_2$ フラックスなどで溶湯を被覆する必要がある．

・**熱膨張率が大きい**：熱膨張率はアルミ合金よりも大きいから（表 7.1），他の低膨張率金属と組み合わせる場合は，アルミ以上に注意が必要である．

マグネシウムの 2000 年の用途を見ると，最大の使用はアルミ合金の合金添加材で総需要の 65％ を占める．残りの 35％ のうち，マグネシウム合金として使用されるのはダイカストが 13％，粉末を利用した射出成形（**チクソモールディング**）が 11％，その他は球状黒鉛鋳鉄の接種用，陰極防食用となっている．

合金の用途が限られているだけに，リサイクル率もほぼ 100％ という．再生マグネシウムは，新塊の 4％ のコストで済む．

(3)合金の種別

展伸材としては，JIS H 4201（板），H4202（管），H4203（押出棒），H 4204（押出形）がある．主な用途は航空機などの構造材であるが，前述のように主な製品は鋳造品，とくにダイカストであるので，ここでは鋳造用合金について述べる．

最初の合金は，1909 年ドイツの G.Electron が発明した Al-Zn 系で「エレクトロン合金」と呼ばれ，マグネシウム合金の代表格であった．

図 7.8 の Mg 側状態図を見ると，Al 32 質量％，437℃ に共晶があり，Mg 中の Al の最大固溶度は 12 質量％ である．この溶解度は 100℃ ではわずかであり，Al が 12 質量％ 未満の合金は単相固溶体になるはずであるが，徐冷すると Al が多い場合共晶（鋼と同様の層状パーライト組織）も生成し，

初晶との間に巣ができる．そこで急冷が必要となるが，時効硬化が発生して強度が向上する．

鋳造合金には，Al-Zn-Mn 系の MC1, 2, 3, 5（H 5203 砂型，金型鋳物），MD1（H 5303，ダイカスト），Al-Mn 系の MD2（H 5303，ダイカスト），それに先の RE を用いた耐熱用鋳物がある．鋳物では，T4，T5，T6 の熱処理が行なわれるが，アルミの場合と同様にダイカストは熱処理しない．主な合金の成分と機械的特性を**付表 11**（巻末）に示す．

最近は，ダイカストよりも寸法精度が良く，より薄肉の成形が可能な射出成形法チクソモールディングが普及している．これは粒径 3 〜 8mm の Mg 合金粒状チップを半溶融状態で金型に射出して加圧成形する方法である．

さらに注目されているのはプレス鍛造法で，300℃ 以上に加熱した合金板を鍛造と同時にプレス成形するもので，MD プレーヤーケースなどに適用されている．

2000 年の段階で，成型法のシェアはダイカスト 60％，チクソモールディング 35％，プレス鍛造 5％ となっており，今後さらにマグネシウム合金は，成形新技術が開発されると共に需要も増えていくと思われる．

7.4　チタン合金

(1)チタンの精錬

チタンもクラーク数の比較的高い元素で，海岸の砂にも砂鉄に次いでかなり含まれている．しかし，活性な金属であるため酸素との結合が強く，工業的精錬が確立されたのは 1940 年に W．Kroll が開発した 4 塩化チタンを Mg で還元する方法の発明以降である．**図7.10**にクロル法の概略を示す．

主な鉱石は，鉄を含んだイルメナイト（$FeTiO_3$）と高品位のルチル（TiO_2）であるが，後者は資源が乏しく前者から鉄分を除去した合成ルチルが製造されている．これを原料として，コークス粉末とともに塩化炉に投入し，塩素ガスを吹き込み，4 塩化チタン（$TiCl_4$）にする．

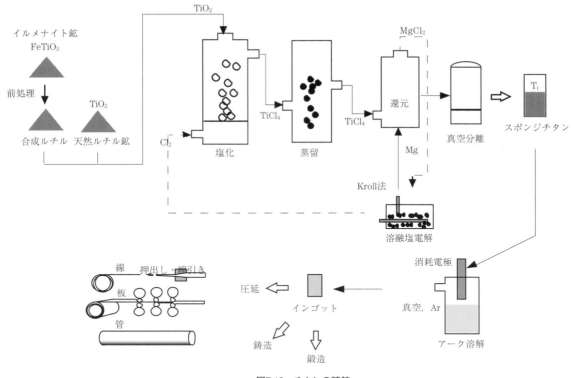

図7.10　チタンの精錬

蒸留精製した純 $TiCl_4$ を高温不活性雰囲気で溶融 Mg と反応させると，多孔質の固体チタンが得られる．これをスポンジチタンという．Mg のほうは比重の大きい $MgCl_2$ になるので，反応器の底に溜まり回収される．これは Mg の精錬と同じ溶融塩電解で再度 Mg と Cl_2 に分離され，前の工程に送られリサイクルする．チタンの精錬は，日本では現在 2 社しか行なっておらず，他はスポンジチタンを海外から調達している．

スポンジチタンは粒状に粉砕されており，これを電極に固めて消耗電極として真空アーク溶解したり，真空電子ビーム溶解，高周波溶解などにより，合金化も行なう．

チタンは融点が 1668℃ と高いこと，溶融状態では活性であることから，精錬のみでなく溶解も難しい金属である．こうして溶製されたインゴットを，加工しやすい高温の β 相領域で圧延・鍛造してスラブやビレットを製造，さらに板，管，棒などの最終製品形状にする．

(2) チタンの特性

チタンは多様な合金があり，それにより特性が異なるが，ここでは一般的な性質を列挙しよう．

・**鉄と同様な同素変態がある**：常温では最密六方晶（hcp：α 相）で塑性変形が難しいが，882℃以上では体心立方晶（bcc: β 相）に変態するため，加工性が良い．ただし，常温の α 相はマグネシウムに比べると扁平な hcp（c 軸／a 軸が小さい：図 3.2 参照）で，すべり変形の他に双晶変形も生ずるため，加工はマグネシウムよりは容易である．

前述のように，マグネシウム製品は鋳造品が多いのに対して，チタン製品は展伸材が多い．また，変態を利用した熱処理が可能である．β 相からの焼入れでマルテンサイト変態も起こる．

・**耐食性に優れている**：活性金属でありながら，耐食性はアルミ合金より抜群に良い．これはステンレス鋼と同様に，表面に不動態皮膜が形成されるからである．ステンレス鋼と異なり Cl^- には強

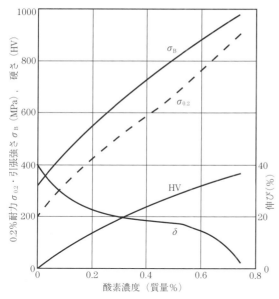

図7.11　Tiの機械的性質に及ぼすOの影響（Jaffeeら）

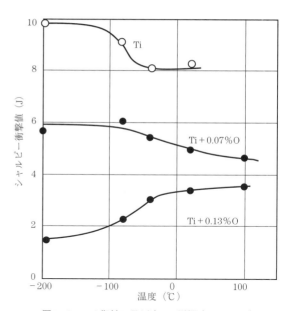

図7.12　Tiの靭性に及ぼすOの影響（Jenkinsら）

く，海水を使用する冷却装置や淡水化装置などに使用される．ただし，塩酸，硫酸などの非酸化性酸には強くない．

・**生体への適合性が良い**：Ni や Co 合金はアレルギーを引き起こす場合があり，動物実験で発癌性の疑いも指摘されている．Au は耐食性の観点から歯科で使用されてきたが，関節などへの適用には強度が不足する．Ti 合金は耐食性，強度も十分で，生体適合性にも優れた材料であるため，人工関節，歯など体内への植込み材料（implant）として使用されている．

・**耐熱性が良い**：他の軽金属 Al，Mg に比べて熱膨張係数，熱伝導率，導電率が低く，ステンレス鋼なみである．同時に融点が高く耐クリープ性に富むことは，宇宙開発でのロケットエンジンや機体外板などに有望視された．

・**侵入型の不純物により低温脆性を生ずる**：侵入型で α 相に固溶する H，O，N は，機械的性質に著しい影響を及ぼす．強度は上がるが，延性・靭性が低下する．

図7.11，**図7.12**に，酸素の影響を示す．低温でのシャルピー衝撃値の変化から，高純度チタンは低温で靭性が上昇するが，酸素が0.1％以上

入ると逆に低温脆性を示すことがわかる．

・**水素脆性を生ずる**：水素は α 相には 150℃以上で侵入型としてかなり固溶するが，常温では固溶度が激減する．そのため，徐冷すると水素化物 TiH_2 が粒界や特定の結晶面に板状で析出して脆化を引き起こす．

以上，長所短所の特徴を見たが，2008年の統計では，チタンの最大の用途は酸化物（TiO_2）として顔料，光触媒向けが90％を占めている．金属材料としては展伸材10％程度に過ぎない．その内訳は，純チタンがおよそ90％（発電機器・熱交換器37％，科学装置・電解20％，医療分野9％，自動車8％－増加傾向あり），残りの10％が合金で航空・宇宙，自動車，民生品・スポーツ用品などとなっている．

(3)合金の種別

チタン合金の2元状態図は，大別すると次の4種類がある．

・**$\alpha-\beta$ 全率固溶体型**：Ti と周期律表で同族 IVa の Zr，Hf は性質が類似しており，高温ではどの組成でも β 相単相，低温では α 相単相になる．

添加により強度は増すが実用合金としては使われていない.

・**α安定型**：Al, Sn の添加で, α相の領域が広くなる. Al は, **図7.13** に示すように強度を著しく上昇させる. これが実用高力合金のベースとなった. Ti-Al の状態図は不明確な部分があるが, Al が 7% 以上になると Ti_3Al が析出して靭性が失われる. そこで Al は 6% 以下とし, 他の元素を添加して 3 元系, 4 元系の合金が生まれた.

α安定型の Sn を添加した Ti-5Al-2.5Sn 合金は, 低侵入型元素 (Extra Low Interstitials: ELI) 級では高温だけでなく, 極低温でも靭性のある合金として超伝導関連のクライオスタット (冷凍器) などに使用される. さらにこれに β安定化元素をわずか添加して純チタンの持つ高温特性を生かした合金を「準α合金」(near α alloy) という. これらの合金はα型チタン合金として分類される.

・**β安定型**：これには 2 種類あり, 一つはα領域が Ti 側に限定され, β領域が全率まで広がった「β全率固溶体型」である. 合金元素としては, V, Mo, Nb, Ta などがこのタイプになる.

もう一つは, Fe-C 状態図のように共析変態を生ずる「共析型」である. これには Cr, Mn, Fe, Co, Ni, Cu, Si などがある.

β安定型元素を添加すると, α／β変態点が下がりα＋βの 2 相域が常温でも安定になる. この 2 相合金をα＋β型チタン合金と分類する. この系列では, 先の 6% Al にβ安定化元素 V を 4% 加えた Ti-6Al-4V 合金, 通称 6-4 合金と呼ばれるものが, 強度・耐食性・加工性・溶接性のバランスが良く, 最も広く使用されている.

これより強度は下がるが, 冷間加工性を向上させた Ti-3Al-2.5V 合金も用途が広い. 6Al-4V 合金は, TAP6400 (E), ただし E は ELI の場合, 3Al-2.5V 合金は, TAP3250 (管では TAT3250) である. 身近なところでは, 眼鏡フレーム, ゴルフのクラブヘッドなどがある.

α＋β型合金は熱処理強化ができるのが特徴である. β相領域で分塊鍛造 (鋳造組織を微細化す

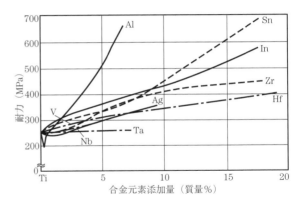

図7.13　αTi の強さ (耐力) に及ぼす合金元素の影響

る) し, α＋β領域で熱間加工, さらに溶体化して焼入れ 500℃ 付近で時効すると, β相から微細なα相が析出して硬化する.

準α合金やα＋β型合金は数 μm 以下の微細結晶にすると, **超塑性** (super plasticity) 加工ができる. 6-4 合金のシートでは, 微細化した後 900℃ で低ひずみ速度の変形を行なうとかなり複雑な形状のプレス成形ができるという.

β型の合金は, 全率固溶型元素をかなりの量加える必要がある. Mo はβ安定化元素であると同時に, 耐食性向上にも役立つ. Ti-15Mo-5Zr 合金 (15-5 合金) はチタン合金中でも最強である. この系列の合金は bcc であるので加工が容易で, 熱処理強化もできる. 特殊な例としては, 極低温での超伝導材料として使用される Ti-Nb 線がある.

共析型のβ安定化元素 Ni については, Ni-Ti 金属間化合物が「超弾性・形状記憶合金」として知られている (Chapt.9.1 参照).

チタンとその合金は開発途上にあり, JIS 規格も新規登録や廃棄がたびたびある. 2012 年改訂時点での規格を **付表 12** (巻末) に示す. 1 ～ 4, 11 ～ 23 種がαチタン, 50 種が near α合金, 60 ～ 61 種がα＋β合金, 80 種がβ合金となっており, 種類が多く, 飛び番号もあるなど, 整理されてはいない.

Chapter 8 　導電性材料

電気を良く通す材料の代表は，銀，銅，金，アルミニウムである．これらはいずれも貨幣材料（この他にニッケル）でもあることは興味深い．金や銀は貴金属であるため，工業的には接点材料に少量使用される程度である．これに対して，銅やアルミニウムは安価であり，純金属で大量使用されることが多い金属である．アルミニウムについては Chapter.7 で述べたので，ここでは銅とその合金について詳述する．

8.1　銅とその合金

（1）純銅

銅は日本でも産出し，各地に銅山が開発されて採掘と精錬が行なわれていた．江戸時代には世界でも有数の産出国として，主要な輸出品目でもあった．近代に至って鉱毒による公害問題が起こり，さらに大量の需要は賄いきれず，閉山が相次いだ．現在はチリなどからの輸入に頼っている．

銅の精錬過程を**図8.1**に示す．硫化銅や酸化銅の銅鉱石をまず焙焼炉で焼き，ある程度 S を除いた後，溶鉱炉あるいは反射炉で銅が20 〜 40%のマットに溶製する．これを転炉で酸素を吹き込み，脱硫して粗銅として板に鋳込む．

この板を陽極にして電解し，純銅の種板陰極に電着させたものを**電気銅**と呼び，銅材料の地金にする．また電解では不純物や水素が入るので，これを反射炉などで除いたものを**タフピッチ銅**

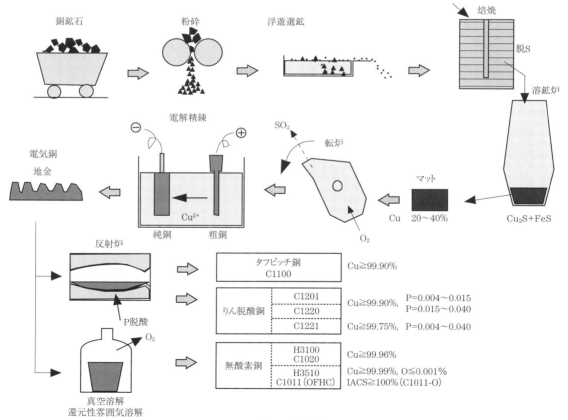

図8.1　銅の精錬

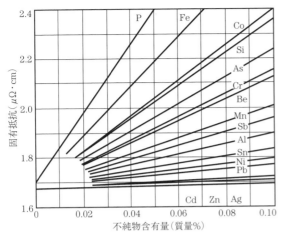

図8.2　銅の固有抵抗に及ぼす不純物の影響

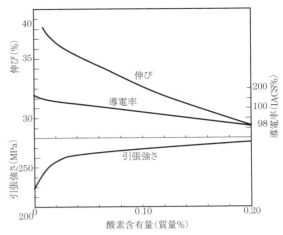

図8.3　銅の機械的性質と導電率に及ぼす酸素の影響

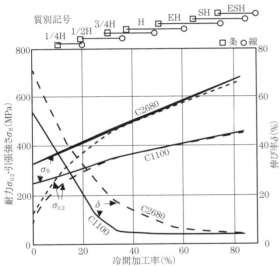

図8.4　冷間加工による銅合金の機械的性質の
　　　変化と質別記号

(C1100) という.

　銅は導電率も展延性も良いが，酸素が Cu_2O の形で粒界などに残る．そのため，ろう付けなど高温時に水素が入ると「水素脆性」(Chapt.13 参照) を引き起こす．これを避けるために P を脱酸剤として溶製した**リン脱酸銅**（C1201，C1220）がある．ただし，これは P により導電性が低下する．

　図8.2 に，導電率の低下に及ぼす不純物の影響を示す．P, Fe, Si などはとくに導電率を悪くする不純物である．半導体が登場する以前，真空管が電子機器の主な素子であったが，酸素を含む銅では真空度が悪くなり，機能低下が早かった．そこで，真空中や還元性ガス中で溶解した「無酸素銅」が開発された．**図8.3** に示すように，酸素濃度が低いほど導電率は良くなる．JIS では H3100（銅及び銅合金）の C1020 と H3510（電子管用無酸素銅）の C1011 がある．前者は，Cu ≧ 99.96 ％のみ規定．後者は Cu ≧ 99.99 ％，酸素濃度 O ≦ 0.001 ％と高純度で，導電率も質別によるが，IACS ≧ 100 ％などが要求され，別名 **OFHC**（Oxygen Free High Conductivity）**銅**と呼ばれる．

　これらの純銅材料は，展延性，耐食性，電気伝導率，熱伝導率などが良好という特徴を生かして，板，棒，線に圧延・伸線加工して使用される．導電材料としては電線が主な用途であるが，熱伝導と耐食性を生かした製品としては，熱交換器などの大型装置から日用品の鍋に至るまで広範囲の用途がある．

　純銅の強度は最終の冷間加工率によって決まる．**図8.4** は，タフピッチ銅（C1100）と 65：35 黄銅（C2680）の冷間加工による機械的性質の変化である．

　図の上に加工率に対応する質別記号を示した．O は焼なまし，1/4H，1/2 H（半硬質），3/4H，H（硬質），EH（特硬質），SH（ばね質），ESH（特ばね質）の順に硬くなる．□は条材，○は線材の場合である．

(2)高銅合金

純銅の場合，加工硬化による強化には限界がある．また，温度が上昇した時の強度不足など，電線としての特性が不十分な場合がある．そこで，少量の合金元素を添加して改善をはかったのが，「高銅合金」あるいは「銅基希薄合金」といわれるものである．添加元素としては，Ag，Sn，Fe，Cd などがある．鉄道電車線のパンタグラフに接して電力を供給するトロリー線は，銀入り銅線，錫入り銅線などが使用されているが，合金添加量は Ag = 0.1 ～ 0.2%，Sn = 0.3％程度である．

図8.5 は，銅合金の引張強さと導電率の関係を示している．とくに右側の導電率の高い合金群が高銅合金である．Cu に比べて Cu-Ag などわずかの合金添加で，導電率を下げずに強度が2倍以上も向上することがわかる．

さらに**図8.6** を見よう．これは温度が上昇した時の高銅合金の硬さ減少傾向を見たものである．急激に硬さが下がる温度を**再結晶温度**という．これは冷間加工で増殖した転位が消滅し，微細化していたサブ組織が再結晶して粗大化し始める温度である．しかし，高銅合金では時効処理で析出した微細析出物が転位をブロックして再結晶を抑

制するため，図に見られるように再結晶温度が上昇する．

最近の電車では，停止時にも空調などの大きな電流がパンタグラフに流れるので，接触抵抗のジュール熱でトロリー線の温度が上昇する．耐熱性向上をはかる一方で，熱発生を抑えるには導電性を犠牲にはできない．さらに列車が高速になるとトロリー線の波動伝播速度が問題になり，高張力が要求される．耐熱性，導電性に加えて高強度を満足する高銅合金が適用された所以である．

(3)銅合金

青銅，黄銅，丹銅，白銅など銅合金には色の名前が付いたものが多い．中国では非鉄金属を「有色金属」というくらいで，とくに金，銀，銅，アルミニウムなどは独特の色調を持つ．これらの金属が電気の良導体であることは偶然ではない．

可視光線は金属の自由電子によって反射されるから，自由な電子が多い電気良導体は光の反射率が高い．しかも特定の波長の光を吸収するエネルギー準位で電子が高い準位にジャンプすると，それが元に戻る時にその波長の光が放出される．金は黄色，銅は赤色の波長なのである．鉄はすべて

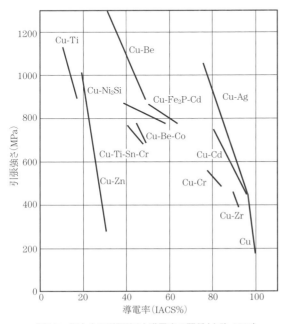

図8.5　銅合金の引張強さと導電率の関係（山路,1964）

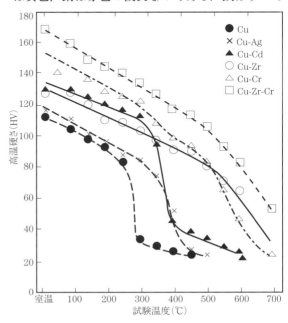

図8.6　希薄銅合金の高温硬さ（丸田,1963）

の波長を一様に吸収して熱エネルギーに変えるので反射率が低くなり，鈍い光沢になる.

純銅・黄銅・白銅の板や条は JIS H 3100，押出・引抜棒は JIS H 3250，銅・青銅・黄銅の鋳物は JIS H 5120，リン青銅・ベリリウム銅は JIS H 3270 を参照されたい. 代表的な合金種別を**付表13**(巻末)に掲げる.

① スズ青銅(bronze)

単に青銅といえば Cu-Sn 合金であるが，青銅という名称は他にもあってまぎらわしいので，Cu-Sn 系を**スズ青銅**として区別する.

中国では紀元前 2000 年以前の青銅器が黄河や長江流域から出土しており，人類が最初に手にした金属といえよう. 耐食性が良いために，古代の繊細な鋳造品が今に伝えられている. その後，中世ヨーロッパの鐘(bell bronze，Sn：18 ～ 23%)や砲金(gun metal，Sn：8 ～ 12%)，奈良の大仏(Sn：1.5%)などの鋳造品に応用された.

軟らかいスズなのに 10% も加えると，冷間はもちろん熱間加工も困難になるため，展伸材としてなら安価な Zn との合金である黄銅が用いられる. したがって，現在でも鋳造品が主な用途で，JIS には青銅鋳物として 7 種類がある. Sn：3 ～ 10%，鋳造欠陥防止と脱酸のために Zn：1 ～ 12%，被削性改善のために Pb：1 ～ 7% 添加している.

砲金という名称は JIS にはないが，成分からいえば CAC402(旧 BC2)，CAC403(旧 BC3)がそれに相当する. 商業的には，もっと広く青銅鋳物を指して「砲金」と呼ばれている.

② リン青銅

8% Sn 青銅に P をわずかに(0.03 ～ 0.35%)加えると展伸性が良くなり，高強度で弾性が出るので電気接点のばねなどに使用される. 鋳造も可能で耐摩性が良いので，軸受，スリーブ，摺動材などに用いられる.

③ アルミ青銅

Cu-Al(≦ 15%)合金をいう. 展伸，鋳造ともに可能である. Cu-Al2 元合金状態図を図8.7 に示す. この図の左側は銅合金として利用するから，左側の主元素 Cu 側から α，β…と名付ける. Al 合金の場合はこの図を左右変えて Al を左にするので，Al 側の固溶体を α と呼ぶことは，ジュラルミンの析出時効硬化で説明した.

中間にある δ，ε，ζ，η，θ 相は実用的利用価値のない領域であり，命名が Cu 側からの順番となっている. 12 質量% Al，565℃ に β 相から Cu 側の α と γ の析出する共析変態があるが，この反応がきわめて遅いため，空冷でも過冷が起

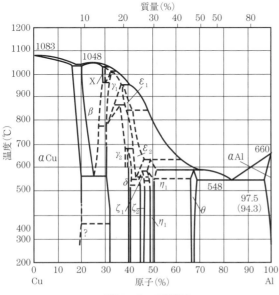

図8.7　Cu-Al状態図

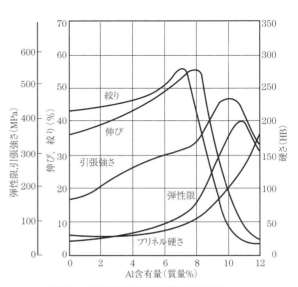

図8.8　アルミ青銅の機械的性質とAl含有量

こってマルテンサイト変態で β' が析出する.

図8.8 に，Al 含有率と機械的性質の関係を示す. 8％で延性が良いのは，Cu と同じ結晶構造 fcc の α 単相であることによる. 10％で強度が出るのは，マルテンサイト変態により α + β' の混合組織になるためで，スズ青銅より高強度が得られる. 加工性，耐食性も良いため，各種機械部品や屋外電気部品として使用される.

ただし，肉厚の鋳造品など徐冷されると，結晶粒の粗大化とともに硬い γ 相 CuAl₂ が現われて脆化する. これを**自己焼なまし**（self annealing）あるいは**徐冷脆性**という. さらに Fe, Ni, Mn などを数％加えると時効硬化を示すようになるため，焼入れ焼戻しによる熱処理が可能となる. これを「特殊アルミニウム青銅」と呼ぶが，JIS のアルミ青銅鋳物はすべてこれである.

④ 黄銅（brass）

Cu-Zn 合金で，ローマ時代から使用されていたという. 江戸時代には**真鍮**（しんちゅう）と呼ばれ，「寛永真鍮銭」という貨幣にも使用されていた. 現在の 10 円玉は 5％ Zn で，赤みがかっているので**丹銅**（Zn < 10％）と呼ばれる.

図8.9 に Zn 含有量と機械的性質の関係を示す. Zn30％の 70-30 黄銅は fcc の α 単相で軟らかく，伸びが大きいため展伸向きである. 強度は冷間加工で得られ，純銅と同じ質別記号で表わす.

冷間加工後の焼なまし温度と引張強さの関係を，図8.10 に示す. 再結晶温度直下の 200℃ 付近で強度が上昇する現象が見られる. これは**低温焼なまし硬化**と呼び，ばね特性の向上に利用されている. この現象は，アルミ青銅やリン青銅などでも現われる.

Zn40％の 60-40 黄銅は bcc の β 相が現われ，強度が高くなる. 冷間展伸には向かないので 500 ～ 600℃ の高温での押出加工などを行なう. 切削加工を容易にするために，Pb を添加した快削黄銅はねじなどに利用される. 導電率と熱伝導率は Zn の増加とともに Zn20％まで低下し，40％までは一定，β 相が出る 40％以上で上昇する.

冷間加工した黄銅には，大気中で割れる「応力腐食割れ」（Chapt.13.5 参照）の現象がある. これはわずかのアンモニア雰囲気があると粒界に侵入拡散して，残留引張応力により粒界割れを引き起こすもので，**時期割れ**（season cracking）と呼ばれている. この粒界脆化の感受性評価には，アンモニアガス中に 2h 暴露して割れが生じないか検査するアンモニア試験法がある.

⑤ ベリリウム銅

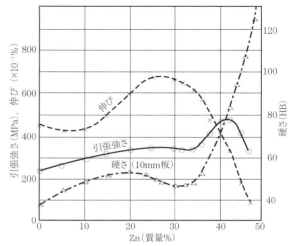

図8.9　黄銅の機械的性質とZn含有量

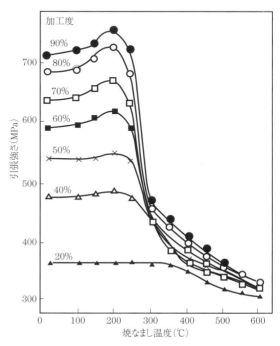

図8.10　70-30黄銅の焼なましによる硬化と軟化

表8.1　主な接点材料の特性

材料	導電率 IACS%	硬さ HV	融点 ℃	接点種別	特徴	用途
Au（めっき）	75	25～65	1063	固定	耐食	電子部品コネクタ
Sn（めっき）	16	8	232	固定	接触面積大	ブズバー継手
Ni（めっき）	25	130～250	1453	固定	耐酸化，耐食	ブズバー継手
70Pt-Ir	5	280～400	2250	可動	耐衝撃，耐食，耐アーク	ガバナ接点
Ag	106	25～45	961	可動	低接触抵抗，硫化しやすい	リレー，スイッチなど
40Pd-Ag	4	100～180	1237	可動	耐硫化性改善	リレー，スイッチなど
90Ag-Cu	82～98	43～113	1052	可動	酸化，摩耗に強い	リレー，スイッチなど
87Ag-CdO（焼結他）	73	65～130	1233	可動	耐溶着，耐消耗	遮断機，ブレーカ
95Ag-C（焼結）	60	30～50	1234	可動，摺動	自己潤滑	ブレーカ，ブラシ
65Ag-W（焼結）	75	90	1230	可動	耐消耗，耐溶着	遮断器
Fe-Cr-Pb-MoS$_2$（焼結）	8	100		摺動	自己潤滑，耐摩耗	パンタグラフすり板
Cu-Fe-Sn（焼結）	6	60		摺動	自己潤滑，耐摩耗	パンタグラフすり板
C（グラファイト）	0.1	730	3973	摺動	自己潤滑，耐溶着，耐アーク	ブラシ，パンタグラフすり板

図8.5の左側（IACS＜60％）にある合金は，時効硬化の可能な合金である．このうち Cu-2％ Be 合金は最も高い強度を示す．Be は 864℃で Cu 中に最大 2％固溶するが（α固溶体），その溶解度は温度の低下とともに急減するので，Al-Cu 合金と同様に溶体化・焼入れ－時効・焼戻しの熱処理で，微細な GP ゾーンが析出して硬化する．

図8.5 に示した範囲で低強度・高電導率側は，900℃溶体化－450℃時効，高強度・低電導率側では 800℃溶体化－315℃時効の熱処理を行なう．ただし，粒界に不連続析出が起こるので，これを防止するために Co を添加する．耐摩耗性やばね特性が良好なので，リレーなどの導電性ばねに利用される．また，この合金製ハンマーは打撃時に火花が出ないので，引火爆発の危険性のある作業に使用される．

⑥ 白銅

10 ～ 30 % Ni-Cu 合金をいう．100 円玉，500 円玉がこれである．耐食性とくに耐海水性が良く，熱交換器などに使用される．Cu-Ni は全率固溶が可能で，どの比率の合金もできる．50 % Ni で固有抵抗，硬さが最大になるので，電気抵抗材料として用いられる．40 ～ 45 % Ni 合金を「コンスタンタン」と呼び，Cu と組み合わせて温度測定用熱電対にも利用される．60 ～ 70 % Ni はもは

や銅基合金ではなくニッケル基合金であるが，「モネルメタル」という．Ni は耐酸化性・耐食性が良いので，化学工業装置などに使用される．

8.2　接点材料

電気接点は電気回路の開閉，接続の他，集電などの接触点であり，接触抵抗が低いこと，耐熱性があり，アークに強いこと，耐摩耗性・耐食性が良いこと，相手材への移着が生じないことなどが要求される．さらに最近は電波障害に対する要求もある．主な接点材料を**表8.1**に示す．

貴金属の Au，Ag，Pt，Pd などは，接触抵抗はもちろん耐食性が良いので，通信，コンピュータ，家電など，低電流機器のコネクタや継電器などの高信頼性を維持するのに用いられている．

Au はめっきが多い．Ag は最も広汎に使用される接点で，めっきもある．ただし亜硫酸ガスや硫化水素雰囲気に弱く，硫化銀を生じて接点が汚染されたり，ウィスカーという細い単結晶が成長してリークを生じたりする．

Ag の耐硫化性を改善するには，Pd を 40％以上添加する．これは耐熱性の良い Pt-Ir 合金の代用となる．Ag に CdO を加えると，アークで揮発して接触面を清浄に保つ作用があるが，ろう付けが困難になる．

Ag-CdO は，「内部酸化法」という特殊な方法や焼結で製造される．Ag-Cu 合金は析出硬化で面圧が高く取れる．電流が大きい開閉器や摺動集電材料など可動接点には，アーク熱や接触抵抗によるジュール熱に強い W など高融点金属との焼結合金やグラファイトなどが用いられる．

ブスバーのボルト締結継手など固定接点には，耐酸化性の良い Ni めっきや，低融点であるが軟らかく真実接触面を大きくできる Sn めっきが使用される．Ni めっきは，硬く真実接触面が小さいので接触面で昇温して局部酸化が起こり，これが進行すると「電食」と呼ぶ焼損に至ることがある．このような場合は，むしろ Sn めっきのほうがよいことがある．

電車のパンタグラフなど摺動集電する材料には，耐摩耗性と耐アーク性が必要である．耐摩耗性には，硬質材料として Cr や Fe を添加すると同時に，潤滑成分として二硫化モリブデン MoS2 などが添加され，粉末焼結で製造される．摺動相手材と同じ材料では**ともがね**と称して摩耗が増える．これは原子結合が容易であるためである．

電車の場合，トロリーが Cu であるので，Cu系擦り板を用いるには別に潤滑材を使用しなければならない．新幹線では Fe 系が使用されている．在来線では自己潤滑性のあるグラファイト系が多用され始めた．ただし，グラファイトは脆く接触抵抗が大きいため，Cu など金属片を混合した複合材が多く用いられている．

電気接触について系統的に論じているホルム(Holm)の優れた解説書(1957)によれば，「接触面」とは**図8.11**に示すようにミクロな突起どうしの接触である．圧力をかけた時，荷重を支持する接触点の総面積を**真実接触面積**という．

これを S_b とすれば，

$$S_b = 2P ／ H \quad\cdots\cdots\cdots (8.1)$$

ここで，P：接触荷重

H：材料の硬さ

固定接触で硬い Ni めっきより軟らかい Sn めっきが有効なのは，この S_b が増えることによる．

平均面圧は，$P ／ S_b = H ／ 2$ となる．

このような接触面に電流が流れるとしよう．接触面は大気中の酸素の吸着や酸化のために薄い絶縁皮膜に覆われているため，圧力によりこれが破られた部分しか金属接触はない．真実接触点のうち金属接点部分をホルムは「a-spot」と呼んだ．見かけの接触面を通る電流は，a-spot のような局所に集中するため抵抗を生ずる．これを**集中抵抗**(constriction resistance)という．

今，接触体の固有抵抗を ρ，a-spot の半径を a とすれば，集中抵抗 R_c は次のようになる．

$$R_c = \rho ／ 2a \quad\cdots\cdots\cdots\cdots (8.2)$$

すなわち，a が小さく，電流が局所に集中するほど抵抗は増大する．さらに a-spot にも薄い皮膜がある場合，被膜抵抗 R_f は皮膜の単位面積当たりの抵抗を σ_f とすると，

$$R_f = \sigma_f ／ \pi a^2 \quad\cdots\cdots\cdots (8.3)$$

そこで，接触抵抗 R はこれらの和となり，次

電流線の集中

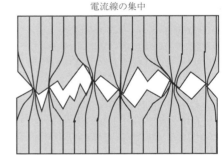

図8.11　接触面の凹凸と電流の集中

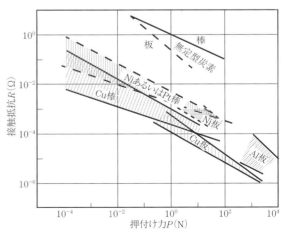

図8.12　接触抵抗と接触荷重の関係(Holm,1957)

表8.2 接触抵抗の事例 （Holm, 1957）

接点	接触荷重 N	接触抵抗 $\mu\Omega$	集中抵抗 $\mu\Omega$	皮膜抵抗 $\mu\Omega$
Au-Au	0.01	7400	2200	5200
Au-Au	0.11	1420	700	720
Au-Au	0.34	580	394	186
Au-Au	3.92	144	116	28
Sn-Sn	1	700	670	280
Pb-Pb	1	1050	1000	50
Cu-Cu	1	400	225	175
Cu-Cu	0.34	9400	700	8700
Ni-Ni	0.34	19900	4500	15400

のように表わされる．

$$R = R_{\mathrm{c}} + R_{\mathrm{f}} \cdots\cdots\cdots\cdots\cdots\cdots\cdots (8.4)$$

円筒どうしを交差して接触させると，見かけの接触面は円になり，弾性接触の場合は面圧が「ヘルツ接触」（Chapt.13.5 参照）の楕円分布圧力となる．この場合の接触抵抗 R は，押付け力 P と次の比例関係になる．

$$R \sim P^{-1/3} \cdots\cdots\cdots\cdots\cdots\cdots\cdots (8.5)$$

しかし，大荷重の場合はほぼ全面で降伏するため，

$$R \sim P^{-1/2} \cdots\cdots\cdots\cdots\cdots\cdots\cdots (8.6)$$

図8.12 に，いろいろな接触状態での接触抵抗と押付け力の関係を示した．また，**表8.2** は集中抵抗と皮膜抵抗の例である．

8.3 抵抗材料

電気材料としては，前述した導電材料から半導体，絶縁体まで，固有抵抗で比較すれば**図8.13**のような広い範囲の材料が使われる．

金属・合金は当然のことながら導体であるが，金属と非金属の化合物であるセラミックスは大部分が絶縁体である．ただし，TiC など導電性のあるセラミックスや，トンネル効果で半導体的性質を示す Cu_2O などがある．

ここでは，導体の範囲で抵抗体として用いられる材料を紹介しておこう．

(1)回路抵抗体

小電流用としては，1.5Mn-2.5Ni-Cu の銅合金（JIS C 2522), 通称「マンガニン」(固有抵抗は 0.44

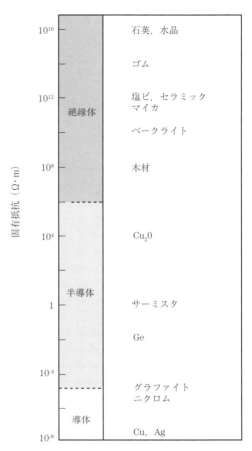

図8.13　物質の固有抵抗

$\mu\Omega$ ・m) や，45Ni-1.5Mn-Cu 銅合金（JIS C 2521）通称「コンスタンタン」(固有抵抗 0.49 $\mu\Omega$ ・m) などがある．いずれも抵抗の温度係数が小さく，抵抗体として安定である．前者は Cu に対する起電力が小さく，標準抵抗としても用いられる．

大電流には，ねずみ鋳鉄などが用いられる．

(2)電熱用抵抗体

代表的なものは，ニクロム線（20Cr-80Ni など3種あり，固有抵抗は約 1 $\mu\Omega$ ・m) である．これと鉄クロム線（24Cr-4Al-Fe など2種あり，固有抵抗 1.4 $\mu\Omega$ ・m）が JIS C 2520 にある．使用温度はニクロムは 1000 ～ 1100℃，鉄クロムは 1100 ～ 1250℃ が限界である．電気炉などに用いるカンタル線（20Cr-5Al-2Co-Fe，固有抵抗 1.4 $\mu\Omega$ ・m) も 1250℃ まで使用できる．

Ⅳ　特殊な金属

　東京の世田谷に東急の「玉電」と称する路線が今でもある．環状7号道路踏切では電車が止まる．これは本来の東急玉川線の支線で，専用軌道なので残った．本線は路面軌道であったが今は地下の東急新玉川線となり，路上は東名高速道路のアクセスである首都高速道路の無粋な高架で様変わりした．ここに，当時としては未来的なスタイルの連接トラムが登場した．航空機のような張殻構造で軽量化したが，まだアルミは使われていない．

　本編では，構造材に対して機能材料といわれる金属と粉末合金，複合材料を取り上げる．粉末合金のうち焼結金属といわれるものは昔からあったが，その他は1980年代，「先進」あるいは「先端材料(advanced materials)」と呼ばれて華やかに登場した金属である．本書では扱わなかったが，磁性材料，エネルギー変換機能を持つセンサなどエレクトロニクス分野では，半導体とともに今でも先端材料として開発が続けられている．

玉電　　1955年東急車輛製デハ200形．画期的な低床・軽量車体のはしりで連接部1軸（「電車とバスの博物館」で静態保存）

Chapter 9 特別な機能を持つ金属

　これまで述べてきた材料は，機械や構造物を構成するための構造材料が主な内容であった．これに対して，形状を記憶する合金，振動を伝えにくい合金，結晶でない金属，水素を貯蔵する合金などを「機能材料」と呼ぶ．この他にも「磁性材料」，「超伝導材料」や「半導体」などがあるが，こちらはセラミックスのような非金属元素との化合物が多いので，本書では割愛する．

　機能材料が登場した時期は，好景気が開発を後押ししており，新金属，ニューマテリアルとして華やかに喧伝され，大手鉄鋼メーカーまでが開発にリソースを投入した．しかし元来，構造材料ほどの需要があるわけもなく，景気の後退とともに開発は急速にしぼんでしまった．とはいえ，これらは人智の固まりともいえるシーズ材料（材料が先に開発されて使用目的は後から探索する seed oriented materials）で，失敗や偶然の発見から出たものもあるが，今でも使う側のアイデアを要求する興味ある合金である．

9.1　形状記憶合金

　暖めると所要の形に戻る合金である．宇宙船に搭載した折り畳んだアンテナが，太陽の熱で開く例はよく知られている．暖めると動作する合金は昔からあり，スイッチなどに使用されていた．熱膨張係数の異なる二つの金属板を張り合わせた**バイメタル**である．バイメタルは機構上変位が温度に比例しており，変位量は小さいが温度スイッチの役目をするだけならば十分機能する．

　これに対して形状記憶合金（shape-memory alloy）は，ある狭い温度域で急速に変位を生じ，変位量が大きい．したがって，スイッチのみでなくアクチュエータとしても機能する．

　形状記憶合金の代表は**ニチノール合金**である．組成は NiTi（1：1）で，アメリカの Naval Ordnance Laboratory で開発された（1964）ことから，「NiTiNOL」と命名された．実用的に使用されているのは，この他に Cu-Zn-Al 合金があるが，ここでは NiTi に絞って話を進めよう．

　形状記憶効果を示す金属の特徴は，

- **規則格子**であること
- **熱弾性マルテンサイト**（thermoelastic martensite）変態を生ずること

である．

　「規則格子」とは，Ni と Ti が規則的に配列した格子で，たとえば Ni が立方格子を組むと体心が Ti，逆に Ti が立方を組むと Ni が体心になる．これは組成が 1：1 であり当然のことであるが，一種の化合物とみてこれを「金属間化合物」ともいう．冷却すると格子の形状が変わるだけの無拡散マルテンサイト変態を生ずる．

　鋼の焼入れによって生ずるマルテンサイトは，せん断変形によるひずみやオーステナイトとの界面エネルギーが大きく，過冷度が大きくないと生成しない．そのためにエネルギー蓄積が大きくなり，いったん生成すると一挙に変態が進行し，それ以上温度が下がっても成長しない．これを「非熱弾性型」と呼び，マルテンサイトの生成温度 Ms 点と，逆にオーステナイトに戻る（**逆変態**）する時の Af 点（完全にオーステナイトになる温度）の差（ヒステリシス）が大きい．

　これに対し規則格子では，最隣接原子が異種原子であるために，この結合を変えることのほうがエネルギーを要する．つまり隣の原子を互いに記憶したまま変態が起こるのである．そのために界面エネルギー変化も小さく，大きな過冷度も要しない．逆変態とのヒステリシスはわずかで済む．

　図 9.1 はこの様子を示したもので，温度の低下とともにマルテンサイトは増えていく．これを「熱弾性型」と呼ぶ．

　では，マルテンサイト変態がなぜ形状記憶効果

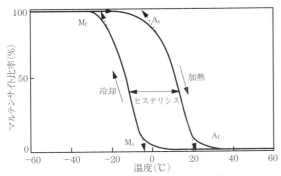

図9.1　熱弾性マルテンサイトの変態・逆変態

を示すのか．**図9.2**を見てみよう．まずオーステナイト状態（A）で「かたち」をつくる．これをMs点以下の低温にすると，マルテンサイト変態（M1）が起こる．

前述したようにマルテンサイト変態はせん断変形を伴うので，単一のマルテンサイトになると大きな変形を起こすはずである．しかし，多結晶体では一つの結晶の変形は隣接粒で拘束され，ひずみは逆方向のせん断ひずみを生じて相殺される．

これがすべり変形で行なわれると元の形には戻れなくなるが，双晶変形（T2）ならば，マルテンサイトと類似のせん断変形である上，界面エネルギーが小さく起こりやすい．全体としては元の形状のままである．

ここで，M1変態が起こりやすい方向にせん断応力が作用すると，T2はM1に変態する．これを**応力誘起変態**という．ここで初めて大きな変形を生ずる．この変形は8％程度まで可能である．それ以上変形するとすべりが起こり，形状記憶がぼける．この変形で「かたち」が崩れたものを，Af以上の温度に加熱すれば，元のオーステナイトの形状に復帰する．

次に，NiTi合金のいろいろな温度での引張特性を見てみよう．**図9.3**に，40℃で形状記憶処理を行なった49.8％Ni-Tiの応力−ひずみ曲線を示す．この合金のMs点は−52℃，Af点は30℃である．Ms点より低い温度では降伏点が低く，200MPa程度しかない．また通常の金属に見られるいわゆる弾性域が直線にならない．このため，

弾性振動を熱に変える振動減衰特性がある．

そもそもこの金属は，潜水艦のスクリュ音が敵のソナーに発見されないよう制振金属として開発されたという経緯がある．研究室で試作線を灰皿の近くに置いておいたところ妙に変形しているのがわかり，形状記憶効果が発見されたといわれる．

もう一つの特徴は，マルテンサイト相の弾性係数が小さいことである．剛性率でいうと，低温では8GPa，高温では22GPaと3倍も変化する．この軟らかさが，後述のバイアスばねと組み合わせたアクチュエータを構成できる特性である．温度の上昇とともに降伏点が増大するが，Af点以上では特異な現象が現われる．

降伏伸び（リューダス伸び）が大きく現われ，除

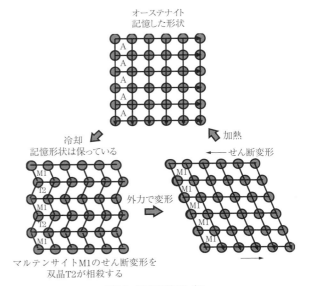

図9.2　形状記憶のしくみ

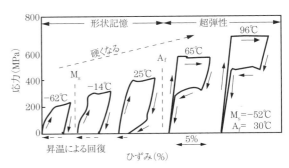

図9.3　NiTi合金の応力−ひずみ曲線の温度による変化（宮崎他）

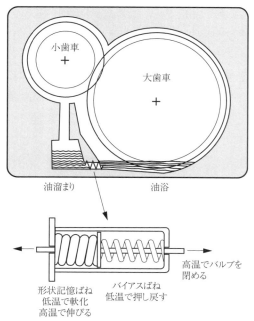

形状記憶ばね
低温で軟化
高温で伸びる

バイアスばね
低温で押し戻す

高温でバルブを
閉める

油溜まり　　　　　油浴

図9.4　形状記憶合金の応用例:歯車箱の油量調整弁

荷すると途中から弾性直線に戻ってくる。一見大きな弾性的変形といえるので**超弾性**(super-elasticity, **擬弾性**:pseudoelasticity ともいう)と呼ばれている。これも先の応力誘起変態のなせるわざである。応力誘起変態はステンレス鋼などでも起こるが、除荷したときに逆変態するのも熱弾性マルテンサイトの性質である。

NiTi 合金は、組成がわずかに変わると Af 点が大幅に変化する。Ni 量でいえば Ni が多いほど Af 点は低下し、50% で Af = 100℃ から 51% と 1% 増加しただけで Af = 0℃ と変化する。そのために組成を正確に制御することが必要になる。また、一般に金属間化合物は硬くて脆く、難加工材料でもある。そのために製造技術が確立されたのは 1980 年代以降で、電気炊飯器の調圧口など家電製品、自動車などに利用が広まった。

簡単な応用例として、**図9.4** にバイアスばねと組み合わせた弁ばねを紹介する。これは新幹線電車の動力伝達歯車装置に使用されている潤滑油面調整弁である。小歯車(ピニオン)とその軸受の潤滑は、大歯車が下の油浴から掻き上げた油による。いわゆる「油浴潤滑方式」である。

高速になると下の湯面が回転の抵抗になり、油温も必要以上に上がる。そこで落下する油を油溜まりで受け、その出口にある形状記憶ばね弁を閉じて大歯車下の湯面を下げる。この弁は、所要の油温度で動作するよう設計されている。前述のように、一般の形状記憶合金は一方向性記憶処理がされており、温度を上げるとき弾性係数が高くなり伸び力(回復応力)が出るが、低温にする時は縮むわけではない(両方動作する 2 方向性記憶処理もある)。そこで低温ではばね定数が低くなることを利用して、通常金属のバイアスばねで押し込む。高温で形状記憶合金が伸びる時は、逆にバイアスばねが押し込まれるように設計する。これで 2 方向動作が可能になる。

9.2　超塑性合金

超弾性のついでに超塑性(super plasticity)にも触れよう。**写真9.1** は実例であるが、飴のようになんと 1500% も伸びている。Chapt.5.2 の引張試験の項で、引張試験ではひずみが 1 以上にはならない、すなわち伸びが 100% 以上にはならないと説明した。これはひずみ硬化を前提とした話で、超塑性現象が現われる場合はひずみ硬化はないのである。この現象はいろいろな金属で起こるが、その条件としては、①結晶粒が微細であること、②変形速度が遅いこと、③発現する温度域があること、などがある。

実用合金では、Al-6Cu-0.5Zr 合金(Supral:480℃で伸び 2000%)、60-40 黄銅(450 〜 550℃で伸び 300%)、Ti-6Al-4V 合金(800 〜 1000℃で伸び 1000%)、共晶 Sn-Pb はんだ合金(20℃で伸び 700%)、Mg-6Zn-0.5Zr 鋳造合金(270 〜 310℃で

ひずみ速度=0.2%/s, 800℃, 伸び率≒1500%

写真9.1　超塑性の実例

伸び 1000%）などがある．超塑性はすべり変形で起こるのではない．「粒界移動」という特殊な変形をする．

図9.5 は通常金属の塑性変形との違いを示している．結晶粒 1〜4 は，通常の塑性変形ではそれぞれがすべり変形で方位が回転して伸びる．隣接粒の相互の位置関係は変わらない．

それに対して超塑性では，1 と 4 の結晶粒の間に 2 と 3 の結晶が割り込んで入り，それぞれの結晶粒の位置関係が変化する．しかし結晶粒の形状はほとんど変化しない．

超塑性の応用としては，深絞りの場合に雄型と雌型を必要とせず，板の一方から気圧をかけて雌型に押し付けるだけで複雑形状のプレス加工ができる，などがある．ただ加工速度が遅いことがネックである．現在，超細粒鋼の研究が進んでおり，この加工方法の適用可能な材料が今後実用化されると新たな需要が出てくる可能性はある．また，難加工材料の加工方法としても研究が進んでいる．

9.3 制振合金

鐘を撞くと，音は次第に余韻を引いて減衰する．**図9.6** はこの様子を示している．減衰は，機械的エネルギーが熱や音などとなって消耗するために生ずる．この減衰度を表わすパラメータとしては，次のようなものがある．

加振してからの振動の振幅は，指数関数的に減少する．振幅の包絡線は次のように表わされる．

$$A_n = A_0 \exp(-n\delta) \quad \cdots\cdots\cdots\cdots (9.1)$$

ここで，A_n は n 番目の振幅，A_0 は最初の振幅である．δ は 1 サイクルごとの減衰を表わす係数で，$n+1$ 番目の振幅を A_{n+1} とすると，

$$A_{n+1} = A_n \exp(-\delta) \quad \cdots\cdots\cdots\cdots (9.2)$$

であるから，

$$\delta = -\ln\frac{A_{n+1}}{A_n} \quad \cdots\cdots\cdots\cdots (9.3)$$

と表わされ，**対数減衰率** と呼ばれる．

ばねの振動（ばね定数 k）を考えると，1 サイク

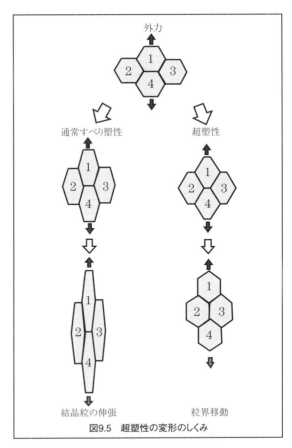

図9.5 超塑性の変形のしくみ

ルの振動のエネルギーは最大伸びあるいは最小に縮んだ時，ばねに蓄えられる弾性エネルギー $kA^2/2$ に等しい．すなわち，エネルギーは振幅の 2 乗に比例する．

そこで 1 サイクルにおけるエネルギーの減少を ΔE とすると，エネルギー減少率は次のように表わされる．

$$\begin{aligned}
\Delta E / E &= (A_n^2 - A_n^2 + 1)\big/ A_n^2 \\
&= 1 - (A_n^2 + 1/A_n^2) \\
&= 1 - \exp(-2\delta) \quad \cdots\cdots\cdots (9.4)
\end{aligned}$$

ここで，$\Delta E/E$ を**固有減衰能**（Specific Damping Capacity：SDC）または**防振係数**という．

図9.7 に，いろいろな材料の防振係数と引張強さの関係を示す．この図によると，同系材料であれば強度が高いほど，防振係数は低下する傾向がある．斜めに引いた線はそれを表わしている．

前述したように，鋼に比べれば鋳鉄とくに片状黒鉛鋳鉄（FC）が防振効果を示す．Mg はさらに

防振係数が高い．破線で囲った黒丸の一群は，制振合金あるいは防振合金といわれるものである．前述の形状記憶合金，ニチノール合金・Cu-Zn-Al 合金もこの類である．

制振の機構には大別すると次の4種類がある．

① **複合型**：片状黒鉛鋳鉄のように，鉄地の中に異相である軟らかいグラファイトが挟まれて，金属の振動をグラファイト界面のせん断変位で吸収するタイプの制振材料である．鋼板に樹脂系材料をサンドイッチした制振鋼板も同じ原理で，洗濯機外板などに使用されている．

② **強磁性型**：**図9.7** の Ni，Fe，12Cr 鋼，極軟鋼など強磁性体では，外から応力が作用すると磁区が移動してエネルギーを消費する．その様子を**図9.8** に示す．

強磁性体では，3d 電子軌道が隣接原子どうしで重なると，電子のスピンが平行に揃うほうがエネルギーが安定になる性質がある．そのため，外部から磁場をかけなくても磁化された状態になる．これを**自発磁化**という．しかし結晶全体が一つの磁石になるのではなくて，**図9.8** のように**磁区**という小さなドメインに分割して，全体としては磁化が相殺されている．ところが磁区を単独にみると，磁化の方向に伸びているのである．

自発磁化の方向に外部から磁化するとその方向にさらに伸びるが，直角に外部磁化すると逆に縮む．これを**磁歪**という．この性質から，外部から引張応力が作用した時，応力方向と平行な自発磁化の磁区は伸びやすく，それと直角な自発磁化の磁区は縮んで次第に消滅する．応力を除荷するとまた元の磁区構造に戻る．この時磁区壁の移動にエネルギーが消費されるため，振動が減衰する．12Cr 鋼系を改良した材料が「サイレンタロイ」，「ジェンタロイ」などの商品名で実用化されている．

③ **転位型**：Mg およびその合金がこのタイプである．転位が結晶粒単位で運動すると塑性変形となるが，六方晶である Mg はすべり系が限定されるためにすべりにくく，ピン留めされた転位が弦として小さな振動をする．それがその領域にあ

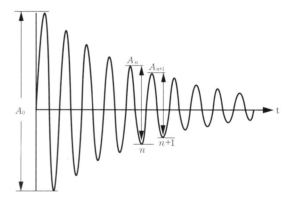

図9.6　振動の減衰

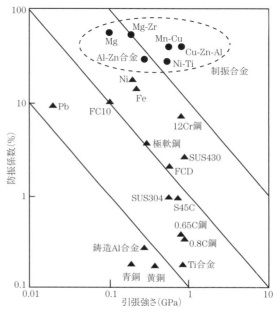

図9.7　強度と防振係数

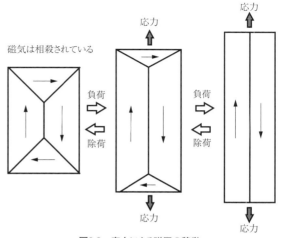

図9.8　応力による磁区の移動

る格子振動として熱エネルギーに変換される.

Chapt.5.4(2)で述べたように,固体中の弾性波の速度は(5.38)式から弾性係数が大きいほど速く,密度が大きいほど遅くなる.

一方,音の減衰係数は音速 v に反比例し,波長 λ に比例する($\Delta E ／ E \propto \lambda ／ v$).密度 ρ が大きく弾性率 μ が小さい物質は音速 v が小さく,その結果減衰係数が大きい.図9.7の Pb はその例である.このように,重い材料ほど減衰が大きいという一般性からみると,軽量の Mg 合金の制振特性は特別の意義がある.

④ **双晶型**:ニチノール合金で述べた双晶と応力誘起マルテンサイトが低ひずみでも起こる材料の特性である.せん断の相変化により,振動は熱エネルギーに変換されて減衰する.

材料の内部で振動の力学的エネルギーが熱エネルギーに変わって消費される機構を,**内部摩擦**あるいは**内耗**と呼ぶ.内部摩擦は,拡散,析出,転位運動などの物性の解明にも用いられるが,このような微視的構造の変化では対数減衰率 δ は小さく,$\delta \ll 1$ である.

この場合は,$\exp x = 1 + x + x^2 ／ 2 + \cdots$ の展開の2項までの近似($x \ll 1$)から,(9.4)式は次のように書ける.

$$\Delta E ／ E = 1 - \exp(-2\delta)$$
$$\fallingdotseq 2\delta \quad \cdots\cdots\cdots\cdots\cdots\cdots (9.5)$$

対数減衰率はエネルギー減衰率を表わしている.ただしこの関係は,図9.7の下方にある青銅,黄銅,アルミ鋳造合金,鉄鋼などにしか適用できない.測定方法としては,周波数 f を変えて共振曲線を求め,この半価幅 $f_{A／2}$ から内部摩擦を測定する方法もある.むしろこちらのほうが,よく用いられている.

9.4 アモルファス金属

金属を溶融した状態から超急冷($10^5 \sim 10^6$K/s)すると,原子の拡散が抑えられて状態図による結晶を生成する間もなく凝固する.これを**非晶質金属**(amorphous matal)という.非晶質材料の代

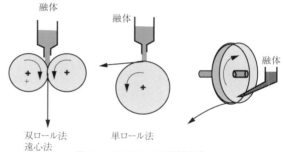

図9.9 アモルファス金属製造法

（双ロール法 遠心法／単ロール法）

表はガラスなので,**金属ガラス**とも呼ばれる.

製造方法は,**図9.9**に示すように回転しているロールやドラムの上に「融体金属」をノズルから落とす.ロールは常に冷却されていて,接触すると急冷凝固し,回転の周速度で薄いリボンや線などが製造される.

アモルファス金属は,結晶のような方向性がないこと,結晶粒界がないことから次のような特徴を示す.

① **力学的性質**:力が分散されるため,高弾性で高強度・高靱性となる.そのため前述の振動減衰率が小さい

② **物理的性質**:電子の波動としての運動がランダム原子により散乱されて電気抵抗が高くなる

③ **磁気的性質**:磁区の移動に障害物がないので応答が速く,ヒステリシスが小さい.そのため,高周波特性に優れた高透磁率軟磁性材料である.交流トランスのコアに使用すると損失が大幅に減少する.

一方,磁歪は大きくなる.これを利用すると低熱膨張効果が得られる.材料としては Fe,Ni,Co などの遷移金属をベースに,非晶質化しやすくするため,B,P,Si などを微量添加する

④ **化学的性質**:表面は活性があり,触媒作用がある.一方,均質であることから不動態化すると耐食性が抜群に良くなる

以上の特徴から,いろいろな分野での開発が行なわれたが,製品が箔や細線,粉体であり,電子デバイスへの応用が最も進んでいる.温度が上がりすぎると結晶化するため,高温での使用は注意

しなければならない.

9.5 水素吸蔵合金

構造用金属にとって水素は厄介者である. 最も小さな原子であるために金属中に入り込みやすく, Chapt.13 に示すような脆化を引き起こす. ところが燃料として考えた場合は, 燃えて水になるだけなのでクリーンであり, 地球上に水として無尽蔵に存在するので, 環境・資源保全の点では優れものである. 問題なのはどのように製造し貯蔵するかである. 水素製造法の一つである水の電気分解に, 大気汚染の元凶である石油など化石燃料で電力が供給されては意味がない.

製造の問題はさておき, 貯蔵を考えよう. ガスボンベの場合, 詰めた水素ガスの質量に対して鋼製ボンベの質量は 100 倍 (貯蔵密度 1%) もある. 液化すると体積が 1/800 になるが, 液化のための電力消費と断熱容器 (液体水素の温度は大気圧で 14 ～ 20K) を考えると普及は難しい.

これに対して, 金属の**水素化物** (MH：Metal Hydride) にすると, 体積で合金自体の 1000 倍に相当する水素ガスを吸蔵する. 容器込みでも質量当たりでガスボンベに匹敵するが, 何より有利なのは取扱圧力が大気圧程度で, 危険性が少ない点である.

金属中への水素の吸蔵には二つのタイプがある. 一つは水素化物をつくらない金属 (Fe, Ni, Cu など) で, 温度が上がるほど吸蔵 (侵入型固溶) が増える. これを**吸熱型吸蔵**という. もう一つは水素化物をつくり, 水素化物が温度低下とともに安定になる金属 (Ti, La, Mg など) である. これを**発熱型吸蔵**という.

後者が水素吸蔵合金の本質であるが, 吸蔵するだけではだめで放出してくれなくては困る. 吸蔵・放出が室温付近で, しかも低圧 (1 ～ 10 気圧) で速いという条件が要求される.

これまでに条件に適った金属間化合物がいくつか開発されたが, これらは水素と親和力の強い発熱型吸蔵元素と, 弱い吸熱型吸蔵元素の組合わせ

となっている. 代表的な合金は, TiFe, TiCr$_2$, LaNi$_5$, Mg$_2$Ni などである.

では水素の出し入れはどのようにするのか. **図 9.10** を見てほしい. これは LaNi$_5$H$_x$ の水素濃度 $(C) x$ と平衡解離圧 (P) の関係を温度 (T) を変えて示した図で, 「PCT 特性」という.

吸熱型吸蔵金属では, 水素の吸蔵濃度 C と平衡水素圧力 p の間には次の関係がある.

$$C = C_0 p^{-1/2} \exp(-\Delta H / RT) \cdots (9.6)$$

ここで, C_0：定数

ΔH：金属中の水素溶解熱

R：ガス定数

T：温度

これを **Sieverts 則**という.

一方, 水素吸蔵合金は図のように水平な領域が現われる. これを**プラトー特性**という.

まず, 水素のない合金を 293K (20℃) で 0.2MPa の水素ガスに曝す. プラトー圧はこれより低いので, 時間とともに水素は合金に吸蔵される. 圧力を 0.2MPa に保つには, 外から不足分を補給しなければならない. 濃度は A 点に至り飽和する. 次に圧力を 0.2MPa に保ったまま, 温度を 313K

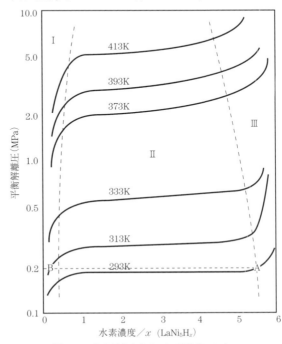

図9.10　水素吸蔵合金のPCT特性 (Reilly)

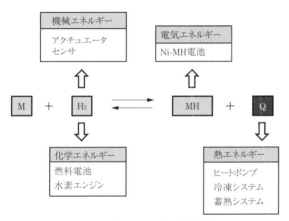

図9.11　水素のエネルギー利用形態

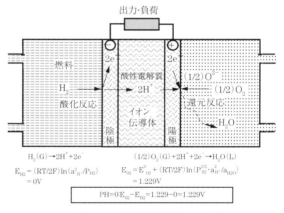

図9.12　燃料電池の電極反応

（40℃）に上げる．するとこの温度のプラトー圧は0.2MPaより高いために，水素平衡濃度はぐっと下がってB点になる．

合金にはA濃度の水素が入っているので，A－Bの差だけ水素は放出される．容器内を0.2MPaに保てば水素を取り出すことができる．合金の水素濃度がBまで下がると放出は終わりである．再び温度を293Kに下げれば，吸蔵操作が繰り返される．

水素吸蔵合金（以下MH）は，水素吸蔵が発熱反応であるから，**図9.11**のようないろいろな利用が考えられる．水素の放出過程では，水素圧の変化をアクチュエータなどで機械エネルギーに変換したり，燃料電池や水素エンジンのように化学反応エネルギーを介して電力や動力に利用できる．

一方，吸蔵過程で生ずる熱をヒートポンプなど熱エネルギーシステムに使用できる．MHそのものはニッケル水素（Ni-MH）電池のエネルギー源として用いれば電気エネルギーを取り出せる．ここでは，燃料電池とNi-MH電池を取り上げよう．

燃料電池（Fuel Cell）と呼ばれているが，発電装置である．いろいろな方式があるが，代表例として**図9.12**の模式図でしくみを説明する．構成としては，電気を取り出す二つの電極の間にイオン伝導体（電解質）を挟み，電極の外側からガス燃料を供給する．陰極では水素ガス分子を吸着・解離してイオンと電子を分離する．すなわち，

$$H_2(G) \rightarrow 2H^+ + 2e^- \quad\cdots\cdots\cdots\cdots\cdots (9.7)$$

この電子が外部に取り出されて仕事をする．水素イオンは電解質を通って陽極に移動する．陽極では反対側から酸素が供給され次の反応により水を生成する．水は加熱して蒸発させる．

$$\frac{1}{2}O_2(G) + 2H^+ + 2e^- \rightarrow H_2O \quad\cdots\cdots (9.8)$$

Chapt.2で述べたネルンストの式（2.7）によれば，（9.7）式は水素電極では0V，（9.8）式は1.229Vで，この二つの電極間の電位差は1.229Vとなる．

実際にはこのような理論的電圧は出ない．その理由を知るために，水素燃料側の陰極で起こる現象をみてみよう．

図9.13はその模式図である．陰極には耐食性，水素拡散などに安定な白金が使用されるが，水素分子の吸着やイオン化を促進する触媒として白金黒と称する白金の微粒粉が表面に用いられる．

水素分子①は，まず静電的な力で物理吸着②し，白金の表面原子と電子軌道が重なると分子が解離して化学吸着③する．電子が自由電子に入るとイオン化④して格子間を濃度勾配に駆動されて，電解質と接触する面⑤に拡散する．余剰電子は外部の回路に流れ出す．

電解質では対極による前述の電位差が与えられ，これが表面の引力ポテンシャルの谷⑥⑦を超えるのに十分であれば，電解質中を水和イオン⑧として対極に運ばれる．電池の電位は電解質側の白金との吸着力によるポテンシャル（この影響範

囲を総じて**電気化学二重層**と呼び，ここでの逆起電力を「過電圧」という）の分だけ低下する．

一方，水素側表面でも水素以外の不純物分子が吸着する（**被毒**という）と活性が低下し，圧力を上げても反応が遅くなる．とくに定置式の装置で天然ガスなど炭化水素系ガスを改質して水素にする場合は CO が悪戯をする．

これまでに開発された燃料電池には，電解質の種類によって次のような形式がある．

・アルカリ型（AFC）：濃 KOH を常温（〜120℃）域で使用．移動イオンは OH^-．宇宙船で使用され，安定性が確認されている

・リン酸型（PAFC）：リン酸を中温域（150〜220℃）で使用，移動イオンは図 9.12 の例と同じ H^+．定置式で大型発電向き

・溶融炭酸塩型（MCFC）：Li，K，Na の炭酸塩を高温域（600〜700℃）で使用．移動イオンは CO_3^{2+}．ゴミ消却熱などを利用した大型発電，分散電源向き

・固体電解質型（SOFC）：安定化ジルコニアを高温域（900〜1000℃）で使用．移動イオンは O^{2-}．熱利用システムと併用した大型発電，高温で運転するので熱供給も可能

・固体高分子型（PEFC）：イオンだけを通す特殊な高分子膜を常温域（〜100℃）で使用．移動イオンは H^+．小型で重ねる（stacking）ことが容易．車搭載など実用化が始まったが，高分子膜や白金などが高価で普及はまだ先か

最後に，MH を巧みに応用した Ni-MH 電池を紹介する．燃料電池と違って外部からの燃料補給はないが，水素吸蔵合金中の水素が同じ役目をする．系は閉じている（電子以外に物質の出入りはない）から，水素がなくなった場合は，充電すれば水素が元に戻るしくみである．

図 9.14 に電極反応の概略を示す．MH（電池の電流が流入するマイナス極）と電解液の界面では，吸蔵水素量の平衡圧よりも低い水素圧（圧力に相当するイオンの活量）であるため，両極間に負荷を接続して放電すると水素が液中にイオンと

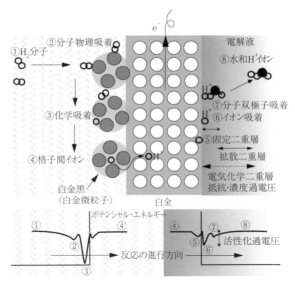

図9.13　燃料電池の陰極における水素ガスの吸着とイオン化

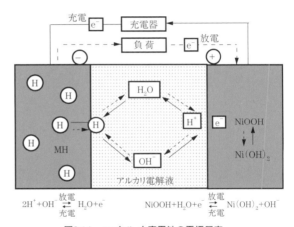

図9.14　ニッケル・水素電池の電極反応

なって出る．電解液はアルカリ性（6N KOH）であり，図左下の反応式のように水が生成される．

一方，電子が流れ込む NiOOH（電池の電流が流出するプラス極）では，水和イオンから水素を還元して図右下の反応式のように $Ni(OH)_2$ となる．両式を総合すると，H_2O と OH^- は水素の輸送体として循環しているだけである．電池内では水素だけが両極を往き来して，外では電子が仕事をする．負極界面の単極電位は $-0.828V$，正極界面の単極電位は $+0.52$ であるから，その差は $0.52 + 0.83 = 1.35V$ となる．実際の電圧はそれよりやや低い．

Chapter 10　粉末合金と複合材料

　金属結晶を用いると，組成と性質は状態図で規定された制限がある．非晶質金属は薄いものしか製造できない．この制約を超えて単一体（monolithic materials）にない，特定の目的に適った性質を得ることができる材料として，粉末を固めて焼結する「粉末合金」（sintered metal）と，金属以外の素材も含めた「複合材料」（composit materials）がある．

　粉末を焼結する技術は，陶磁器の分野では古代からあった．これは自然界に存在する金属酸化物粒子（主にアルミノ珪酸塩）からなる粘土を固めて焼く．また釉薬も酸化鉄の細かい粒子などが使われてきた．陶磁器は耐食性があり，高硬度であるが，脆いことが欠点である．

　これを微細粒子を用いて改善したものが「ファイン・セラミックス」であり，工業材料として活用されるに至っている．この技術が金属にも適用できるようになったのは，微細金属粉の製造が可能になったことによる．

　一方，複合材料も竹や藁を強化材とした土壁など古くから用いられている．現代では鉄筋コンクリート，「繊維強化高分子材料」（FRP：Fiber-Reinforced Polymers）など各種の大型複合材料が，土木建築を始めいろいろな分野で広く使われている．

　先進材料（advanced materials）として注目を集めたのは，FRP の登場からである．粉末材料の欠点である靱性を向上する目的で生まれたセラミックス基複合材料（CMC：Ceramics Matrix Composits），セラミックの硬さと金属の特性を生かした「金属基複合材料」（MMC：Metal Matrix Composits）などが次々と開発され，実用化されている．

　ここでは，粉末合金と MMC について概説する．

10.1　粉末合金

　粉末金属を成形してニアネットシェイプで製品にするプロセスを総称して粉末冶金（powder metallurgy）という．**図 10.1** にプロセスの概略を示した．

　まず金属を粉末にする方法から述べよう．

　・アトマイズ法：溶融金属を不活性ガスや水のジェット噴流に流し込み粉体にする（Cu，ステンレス鋼）

　・還元法：酸化物を水素，CO，分解アンモニアなどで還元する．粉体が活性で焼結しやすい（W，Mo，Fe）

　・電解法：陰極析出物が脆いので，これを機械的に粉化する（Fe，Cr），あるいは直接粉体で析出させる（Cu，Ag）

　・化合物の熱分解法：粗い鉄粉を高温 CO ガスでカルボニル化（$Fe(CO)_5$）して噴霧する方法（カルボニル鉄粉），Ti などの水素化物を真空中で加熱し脱水素する方法などがある

　・機械的粉砕法：あらかじめ水素脆化（Ti）や融点直下の加熱（Sn，黄銅）などにより脆化処理をしてから，ボールミルなどで粉砕する

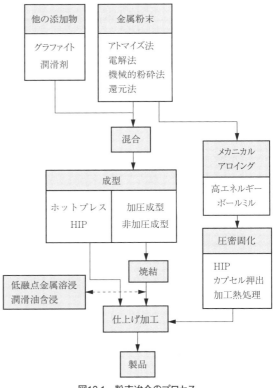

図10.1　粉末冶金のプロセス

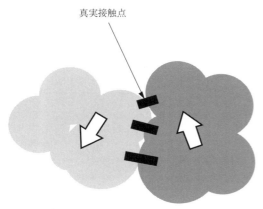

真実接触点

(a)圧粉:圧力,摩擦で真実接触点が金属結合

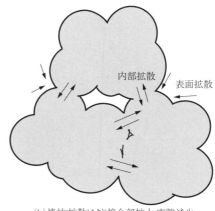

内部拡散　表面拡散

(b)焼結:拡散により接合部拡大,空隙減少

図10.2　粉体の圧粉と焼結

次に，粉末を水素気流中で還元，加熱脱水して表面吸着物質を除去，粒度の調整などを行なう．この予備処理後，同種粉末の混合(blending)，異種金属粉の混合(mixing)，場合によってはグラファイトなど非金属粉末,潤滑剤などを混合する．

混合された粉体は，通常の粉末合金では金型に入れて加圧し成形する．これを**圧粉体**という．粉末粒子は，**図10.2**(a)に示すように，圧力や摩擦によって表面酸化膜が破れ，真実接触点で局部的には金属結合する．また粒子は球形ではなく凸凹になっているため，機械的な絡み合いで形状が保たれる．

製品形状が複雑なものや生産個数の少ないものは非加圧で成形する．これは粉体を水で懸濁したスラリー状の液(slip)を石膏型に入れ，水を石膏に吸わせて成形する方法(slip casting)や，型に入れて振動により固める方法などがある．

圧粉体を加熱して焼き固めることを，焼結(sintering)という．この工程では，**図10.2**(b)のように粒子の結合部は表面拡散や内部拡散で拡大し，結晶粒界となり，結晶粒は成長する．大きい空隙は減少して密度が増加する．それに応じて全体の寸法は縮小する．

加圧成形と焼結を同時に行なう「ホットプレス」（単軸加圧）を行なえば，成形精度が良くなる．焼結で単純な形状のプリフォームにして，それをホットプレスで最終形状に成形する方法もある．

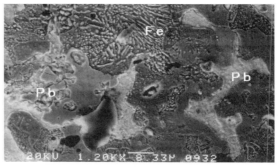

写真 10.1　Pb を入れた鉄系焼結金属（集電擦り板）

これを「焼結鍛造」ともいう．

単軸方向にプレスするよりも「静水圧プレス」（**HIP**：Hot Isostatic Press）のほうが，空隙のない，より緻密な内質になる．強度や靱性は，熱処理すれば通常の溶解・熱間加工の合金と変わらない品質が得られる．

微粉末を高エネルギーのボールミルなどで粉砕，混合すると，そこで接合と破壊が繰り返されて均質な合金となる．これを**メカニカル・アロイング**(mechanical alloying)という．それを HIP，**カプセル加工**（合金粉末をカプセルに充填して－canning－圧延したり押出す加工法）などで成形して，超微粒結晶の高強度鋼や粗粒耐熱鋼などがつくられている．

焼結合金の空隙は靱性を低下させるが，これを利用すれば低融点金属を溶浸したり，潤滑油を含浸した摺動部品ができる．オイルレス・ベアリン

グやパンタグラフの集電用擦り板などである．**写真 10.1** は後者の例で，鉄系の基地に潤滑剤として Pb（写真の白く島のように見える部分）が入っている．

粉末冶金は元来高融点で，溶融による製造が困難であった W などの合金から始まった．現在でも切削工具のチップは粉末合金の超硬合金が使用されている．これらは主成分が WC など金属の炭化物などで，合金というよりむしろセラミックスの範疇に入る．

磁性材料も粉末合金が多い．軟磁性材料は鉄粉や珪素鉄粉など金属といえるが，最近の強力永久磁石は金属酸化物などが多くセラミックスである．

小型の精密機械部品（歯車，バルブ，キーなど）に使用される粉末合金は，JIS Z 2550 機械構造部品用焼結材料に，鉄系 1 ～ 7 種（SMF），ステンレス系 1，2 種（SMS），青銅系 1 種（SMK）がある．

10.2　金属基複合材料（MMC）

(1)複合材の特徴と製造法

Chapt.7 表 7.1 にガラス繊維（GFRP）と炭素繊維（CFRP）による強化プラスチックの比強度，比弾性率を示した．比強度は，最強の鋼であるピアノ線の 3 ～ 5 倍，比弾性率は 5 倍（CFRP）と格段に優れているのがわかる．

比強度が良いという特性は，とくに運動する構造体で発揮される．すなわち，ニュートン力学の基本式，力 $f = ma$，（a：加速度）の質量 m を軽量化で小さくすれば，応力が下がる，一方，強い繊維で外力 f に対する強度を上げられるという二重の効果があるからである．

この原理は，金属をマトリックスにした材料でも適用できる．そのため MMC は軽量で安価なアルミニウム合金基がほとんどである．航空宇宙など特殊な分野では，TiAl などの金属間化合物で強化した Ti-6Al-4V 合金なども使用されている．

強化材としては，引張強度の向上には炭素，ボロン，SiC，Al_2O_3 などの繊維が，耐摩性の向上には SiC，Al_2O_3 の粒子が用いられる．炭素繊維

は弾性率が高く熱膨張係数が小さいため，熱膨張係数の大きいアルミニウム合金と複合させて，低熱膨張軽量金属をつくることができる（表 10.1 参照）．使用温度範囲が広い宇宙空間で使用される材料として開発された経緯もある．

繊維には「長繊維」（数十～数百 μm）と「短繊維」（20 μm 以下）がある．粒子は ϕ 0.5 ～ 100 μm の粒径が用いられる．これらの微細繊維や粒子は，ある寸法範囲で発ガン性が指摘されており，その取扱いには防塵フィルタなどの防具が必要である．

また製造法上の問題として，次のようなものがある．

溶湯に強化材を入れてかき混ぜると，強化材が均一に分散せず集合したり，比重差で分離したりする．溶湯は温度が高いほど粘性が下がるので製造上は有利であるが，強化材との反応が激しくなると強化材を損傷する．SiC，Al_2O_3，C-fiber などでは，500℃以上でアルミと反応する．

プリフォーム（あらかじめ強化材を固めて成型したもの）をつくる場合，繊維が多すぎると溶湯が浸透しにくくなる．他方，少なすぎるとプリフォームの強度（green strength）が弱くなり，取扱いの問題が出てくる．

通常の強化材の体積率は 0.1 ～ 0.5 程度である．母材と強化材の濡れ性が悪いと強度が出ない．場合によっては，強化材に母材か母材と親和性の良い材料で表面処理をしておく．これらの問題を解決するために，複合化には次のような方法が採られる．

一つは前項の粉末法である．金属粉と強化粒子を混合して成形，焼結する．強化材との濡れ性の問題がなく，金属の融点が高い場合などにも適しており，メカニカル・アロイング法も用いられる．完成した複合体は，押出，圧延，鍛造などの加工工程を経て製品になる．繊維は最初はランダムに配列しているが，押出や圧延すると一定方向に並び，繊維方向の強度がそれと直角な方向に比べて 15 倍も大きくなる．

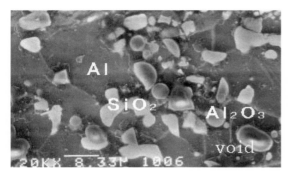

写真 10.2　Al 系 MMC（Al$_2$O$_3$，SiO$_2$ 粒子強化）

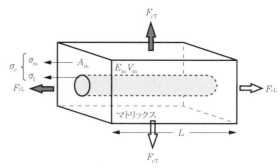

図10.3　繊維強化複合材料の応力と弾性係数

もう一つは，繊維や粒子をバインダで固めてプリフォームをつくり，これに溶湯を溶浸させる方法である．この時，単軸圧力をかけて押出ビレットなどをつくる方法を溶湯鍛造法という．

写真 10.2 は，SiO$_2$ 粒子を複合したアルミニウム合金（溶湯鍛造後押出）の例である．さらに金型にプリフォームをセットして，溶湯を圧力をかけて注入し，ワンショットで最終製品形状にするスクイズキャスト法（squeeze-casting）がある．圧力により凝固温度が上がり，金型で過冷されて凝固速度が速くなる．圧力は完全凝固まで持続し，ガス発生を抑え，凝固後の結晶粒を微細化する．

MMC は片状黒鉛鋳鉄と同様に，繊維や粒子が応力集中源になるために，強度はあるが靱性は乏しくなる．破壊は母材のき裂発生だけでなく，繊維の濡れ性が悪いと母材との剥離が先行して，そこから破壊が始まることもある．また強度・弾性の異方性があるために，使用条件によっては期待した強度がでないことも十分認識する必要がある．

セラミックス粒子や繊維を複合した MMC は，母材がアルミ合金でも硬くなり，耐摩耗性の向上に役立つが，他方では切削加工を困難にする．そのために切削加工をしないで済むニアネットシェイプ成形が要求される．MMC のコストアップは，繊維や粒子の価格もあるが，機械仕上加工費によるところが大きい．

アルミ系の MMC の主な特長は次の三つであるが，車のエンジン用ピストンにはこれらがすべて用いられている．

①運動体の慣性を小さくして，応答性を上げると同時に燃費を下げる：コンロッド

②軽量で低熱膨張，高耐熱性：ピストン・ヘッド（部分複合化もある）

③軽量で高耐摩耗性：シリンダ・リング溝

(2)繊維強化の力学

次に繊維による強化について，**図 10.3** の単純なモデルで考えてみよう．

以下では添字として，それぞれの材料について，複合材料 c，母材（マトリックス）m，繊維 f を用いる．また荷重の方向として，繊維方向（長さ方向）L，繊維と直角方向 T を用いる．

まず連続繊維の場合（これは FRP を想定しており，MMC にはほとんどない）を考える．複合材に力 F_{cL} が作用するとき，母材と繊維の力の分担をそれぞれ F_{mL}，F_{fL} とすると，

$$F_{cL} = F_{mL} + F_{fL} \quad\cdots\cdots\cdots\cdots\cdots (10.1)$$

である．

母材と繊維の断面積を A_m，A_f として応力 σ L に直すと，

$$\sigma_{cL}(A_m + A_f) = \sigma_{mL}A_m + \sigma_{fL}A_f$$

母材と繊維の長さ L は同じであるから，それぞれの体積率は，

$$V_m = LA_m \diagup L(A_m + A_f),$$
$$V_f = LA_f \diagup L(A_m + A_f)$$

体積率を用いて，

$$\sigma_{cL} = \sigma_{mL}V_m + \sigma_{fL}V_f \quad\cdots\cdots\cdots\cdots (10.2)$$

と書ける．

表10.1　セラミックスと金属の性質の比較　　　　　　　　　（　）は繊維の値

	組成	密度 Mg/m³	融点 ℃	弾性率 GPa	引張強さ GPa	硬さ HV	熱膨張率 10⁻⁶/K	備考
アルミナ	Al₂O₃	3.9	2050	350	(2)	1500	8.1	絶縁性
炭化珪素	SiC	3.2	2830	390	(3)	2400	4.3	絶縁性
炭化チタン	TiC	4.9	3060	−	−	2200	8.6	導電性
グラファイト	C	2.3	3750	(200/500)	(1.7)	>1000	4.5	導電性
MMC	50v%Al₂O₃/Al	3.2	660	160	0.9	200	13.5	導電性
軟鋼	SS400	7.8	1550	206	0.4	150	14.9	導電性
アルミニウム	Al	2.7	660	69	0.2	50	24	導電性

ここで，$V_m + V_f = 1$

この式を**複合則**（rule of mixtures）という．それぞれの応力を強度として考えれば，強度式である．このモデルでは，長さ方向の荷重下では母材と繊維ならびに複合材全体のひずみ ε は等しい．したがって，(10.2) 式をひずみで割れば，弾性率 E になるから，複合材の弾性率は，

$$E_{cL} = E_{mL}V_m + E_{fL}V_f \cdots\cdots\cdots\cdots (10.3)$$

すなわち，母材の見かけの弾性率は $E_{mL}V_m$，繊維も同様 $E_{fL}V_f$ となる．母材と繊維の応力は，$\sigma_{mL} = E_{mL}V_m\varepsilon_L$，$\sigma_{fL} = E_{fL}V_f\varepsilon_L$ となり，

$$\sigma_{fL}/\sigma_{mL} = (E_{fL}/E_{mL})(V_f/V_m) \cdots\cdots (10.4)$$

この式は，弾性率が定まっていれば，繊維の応力負担は体積率によって決まることを示している．**表10.1**に示した強化材の弾性率を見ると，アルミナはアルミニウムの5倍である．そこで，繊維の体積率が20％以上あれば繊維が大きな応力を負担できる．

繊維の体積率が小さい時は強度は母材金属の引張強さで決まるから，母材の体積率が増加するにつれて複合材の強度は低下する．他方，繊維の体積率が20％を超えると繊維の強度が支配するようになり，繊維の体積率が上がるほど複合材の強度は増加し，繊維自体の強度に近づいていく．

荷重が繊維に直角な方向にかけられたらどうなるか．この方向に繊維を含む断面積と繊維を含まない断面積で考えると，繊維を含む断面積の複合弾性率が大きくなるために，力 F_{CT} はこちらが支えることになる．この場合はひずみ ε が加算されることになり，

$$\varepsilon_{cT} = \varepsilon_{fT} + \varepsilon_{mT} \cdots\cdots\cdots\cdots\cdots (10.5)$$

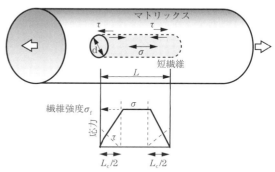

図10.4　短繊維に作用する応力

となり，(10.2) の複合則は成り立たない．

$\varepsilon_{cT} = \sigma_{cT}/E_{cT}$，$\varepsilon_{fT} = V_f\sigma_{fT}/E_{fT}$，$\varepsilon_{fT} = V_m\sigma_{mT}/E_{mT}$ で置き換えて，応力が等しいとすれば（$\sigma_{cT} = \sigma_{fT} = \sigma_{mT}$），

$$1/E_{cT} = V_f/E_{fT} + V_m/E_{mT} \cdots\cdots (10.6)$$

こちらは「逆数複合則」（inverse rule of mixtures）であるが，多数の繊維がある場合の取扱いとしては(10.2)式ほど精緻ではない．

以上は連続繊維の場合であるが，MMCでは短繊維や粒子が用いられ，話は単純でなくなる．

図10.4に直径 d の短繊維に作用する応力の状態を示す．母材は短繊維より弾性率が低く，同じ応力なら伸びが大きい．そこで短繊維の両端では界面にせん断応力 τ が作用し，これが繊維中央部の引張応力 σ とつり合う．引張応力の最大値は繊維の強度 σ_F である．

繊維長さ L が，せん断応力から引張応力に遷移する領域 L_c（両端 $L_c/2$ ずつ直線と仮定している）より大きければ，応力分布は図のように台形になり，繊維の高強度が生きてくる．$L < L_c/2$ ならば，応力分布は中央が尖った三角形になり，

$\sigma < \sigma_F$ から破壊は繊維では起こらず界面のせん断剥離となる.

応力遷移領域での微小長さ δL における引張力の増加を $\delta\sigma$ とすると,

$$\delta\sigma(\pi d^2 / 4) = \tau(\pi d)\delta L \quad\cdots\cdots\cdots (10.7)$$

の釣り合いより,応力勾配は,

$$\delta\sigma / \delta L = 4\tau / d \quad\cdots\cdots\cdots\cdots\cdots (10.8)$$

繊維の直径 d が小さいほど,応力勾配は大きくなる.この応力を $L = 0$ から $L_c / 2$ まで積分したものが繊維強度 σ_F であるから,

$$\sigma_F = \int_0^{Lc/2} \frac{4\tau}{d}\mathrm{d}L = 2\tau\frac{L_c}{d}$$

となる.

繊維の**アスペクト比** L/d は,$L \geqq L_c$ の条件で考えると,

$$L / d \geqq \sigma_F / 2\tau \quad\cdots\cdots\cdots\cdots\cdots (10.9)$$

でなければ,繊維の強度が活用できないことになる.

せん断強度 τ は,繊維の母材との結合,濡れ性による.これが弱いとアスペクト比の大きな繊維が必要となる.一般に温度が上がると,せん断強度が低下するので,アスペクト比が大きいほど高温での特性が良くなる.複合材全体の強度は繊維で強化するのであるが,破壊は繊維界面の剥離(debonding)から始まるほうが,き裂が一挙に伝播することを防いでくれる.

MMC に用いる短繊維は,ウィスカーのような $0.1\,\mu\mathrm{m}$ 径の細いものから,引抜きでつくった $10\,\mu\mathrm{m}$ 径のものまでいろいろある.

表 10.1 に,強化材,MMC,金属の特性を比較して示した.ただし,この表は次のことを念頭において見てほしい.強化材の特性は必ずしも繊維だけのものではない.これらの特性はバルク材と繊維では異なり,製法によっても異なる.特性値の測定法でも共通性がない場合がある.

たとえば,金属でよく用いるビッカース硬さは炭素繊維ではデータがない.セラミックスでも圧痕から割れる問題があり,金属と同じような測定ではない.セラミックスのバルク材の強度は曲げ強度のデータが多いが,繊維では引張強度が多い.ウィスカーのような微細短繊維では,測定そのものが難しい.

これらの理由にもかかわらず,無理矢理同一指標で比較したのは,目安程度の参考のためにすぎない.詳細はそれぞれのカタログなどを参照してほしい.

ウィスカーは,直径が $\mu\mathrm{m}$ 単位の針状単結晶である.この結晶が発見された発端は,海中ケーブルの銅線間のリークであったという.Sn のめっきやはんだ,銀接点などが使用されている電気回路が,高温多湿の環境でウィスカー発生に悩まされてきた.絶縁被覆を通り抜けて成長するので,今でもやっかいな代物である.環境対策から使用され始めた Sn 合金 **Pb フリーはんだ**では,この対策が考慮されている.

生成機構には,らせん転位上に酸化物などの化合物が生成して先端が成長する機構や,らせん転位上に直交する刃状転位が母材内部の拡散で上昇する根本成長機構などが考えられた.

結晶の中心にらせん転位があるにしても,転位密度がきわめて低い単結晶であるから,強度は高く理論強度の数分の一に達する.この性質は,利用できればきわめて優れた高強度材料になる.災いを転じて福となすことができる.

現在では,金属や酸化物(セラミックス)のウィスカーが生産されており,MMC の強化材に応用されている.

量産方法として,エピタキシャル成長などに CVD が活用されている他,電析による方法などがある.いずれにしても一方向にのみ結晶が成長する方法が工夫されて,基板の上に「かいわれ大根」のように密集して数 mm まで発生させて生産するが,高価である.

V 接合・改質

　高知の土佐電鉄では，ヨーロッパ各都市のトラムを買い取り観光にも一役買っているという．シュツットガルト，ウィーン，リスボンなどの電車が郊外まで足を伸ばして，田圃の中を走っている．車体の広告までそのままである．道路のトロリー線の高さ制限が高いためか大きなパンタグラフやビューゲルが目につく．

　接合には金属の知識が必要である．一方，接合特有の問題，とくに欠陥と残留応力があるために，溶接分野は金属学とは独立に存在している．電車，自動車，船舶，橋梁など構体の組立には溶接が不可欠であるから，構造用材料では溶接性を考慮しなければならない．

　表面改質では，めっきが意外と古くから使われている．すでにBC5〜6世紀の漢時代にあったという．水銀は常温で唯一の液体金属であり，他の金属をよく溶かす．いわゆる「アマルガム」である．これを加熱して水銀を蒸発させればめっきができる．

シュツットガルト市電　　片運転台・単軸の連接車．形式735号．土佐電鉄が2両購入して両運転台に改造，運行中

Chapter 11　金属を接合する

これまでは，金属それ自体の性質を述べてきた．材料は使用されて初めてその価値を発揮するから，構造用材料ならば機械や構造物に組み立てられて目的が達成される．接合はそのための重要な手段である．接合には，ボルト接合，はめ合いなど機械的な方法と，溶接，ろう接，圧接など冶金学的な方法がある．ここでは後者を取り上げる．
　溶接は，局所的な加熱により，変質と同時に変形などさまざまな問題を引き起こす．そのために，適用する素材自体にも溶接性という特性が要求される．

11.1　溶接部断面を切ってみると

　一般に加熱して接合する方法は一口に溶接と呼ばれているが，狭い意味では母材も溶かして接合するのが溶接（溶融溶接ということもある），母材は溶かさないで溶けた金属で接合する方法を**ろう接**（ろう付け），また，圧力で金属原子を近づけ結合させる方法が圧接である．

　溶接は溶融と凝固の過程があり，母材と成分の異なる溶接棒で合金化したり，脱酸剤やスラグを使用して酸化を防止するなどプロセスが鋳造と類似しており，また同じような欠陥も発生する．そこでまず，溶融溶接された部分の詳細と名称を**図11.1** に示しておく．

　被溶接材を**母材**，溶かし込む溶接材料をアーク溶接ではその形状から「電極」，「溶接棒」，「ワイヤ」などと呼ぶ．また溶接金属を**溶加材**ともいう．母材の接合部に溶接金属を盛りやすくするためにつくったV字状の溝を開先という．電極を移動させながら溶接する場合は，**ビード**（bead）という数珠玉のような凝固模様がつく．

　溶接部の断面を見ると，図下のように母材に溶込みが生じて，溶融部分は開先形状より大きくなる．断面の溶融境界をボンド，母材表面のビードの端を**トウ**（止端）という．溶込みが不十分で，溶接金属が母材の上に単に被さっている場合は「オーバーラップ」という溶接欠陥である．

　ビード裏側の溶融境界の隅を「ルート」という．片面溶接でビードが裏面に達していない場合，応

力の集中で，き裂の入りやすい場所である．

　溶融はしないが溶接熱の影響を受けた母材部分を**熱影響部**（通称 **HAZ**（ハズ）：Heat Affected Zone）という．母材が冷間加工や熱処理で硬化していると，HAZ では軟化が起こり、焼きが入りやすい鋼などでは逆に硬化が起こる．また、後述する残留応力も発生するため，き裂が入るなど問題が発生する場所でもある．

　T字や十字継手の隅肉溶接ではビードの厚さが重要であり，縦と横の幅を脚長，45°の厚さをのど厚と呼んで管理する．のど厚 d は，脚長 a, b からビード面を直線として，次の理論のど厚 d_0 を求め，これに対する過不足を評価する．

$$d_0 = \sqrt{a^2 + b^2} \big/ 2 \cdots\cdots\cdots\cdots (11.1)$$

ビードが凹面になると $d < d_0$，凸面になると $d > d_0$ となるが，止端の滑らかさは凹面が良く，凸面は応力集中が大きくなる．断面を切断して見た時，隅部の溶込みがなく空洞が空いて実質ののど厚が不十分な場合もある．アークが直角の隅部には飛ばないで，どちらか近い面に引き寄せられるとこのような欠陥が生ずる．

　写真 11.1 は炭素鋼の隅肉溶接部である．隅部先端は空隙となっているが，溶込みは十分である．溶接金属（右側）がボンド部から垂直に線状に伸びている模様が見られるが，これは母材側から熱を奪われるために，熱流の逆向きに母材結晶を核として**柱状晶**が発達したことを示している．

　ビードの山の上は最終凝固した部分で，**等軸晶**（ランダムな方向に向いた結晶粒）であり，鋼塊で

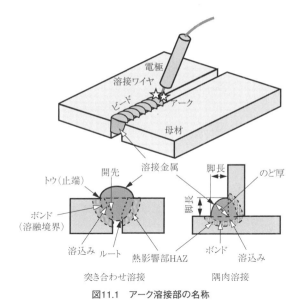

図11.1　アーク溶接部の名称

写真11.1　隅肉溶接部のマクロ組織（炭素鋼：上は鋳鋼，下は圧延鋼）

表11.1　冶金学的接合方法

加熱	無加圧		加圧
	溶接	ろう接	
アーク	ガスシールドアーク溶接(TIG,MIG),被覆アーク溶接,プラズマ溶接		スタッド溶接
電気	電子ビーム溶接	高周波誘導電気コテ電気炉	抵抗溶接フラッシュバット溶接高周波誘導圧接
ガス	酸素アセチレン溶接	ガスバーナ	ガス圧接
化学反応	テルミット溶接		爆着
その他	レーザ溶接		超音波接合
無加熱			冷間圧接摩擦溶接

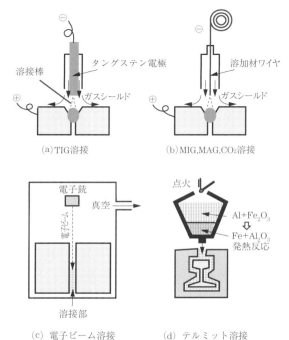

図11.2　いろいろな溶融溶接法

説明した不純物の偏析などが起こる．そのためにビード割れなどが発生しやすい場所である．

11.2　冶金学的接合の方法

接合方法を，加熱エネルギー源と加圧の有無で分けると**表11.1**のようになる．

(1)溶融溶接法

無加圧の主な溶融溶接法を**図11.2**に示す．

①アーク溶接

最も一般に使用されている溶接法である．最も簡単なのは，スラグ成分を被覆した溶接棒を電極にして手で溶接する方法である．しかし，大気中では水蒸気から水素が溶接部に入って気泡を発生したり，高張力鋼では水素脆性による低温割れの原因になる．アルミ合金は酸化しやすい．

そのため，アルゴンガスなど不活性ガスや炭酸ガスを電極周囲から吹き出してガスシールドする方法が多く用いられている．これを総称して「ガスシールドアーク溶接」という．

図11.2(a)は，電極がタングステンで消耗が少なく，溶接金属を手などで別に溶かし込む通称

TIG（Tungsten Inert Gas Welding）と呼ばれる溶接法である.

図 11.2 (b) は，タングステンの代わりに電極自体（ワイヤ）を溶接金属として自動送りする方法で **MIG**（Metal Inert Gas Welding）という．アルゴンガスに炭酸ガスを混合する場合を，**MAG**（Metal Active Gas Welding）ともいう．主に鋼に使用され，混合比は鋼種により異なる．

炭酸ガスを主体にした混合ガスを使用する場合は炭酸ガスアーク（CO_2）溶接という．この場合は Fe との反応で生成される CO や空気中の窒素により気泡が発生しやすいので，Mn や Si をワイヤに被覆させて脱酸を強化する．

ガスではなく粒状フラックスをアークに先立ち散布して溶融部を保護する方法をサブマージドアーク溶接（submerged arc welding）という．船舶など大型の溶接に使用される．

プラズマ溶接は，アークを水冷ノズルで絞り，より高温にするプラズマトーチを用いる方法である．ステンレス鋼や非鉄金属に用いられる．

② 電子ビーム溶接

図 11.2 (c) のように，真空中で電子銃により高エネルギーの電子を溶接部に照射して溶接する方法である．ビームが絞れるので，開先なしに細い隙間を溶接できる．HAZ も小さい．真空という制約はあるが，酸化・ガス吸収がなく上質な溶接方法である．レーザを使えば真空でなくてもよい．こちらは切断方法としても用いられている．

③テルミット溶接

図 11.2 (d) に概略を示す．活性なアルミニウム粉末と酸化鉄粉末を混合して点火すると，鉄が還元されてアルミニウムが酸化物になる．

この時，2000℃以上の温度で溶けた鉄が比重分離して，るつぼの下に溜まる．これを一定の温度で溶ける栓（ホットタップ）から溶接部に注ぎ込み，鋳造する方法である．

アークのような電源やガスボンベも不要なことから，レールの現場溶接でよく使用されている．鋳造に近い方法であることから，気泡やスラグ巻

込み，形状的な応力集中など，欠陥が生じやすい欠点はあるが，最近は，粉末の工夫，施工の半自動化などにより品質の向上がはかられている．

④ガス溶接

これもごくありふれた溶接方法で，酸素－アセチレンガスや簡易にはプロパンガスなどをトーチで火炎を絞り，溶接棒を溶かし込む．

（2）加圧接合法

加熱と同時に加圧する主な接合法を、図 11.3 にまとめた.

① 圧接

図 11.3 (a) に示すように，丸棒などの接合部を加熱して軟化させ，軸方向に圧力を加えて金属結合を起こさせる方法である．ガスで加熱する方法はガス圧接と呼び，レールや鉄筋の現場接合、電線の接合に用いられる．誘導加熱は工場での定置式接合機に用いられる．接合面が汚染されると欠陥として残ることがある．

接合面のクリーニングも兼ねて，最初の軽い接触でスパークを発生させ，その熱で圧接する方法をフラッシュバット溶接という（図 11.3 (b)）.

圧接は溶接金属がなく，母材どうしの結合であるから，接合部は HAZ のみといってもよい．欠陥が少なく信頼性が高いが，熱影響による硬さの

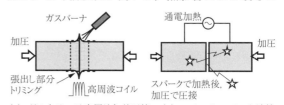

(a) ガスあるいは高周波加熱圧接　　(b) フラッシュバット溶接
　　（無加熱ならば冷間圧接）

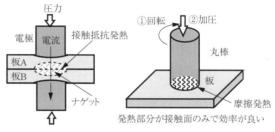

(c) 電気抵抗溶接　　　　　　　　　(d) 摩擦溶接

図11.3　加圧する接合法

変化はある．このため後熱処理によって局部軟化や硬化を母材並にならすことも行なわれている．

塑性変形ではみ出したバリは，熱いうちに押抜きせん断で除去する．この時，鋼塊内部の介在物の多い偏析部分が外に現われ，疲労強度を低下させることがあるので注意が必要である．

外部から熱を加えない冷間圧接法もある．接触面が清浄化されていれば，圧力によって真実接触点どうしが金属結合する．電車線のトロリー線の接合に適用されたことがある．

② 抵抗溶接

図 **11.3** (c) に示すように，主に板をスポット的に接合する方法で，重ねた板に電極で圧力をかけると同時に電流を流す．板の重なり部の接触抵抗で発熱して局部的に溶融接合する．車の外板を骨組みに接合（**スポット溶接**）するとか，ローラ電極で丸めた鋼板を縫合してパイプをつくる（**シーム溶接**），などに使用される．

接触抵抗は電極の接触部にも生ずるが，電極を水冷銅にして接触抵抗を下げ，熱を逃げやすくしている．接合部の溶融部分をナゲットという．

③ 摩擦溶接

図 **11.3** (d) のように，一方が回転できる部品であれば摩擦熱を積極的に利用できる．トライボロジーでは回転軸の焼き付きというトラブルがあるが，この焼き付きと同じ原理で異種金属でも接合できる．接合方法としては，熱影響範囲が接触面近傍のみで熱効率も良い．鋼板と棒やパイプの接合などに使用されている．

超音波を使って微小振動の面間摩擦を利用し，圧力下で接合する方法もある．

④ その他

火薬を使用して、その爆発力で2枚の板を合わせる（クラッド）方法がある．溶融では難しい異種金属どうしや広い面積を接合するのに用いられる．「爆着」，「爆接」という．

(3) ろう接

いわゆる「はんだ付け」，「ろう付け」である．

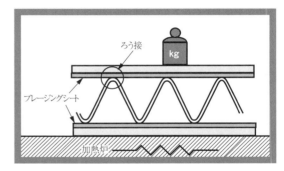

図11.4　ハニカム材のブレージング

母材は溶かさないから，ろう材の液相線は母材の固相線よりは低い材料でなければならない．

ろう材を大別すると，融点が450℃以上の**硬ろう**と450℃未満の**軟ろう**（はんだ）がある．前者を使用する場合を**硬ろう接**（brazing），後者を用いる場合を通称**はんだ付け**（soldering）という．

硬ろうには，主に鋼に用いる黄銅ろう（Cu-Zn：JIS Z 3262），鋼，銅，銅合金に用いる銀ろう（Ag-Cu：JIS Z 3261），アルミ合金用の**ブレージングシート**（Al-Si 系合金：JIS Z 3263）がある．

ブレージングとは本来はろう付けの意味であるが，**図 11.4** のようにハニカム構造やラジエータの細かいフィンを接合するのに、シート状のろう材（ブレージングシート）を接合部に挟んで加熱炉で一体ろう接する方法である．ブレージングシートを、本体のアルミニウム合金板（心材）にあらかじめクラッドした合金もある．

アルミニウム合金の場合，母材とろう材の融点温度差が小さいので，温度設定には注意が必要である．使用温度が低い構造体では，接着剤による接合も多い．接着ならアルミどうしだけでなくFRP などとの接合も可能で，電気絶縁もできる．航空機では適用が進んでいる．

はんだは，電気回路の接合に広く用いられている．プリント基板を溶融したはんだ槽に浸すリフローはんだ付けや手作業のはんだ付けなど，低融点の Pb-Sn 共晶系が長く用いられてきたが，Pbが環境汚染の原因ともなる重金属であり，これに代わる Pb フリーはんだ材料（Sn-Ag-Cu 系など）

表11.2　材料別の溶接方法

溶接方法	鉄鋼				アルミ合金	Ti合金	銅合金
	軟鋼	炭素鋼	高張力鋼	ステンレス鋼			
被覆棒アーク溶接	○	○	△	○			
TIG			△	○	○	○	○
MIG			△	○	○		○
CO₂	○	○	△				
サブマージアーク	○	○	△	○			○
電子ビーム				○	○		○
プラズマアーク				○	○	○	
フラッシュバット		○					
ガス圧接		○					
抵抗	○			○	○		○
摩擦	○	○	△				
テルミット	○	○					
ろう接	○				○		○
ブレージング					○		
爆着				○			

△：強度レベルにより適否あり

に転換が進んでいる.

　これまで紹介した接合方法には，材料により向き不向きがある．**表11.2**に，接合方法とそれによく用いられる材料の組合わせを示す．高張力鋼で△を記したのは，強度等級によって対応が変わるからである.

　溶接用高張力鋼は，引張強さ500MPa以上をいうが，たとえばCO₂法は500MPa級までの鋼ならば使用されるが，700〜800MPaまで無条件に使われてはいない．TIGなど高価なアルゴンを使用する溶接は，500MPa程度の低級鋼には使用してもよいが，コスト高になる.

　実際の施工における材料と溶接方法の選択には，溶接の専門家に相談するのが早道である．また，重要な溶接は技能検定の有資格者でなければならない.

11.3　溶接性

　溶接性とは，溶接して問題が起こらないかを判定する指針である．SS400など軟鋼といわれる鋼は，どのような方法で溶接してもとくに問題はない．これは溶接性が良いといえるが，低温容器や圧力容器など重要な部材には適用しないから，問題も起こらないという面がある.

　ところが，特殊な使用条件を目的とした材料,

たとえば高張力鋼では焼きが入りやすい，ステンレス鋼は粒界炭化物の析出が起こる，アルミニウム合金は酸化しやすく熱伝導が大きい，などの制限が出てくる．これらは難溶接材料とまではいかないが，一定の注意が必要である.

　以下では，この制限の内容を見てみよう.

(1)高張力鋼

　高張力鋼は，Chapt.6に述べたように，軟鋼に比べて炭素の他，Mn，Cr，Nbなど合金元素が添加されている．引張強さ500MPa程度までは圧延のままで強度が出る，いわゆる非調質鋼であるが，それ以上の等級になると焼入れ焼戻しなどの熱処理を施す調質鋼となる．**調質**とは，JIS用語では「焼入・高温焼戻し」であるが，結晶粒の微細化などを含めていう.

　溶接は局部加熱であり、母材に熱を奪われるため冷却速度が速い．そのため焼きが入るように合金設計した高強度鋼（高炭素鋼も含む）では局部的に焼入れされる.

　図11.5は溶接部付近の硬さ分布である．溶接金属には炭素当量の少ない材料を用いるから硬くはならないが，母材のHAZに焼きが入る．ただし，多層盛りビードでは焼戻しもされる．多層盛りでなくても隣接溶接熱で，ある程度は焼戻されるから，マルテンサイトのままではない.

　ボンド付近では拡散が起こり，濃度の高いほうが希釈されるため軟化が起こる．HAZの母材側ではA₁点以上にはならないが結晶粒の粗大化や熱処理された母材では焼戻しにより軟化する．したがって，Chapt.6.6の(6.1)式に示した焼入性を示す炭素当量が重要な因子になる．JIS G 3106［溶接構造用圧延鋼材］では，SM570という等級に対して次の制限がある.

炭素当量 C_{eq} (%) = C+Mn／6+Si／24+Ni／40
　　　　　　　　+Cr／5+Mo／4+V／14 …(11.2)

板厚 $d \leqq 50$mm では，$C_{eq} \leqq 0.44$ など板厚による規定，あるいは,

溶接割れ感受性組成 P_{cm} (%) = C + Si／30

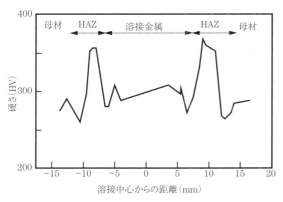

図11.5　高張力鋼の溶接後のHAZ硬さの増大

$$+ Mn／20 + Cu／20 + Ni／60 + Cr／20$$
$$+ Mo／15 + V／10 + 5B \quad \cdots\cdots\cdots (11.3)$$

板厚 $d \leqq 50mm$ では，$P_{cm} \leqq 0.28\%$ 以下であること，などの規定がある．

この制限は，HAZ の硬さが HV350 を超えないことに対応する．HV350 は，溶接後 200℃ 以下に温度が下がってから水素によって割れを生ずる（**低温割れ**という）危険性の安全限界である．

JIS には，前述の SM570 までしか規格がないが，実用的には 600 〜 1000MPa 級の高張力鋼板が市販されており，すでに橋梁などで使用されている．高強度になるほど低温割れの危険性は増加するので，溶接後の冷却速度を下げるために，あらかじめ母材の温度を上げておくこと（**予熱**），溶接後に再加熱して焼戻しを行なう（**後熱処理**）などの処理が必要である．

(2) ステンレス鋼

ステンレス鋼は目的が耐食・耐熱であるから、溶接で主目的が失われないことが大切である．

フェライト系では，C の溶解度が小さく，C と Cr の拡散速度が大きいため，冷却時の短時間でも HAZ で鋭敏化が起こりやすい．この対策としては，母材に Nb,Ti で C を安定化した材料（436，436L など）を用いることや，溶加材の選択，後熱処理による溶体化などがある．

オーステナイト系では，溶接金属の**高温割れ**（溶接後 200℃ 以上で生ずる）に注意しなくてはなら

ない．フェライトは高温割れを防止するので Cr の増量が望ましいが，前述のように孔食には弱くなる．耐海水性の良い Mo 添加の 316 系母材でも、溶接金属にフェライトが出ると Cr、Mo の偏析が起こって孔食の原因となる．使用環境に応じて溶加材の選択が重要である．また徐冷すると、Cr 炭化物の析出による粒界腐食の問題が発生する．

一方，熱伝導率が悪い材料なので熱がこもりやすく，急冷すればひずみが大きくなる．粒界腐食に対しては，低炭素系（304L，316 L など）や C 安定化元素を添加した鋼種（321,347 など）を選択する．高温，高圧の装置や，粒界腐食に厳しい化学種のある環境では，後熱処理が行なわれる．

後熱処理は，焼なまし（850 〜 900℃ 徐冷），溶体化処理（1065 〜 1120℃ 急冷），応力除去（850 〜 900 急冷），安定化処理（850 〜 900℃ 空冷）などがある．これらの処理はかえって副次的なトラブルを生ずる可能性もあるので，特別な使用条件でなければ後熱処理は実施しない．

(3) アルミニウム合金

アルミニウム合金は，表 11.2 に見られるようにほとんどの溶接法が用いられている．しかし，以下の特性に対して工夫がされているからこそ広く適用されているのである．

①活性金属である：低融点で酸化しやすいが，いったん酸化されたアルミナの融点は 2020℃ になり，融合を妨げる．また自身の比重が小さく酸化物やスラグなどの比重分離ができない．酸化膜を溶融するためのフラックスを使うと洗浄不十分では腐食が起こる．また溶融中水素を吸収しやすく，気泡が発生しやすい．

したがってアーク溶接では，不活性ガスシールドが不可欠である．直流アーク溶接では母材をマイナスにする（逆極性）とクリーニング効果がある．MIG ではこれを利用するが，プラス電極側が高温になるので，固定電極の TIG では高周波付き不平衡交流などを用いる（鉄鋼などは母材側をプラスにする正極性）．

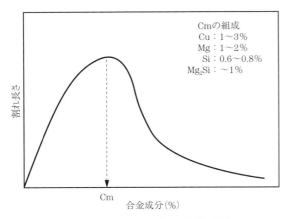

図11.6　アルミニウム2元合金の高温割れ傾向

②**熱伝導率が大きい**：局部加熱しにくい．入熱を大きくすると結晶粒が粗くなり、延性が低下する他，熱影響範囲が広がり軟化や耐食性低下が起こりやすい．一方，融点が低いので溶け落ちしやすい．

③**熱膨張係数が大きい**：ひずみを生じやすい．可能であれば，あらかじめひずみを予想した形状にしておくのも対策の一つ．

④**電気伝導度が高い**：抵抗溶接では大電流が必要となる．過大な入熱を防ぐには、短時間で接合を終えなければならない．

⑤**高温割れ傾向**：溶接金属の凝固割れ（熱収縮による割れ）とHAZの低融点共晶割れ（母材に溶加材成分が粒界拡散して融点の低い共晶を生成，液体金属接触脆化と同じ機構）がある．合金成分によって**図11.6**に示すような割れやすい範囲がある．

たとえばSiの多いA4043という溶加材は，接合材料の合金のいろいろな組合わせ（例：A1100とA5052の接合など）に適用できるが，合金成分を図11.6のCmより多いほうに設定して高温割れを防止している．

アルミニウム合金は1000, 5000, 6000番台が溶接に適しているが，熱処理系のジュラルミンでも溶接できる．接合する材料の組合わせとそれに適した溶加材の指針は，「アルミニウムハンドブック」（軽金属学会）などを参照されたい．

11.4　溶接欠陥

前節でもいくつかの欠陥に触れたが，主な欠陥の分類をまとめて**表11.3**に掲げる．さらにそれぞれの欠陥の形態を**図11.7**に示した．

(1)形状不良

溶接の仕上がりが本来の形状になっていないものである．溶込み不足は，開先の隅まで溶接金属が入っていないもの（隅肉溶接ではのど厚不足），母材の表面に薄く付いているだけのものなどあり，強度が不足する．

オーバーラップも表面の溶込みがなく，溶接金属は接合せず被さっているだけのものである．これと母材表面を溶出させ凹みを生じたアンダーカットは，応力集中を招く．

ろう接の欠陥の多くは，事前の表面の清浄処理に起因する濡れ不足である．

(2)割れ

大別して溶接中あるいは直後に起こる「高温割れ」と，冷えてから起こる「低温割れ」がある．

高温割れは，主に溶接金属で起こる．凝固時に固相線まで下がらないうちに，初晶に挟まれた粒界に融液がある状態で収縮力で割れる垂直割れやルート割れ，などがある．

これらは外観上は，溶接止点などのクレータ割れ，ビード割れとなる．ボンド付近では母材の偏析物，介在物が低融点であるため、液化して粒界割れを起こす場合，液体金属脆化と同じように圧延方向に伸びた偏析帯に沿って粒界に脆化元素が拡散して割れを起こす場合などがある．

低温割れは，主として高強度鋼で起こる水素による**遅れ破壊**（Chapt.13.4 参照）の一種である．図11.5 に見たように，冷えると高強度になるのはHAZであり，割れはここに起こる．

溶融鉄の水素溶解度は高く，大気中の湿気から吸収された水素が鋼中で過飽和になり，焼戻しマルテンサイトの高強度鋼では残留応力で粒界割れ

やマルテンサイトラス割れを起こす.

割れる部位は応力集中の大きいルート，トウなどが多い．また圧延方向に伸びた介在物に沿って割れることもある．これを**ラメラティア**という．溶接金属も，結晶が粗大で脆い柱状晶になると、水素によるミクロ割れや垂直割れが発生する.

(3)内部欠陥

気泡（ブローホール）も主に溶融時に吸収した水素ガスが，凝固時に抜けないで残ったものである．非酸化性あるいは還元性ガスによるため，鋼では割れた破面に光って見えるので**銀点**と呼ばれる.

アルミニウム合金も，水素による気泡が発生しやすい．Chapt.10 で述べたアルミ基ＭＭＣも，強化材界面に水素などがあり，母材から気泡が出るため、シールドガスを用いても溶接困難である.

(4)熱影響

HAZ は硬化しても問題があるが，軟化しても困る．炭素当量の少ない軟鋼や、元来は軟らかいアルミニウム合金の焼なまし材を除けば，板は冷間圧延などで硬化しており，溶接熱で再結晶して軟化する．アルミニウム合金は熱処理系でも，鋼と違って急冷で硬化することはないから溶接はできる．ただし，そのままでは再時効が起こるため、後熱処理で時効をする.

ステンレス鋼は前述のように鋭敏化することがあるから，材料や溶接方法の選択を適切に行なうことが大事である.

11.5 残留応力

溶接は局部的に加熱で膨張したり、冷却で収縮する際に**内部応力**（internal stress）が発生する．それを緩和するために部材が歪む．これを冷間変形で直そうとするとさらに応力が発生する．内部応力とは、外力なしで内部でバランスする応力の総称である.

溶接，熱処理，塑性加工などで生ずる場合，引張成分（tension），圧縮成分（compression）を個

表11.3　溶接欠陥

分類	形態・原因	主な部位
形状不良	溶込み不足，アンダーカット，歪み	ボンド
割れ	高温割れ（200℃以上），低融点析出物の液化割れ	溶接金属，ボンド
	低温割れ（水素による遅れ破壊），焼き割れ	HAZ
内部欠陥	気泡，スラグ巻込み，ラメラティア	溶接金属
熱影響	SUSのCr欠乏層，SR割れ，軟化，硬化	HAZ

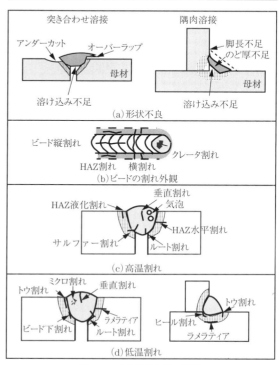

図11.7　主な溶接欠陥の種類

別に扱い，**残留応力**（residual stress）と呼ぶ．引張残留応力の作用している部分に，前述の水素によるき裂が発生すると，き裂が拡大しない限界応力に下がるまではき裂は進展する．疲労の場合は平均応力として損傷に寄与する（Chapt.13.3 参照）.

図11.8で，残留応力の発生を理解しよう.

母材Ｃに四角い切欠きがあり，それより長い棒Ａと短い棒Ｂを切欠きに挿入する．ただし，A，B，Ｃはいずれも同一材料とする.

長い棒Ａを狭い切欠きに入れるには，これを予め圧縮しておかなければならない．切欠きに入れると、母材Ｃはこの部分で広がるから上に凸に曲がる．これは溶接で板の一方を加熱した状態

と同じである．棒Aと接している側は引張応力を，反対側では曲げの圧縮応力になる．

棒Aと母材が接合されていなければ，棒と母材の界面が不連続で向きが反対であるから、軸方向応力はせん断応力となる．棒には全体の曲げ応力の応力勾配が及ばないとすると，全体の残留応力分布は同図右のようになり、圧縮部と引張部の面積が等しくなるように内部応力がバランスする．

溶接が終わって凝固が始まると，溶接部は温度上昇で強度が低下しているから，母材から受ける圧縮応力で降伏して熱間圧縮変形する．そのため常温に戻って強度が母材と同じになった時，短い棒Bを引張り伸ばしてから切欠きに入れて両端を接合（この場合は熱は考えないから，接着としよう）した状態と同じになる．

長い棒を入れた時と逆に，棒は引張り，棒と接する母材は圧縮となり，全体は下に凸に曲がる．全体の応力分布は加熱の場合と逆になる．

溶接では棒と母材は接合されるから、界面からそれぞれの内部にかけての応力分布は連続になってなだらかに推移する．またこの例では母材の両端が自由の例であるが，大きな構造物では両端が拘束されて上のようには曲がらない．

拘束されている場合の応力分布は，下に凸に反った板を逆方向のモーメントにより曲げて真直ぐにすることを考えればよい．曲げ応力分布は弾性直線で，これを自由端の応力分布に重ねると，最終結果は同図 最下右のようになる．拘束されていると、溶接部の引張残留応力はさらに増加する．

隅肉溶接部の縦曲げ変形の例を**図 11.9** に示す．この変形を極力少なくするために，あらかじめフランジを下に曲げておくなどの対策や，溶接の順序の工夫などがあり，残留応力も低減できる．

ひずみ取り焼なまし（応力除去焼なまし，**SR処理**ともいう：Stress Releasing）は，溶接部を含む広い範囲を加熱してゆっくり冷やす方法である．製品全体を加熱炉で焼なます場合もある．この時、ひずみの再分布でトウなどの応力集中部に

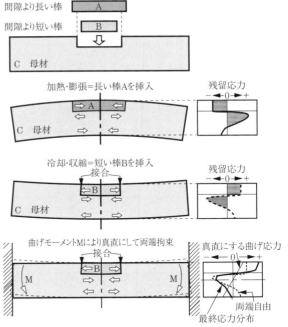

図11.8　残留応力発生の原理

間隙より長い棒　A
間隙より短い棒　B
C　母材

加熱・膨張＝長い棒Aを挿入　　残留応力
C　母材

冷却・収縮＝短い棒Bを挿入　接合　残留応力
C　母材

曲げモーメントMにより真直にして両端拘束　接合　真直にする曲げ応力
M　　　M
両端自由
最終応力分布

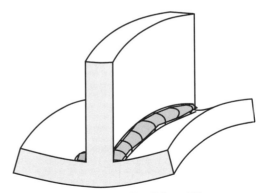

図11.9　隅肉溶接の縦曲がり変形

き裂（**SR割れ**）が生ずることがある．

鋼の焼入れでは、急激な温度変化と同時に相変態の膨張が重なり複雑である．高強度鋼の溶接では焼入ひずみが重畳して残留応力はますます複雑な分布になるから，鋭い切欠きや肉厚の急激な変化は避けなければならない．

残留応力は，局部塑性変形でも発生する．切削加工や転がり接触など表層のみが塑性変形すると，ごく浅い表面下で応力が反転する．

表層に圧縮応力分布を生成させて疲労強度の改善をはかる方法は，Chapt.6.8（4）で取り上げた．

Chapter 12　表面改質

　材料は，すべての目的に適うようにラインナップされているわけではない．耐食性が必要ならばステンレス鋼，軽量が必要ならばアルミ合金と，ある程度は対置すべき材料は揃ってはいるが，使用条件や重要度，耐久度，価格などによっては表面の性質を改善するだけで，よりふさわしい性質が得られる．

　めっき，酸化などの防食や装飾のための処理は昔から「表面処理」(surface treatment)といわれてきた．また鋼の浸炭・窒化などの表面硬化処理も，表面処理の範疇に入る．近年になって真空蒸着やイオン照射など新しい技術が台頭してきて，「表面改質」(surface modification)という用語が使われるようになった．これは単なる「被覆」(coating)ではなく，金属表面に母材と異なる元素を結合・拡散させて，新たな性質を付与するという意味を強調している．

　表 12.1 に主な表面改質方法と目的をまとめた．このうち，塗装とライニング（厚さが 0.4mm 以上の被覆を指していう）は，改質というよりは被覆であり，また熱処理，冷間加工の浸炭・窒化・ショットピーニングについては，Chapt.6.8（4）で述べたので，ここでは「湿式法」と「乾式法」に分類される方法だけを取り上げる．

12.1　めっき

　「めっき」は「滅金」がなまったものか．通常の漢字では「鍍金」が当てられている．「鍍」は「塗」の音からきているという．よく「メッキ」と表記されるが，外来語ではない．

(1) 電気めっき (electroplating)
① めっきの厚さ

　Chapt.2 で，電解質水溶液に Fe と Zn を浸して外部を電気的に結合すると，Zn が溶け出すことを述べた．図 2.1 をもう一度見てみよう．これはイオン化傾向の大きい Zn がイオンになって腐食する話であったから，Zn イオンの行き先まで考えなかった．これがカソードの Fe の表面で電子と出会うと還元されて，

$$\mathrm{Zn^{2+}} + 2\,\mathrm{e^-} \rightarrow \mathrm{Zn} \quad\cdots\cdots\cdots(12.1)$$

となり，鉄の上に Zn が析出する．これがめっきである．Fe との接触電位差だけでは反応は弱いから，外からこの反応が起こるように電流を供給する．

　析出する金属の量は「電気量」(A·s ＝ C：クーロン)に比例し，1F（ファラデー）＝ 96500C の電気量で 1g 当量 (M/z) が析出する．これを**ファラデーの法則**という．ただし，M：原子量，z：原子価である．

　電流 I (A) を時間 t (s) 流した時の析出量 m (g) は，

$$m = ItM / 96500z \quad\cdots\cdots\cdots(12.2)$$

と書ける．

　そこで，めっき面積を S (cm²) とすると，めっき厚さ d (cm) は次のようになる．

$$d = \frac{Mt}{96500\rho z} \times \frac{I}{S} \quad\cdots\cdots\cdots(12.3)$$

　ここで，ρ：密度 (g/cm²)

　I/S は電流密度で，めっき業界では A/dm² が

表12.1　主な表面改質法

分類	方法	目的
湿式法	電気めっき	防食,装飾,耐摩性(硬質めっき),導電性
	無電解めっき	防食,装飾,耐摩性(硬質めっき),導電性
	溶融塩めっき	防食,装飾,耐摩性(硬質めっき),導電性
	化成処理	下地処理,防食,潤滑
	陽極酸化	防食,装飾,耐摩性
乾式法	溶射	防食,絶縁(セラミック溶射),耐摩耗性,接合下地,耐熱,補修
	物理蒸着(PVD)	半導体,集積回路,防食,耐摩性,光学皮膜
	化学蒸着(CVD)	半導体,集積回路,防食,耐摩性,光学皮膜
塗装	有機塗料	防食,装飾
	粉体静電塗装	防食,装飾
ライニング	ホウロウ	防食,装飾,耐熱
	接着被覆	接合,摺動摩擦
熱処理	浸炭	耐摩耗性
	窒化(軟窒化)	耐摩耗性,疲労強度向上
	高周波焼入れ	耐摩耗性,疲労強度向上
	電解焼入れ	耐摩耗性
冷間加工	ショットピーニング	耐摩耗性,疲労強度向上,塗装下地

用いられる（$dm^2 = 100cm^2$）．電気化学実験の場合は mA/cm^2 が用いられ，SI 単位では A/m^2 であるから，換算に注意が必要である（$1A/dm^2 = 10mA/cm^2 = 100A/m^2$）．

Zn^{2+} の場合で計算してみよう．1g 当量は，$M / z = 65.4 / 2 = 32.7g$ であるから，1A の電流ならば，$96500 / 60 = 1600$ 分で 32.7g の Zn が析出する計算になる．

一辺が 10cm の正方形鉄板（厚さは考えない）の両面にこの Zn が析出すると，めっき厚さ d はどのくらいになるか．Zn の密度 6.9g／cm^3 であるから，（12.3）式より，

$$d = 32.7 / (6.9 \times 2 \times 10^2) = 0.02cm$$
$$(= 200 \mu m)$$

通常，電気めっきの厚さは $10 \sim 15 \mu m$ 程度，溶融めっきで $100 \mu m$ 程度である．

電気めっきは，**図12.1** に示すように，面積の大きな陽極に対して，いくつもの品物（被めっき物）を引掛け具に吊るしてめっき浴に入れる方法（引掛け法）と，回転するバレル（barrel）の中にねじ部品など小物を入れて回転させながら，むらなくめっきする方法（バレル法）がある．

静止している引掛け法の場合は，図12.2 のように品物の尖った角には電流が集中するため厚く付着し，凹んだ隅には薄く付着する．そのため，角には丸みを持たせるなど設計上の配慮が必要である．この図の場合は，陽極に対して裏面に当たる部分をめっきが付かないように，絶縁塗料などでマスキングしてある．

複雑な形状ではマスキングのような工程は手間がかかり，コストアップの要因となる．裏面をめっきすると，陽極から遠いためにめっきの付きが少なくなる．全面をめっきする場合は，反対側や形状的に遮蔽される部分には補助陽極を設ける．逆にめっきが付きすぎる場所には，補助陰極という手もある．

陽極がめっき材料で消耗する場合を**可溶性陽極**というが，酸化物などの不溶性不純物がカソードに運ばれると仕上がりが悪くなる．そのために，

一種のフィルタとしてアノードバックを被せてこれを防止する．

一方，白金，鉛，カーボンといった材料を用いる**不溶性陽極**もある．この場合は浴中のイオンを別に補給しなければならない．また，不溶性陽極を補助陽極に用いることもある．

② 水素の問題

Chapt.2 で述べたように，水溶液のカソード反応は H^+ の還元反応（2.2）式が必ず起こる．しかし，

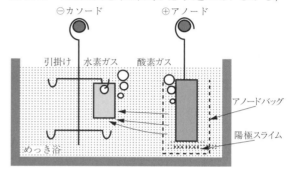

（a）引掛け法

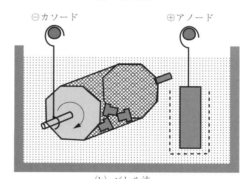

（b）バレル法

図12.1　めっきの方法

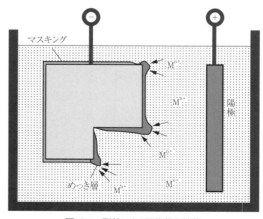

図12.2　形状による不均等な付着

水素ガスの圧力とイオン濃度の平衡から決まる平衡電位に対して，実際は電位をより卑にしないと反応が起こらない（分極）．これは，カソード金属の表面で水素ガス分子とイオンの間にエネルギーギャップがあるからで，分極によって生じたこの余分な電位を**水素過電圧**という．

鋼材にめっきをする場合，通電開始直後はカソード金属は Fe で，水素過電圧が低く水素還元反応が起こりやすい．このため，水素の一部が鋼中に入り，高強度鋼では「水素脆性」を生ずる．Zn が表面に電着してくると，Zn の水素過電圧は大きいため水素還元反応は抑制され，水素ガスの発生は少なくなる．さらに Zn 中の水素の拡散速度は遅いため，鋼中への水素の侵入は減少するが，いったん鋼中に入った水素は抜けにくい．

高強度鋼では**めっき脆性**として昔から現象は知られているにもかかわらず，今日でもトラブルは絶えない．水素の吸収はめっきによるばかりでなく，予備処理としての**酸洗**（塩酸などで熱処理の酸化膜を除去する工程）で入る分もかなり多い．これが Zn めっき層で閉じこめられてしまう．

水素を除去するには，ベイキングと呼ぶ加熱を行なう（**脱水素処理**ともいう）．めっきの厚さや緻密さによるが，200℃ × 24h でも完全には抜けない場合がある．

鋼の水素脆性は，強度が高いほど生じやすい．JIS H 8611『電気亜鉛めっき』に示されているベイキング条件を**表12.2**に示す．硬さは引張強さから換算したものである．ベイキング温度は200℃以上が望ましい．200℃以上にすると，外に放散されずに残った水素が，鋼中の安定なトラップサイトに捕獲されて動かなくなるなるからである（Chapt.13.4 参照）．

めっき作業の効率を上げようと電流を過度に流すと，溶液内のイオン移動が間に合わず水素ばかり発生するようになる．また，付着状態が悪くなる．そのために適正な電流密度があり，越えてはならない限界電流密度がある．

③ ストライクめっき（strike plating）

表12.2　電気Znめっきした鋼の強度とベイキング条件
（JIS H 8610による）

引張強さ MPa	硬さ HRC	ベイキング 温度 ℃	時間 h
<1050	<34	–	–
1051〜1450	34〜43	190〜220℃	≧8
1451〜1800	43〜50	190〜220℃	≧18
>1800	>50	190〜220℃	≧24

ステンレス鋼では不働態皮膜があると，めっきの付きが悪くなる．そのために本めっきに入る前に塩化 Ni 浴を用いて逆電流を流す．鉄製品を Cu めっきする場合，Fe より貴な Cu が無通電でも置換析出して，付着力を低下させる．そのために最初は Cu イオン濃度の低い浴でめっきする．

Cr めっきでは，最初に短時間大電流でめっきする．アルミニウム合金では，強固な酸化皮膜の除去に Zn などの置換めっきを利用する．

このように本メッキの析出を促進し，付着力を増すための特別な予備めっきをストライクと呼んでいる．**下地めっき**（under coat）は，異なる金属の多層めっきの最下層を被覆するもので，ストライクとはやや目的が異なる．

(2) 無電解めっき（electroless plating）

めっき浴中に金属イオンがあり，これにイオン化傾向の小さい金属を入れると，金属イオンと置換が起こり，外部から電流を流さなくてもめっきができる．これを**置換めっき**というが，金属でないと使えない．前述のようにアルミニウム合金のストライクにも利用されている．

浴中に還元剤を添加して，金属イオンを積極的に還元して析出させる方法を取れば，絶縁物でもめっきができる．これが**無電解めっき**である．析出した金属自体が触媒作用をする自己触媒型として，無電解 Ni-P（2〜5%）めっきが（JIS H 8645『無電解ニッケル - りんめっき』），鋼，銅と銅合金，アルミニウム合金などに普及している．

無電解めっきの特徴は，㈠前述の電気メッキのような付着厚さの不均一性がないこと，㈨複雑な形状でも均一付着が可能なこと，㈫絶縁体であるプラスチックやセラミックスでもめっきができ

る，などである．

無電解 Ni-P めっきは，**図12.3** に示すように熱処理で硬化する．約400℃で最高硬さ HV1000 に近い硬質皮膜が得られ，硬質 Cr めっきが困難な場合の代替となる．膜厚により等級があり，はんだ用の3μm（以上）から50μm（以上）の厚ものまである．

無電解 Cu めっき（JIS H 8646）は，プリント配線用素地（Cu2 層積層板，接着剤塗布積層板，セラミック基板など）に使用される．また，他の電気めっきの下地としても利用されている．

(3)溶融めっき（hot dip coating）

鋼を Zn，Sn，Al などの融体の中に漬けて付着させる方法で，「どぶ付け」などともいわれる．はんだ付けと同様，フラックスなどの表面活性材が必要である．最も普及しているのは**溶融亜鉛めっき**（hot dip zinc coating, galvanizing）で，建材，土木材料などに大量に使用されている．

めっきの厚さは50〜100μm で，通常は厚さよりも付着量 g/m2 で管理されている．電気めっきに比べて皮膜が厚く耐食性は良いが，ねじなど嵌合部品にはめっきしろが大きすぎる．処理温度が Zn の場合は430℃なので，鉄地との境界に合金層が形成される．

めっき処理は管理された工場で行なうので問題はないが，めっき処理材を溶接すると「溶融金属接触脆化」（Chapt.13.4 (3) 参照）が起こる可能性があるので注意する．また，処理温度で焼戻しが

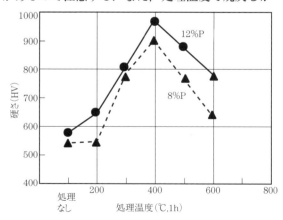

図12.3 　無電解Ni-Pめっきの熱処理温度と硬さ

起こるような材料には使えない．溶融 Sn めっき鋼板は**ぶりき**，**溶融 Al めっき（鋼）はアルミナイジング**（aluminizing）ともいわれる．

(4)主なめっきの用途と特徴

① めっきの記号
電気めっき：Ep
無電解めっき：ELp
溶融めっき：HD
一般的なめっき仕様の記号は次のようである．
めっき種別－素地／下地めっき，上層めっき（多層めっきでは下から順に書く），厚さ（μm），／後処理記号
たとえば，電気めっきで鉄板素地に Cu の下地を置き，上層に Sn めっきして光沢仕上げにする場合，

　　　　Ep-Fe ／ Cu 5，Sn 5 f

f は，表面を再溶解して滑らかに光沢を出す**リフロー処理**である．

溶融めっきは素地が鉄であり，下地めっきもないので，めっき種別のみである．

HDZ：亜鉛，　HDA：アルミニウム

ただし，溶融めっき鋼板・鋼線などは別の記号が付けられている．

② Ni めっき（電気 JIS H 8617，無電解 JIS H 8645，工業用電気 JIS H 8626）

耐食性，耐熱性があるので，銅ブスバーの電気接合部，化学装置のステンレス，車用の鋼部品などいろいろな合金に使用される．電気接触部では硬すぎて真実接触面積が十分得られないという難点もあり，Sn のほうがよい場合がある．ステンレス鋼については前述のストライクめっきが必要である．

添加剤により光沢を調整でき，装飾品や食器などでは光沢めっきが主に使用される．下地めっきには素地が鉄や亜鉛の場合は Cu が使われるが，Ni 自体も他のめっき（貴金属や硬質 Cr めっきなど）の下地めっきとして用いられる．無電解めっきは前述のように Ni が多い．

③ Cu めっき（無電解 JIS H 8640）

鉄鋼に対してはストライクめっきが必要である．鋼の浸炭の際に，浸炭させない部分の防止材として用いることもある．Ni, Cr などの下地めっきに使用されることが多い．無電解めっきは絶縁物に適用できるので，エレクトロニクス分野でのプリント基板，電磁波シールドなどにも使用されている．

④ Cr めっき（JIS H 8615）

光沢があり，装飾には薄膜のめっきが用いられる．工業用 Cr めっきは厚膜で硬く**硬質クロムめっき**といわれ，ピストンやシリンダライナ（めっき厚 20 〜 100 μm）など摺動部品に用いられる．皮膜が厚くなると縮むため引張応力が発生，割れを生ずる．耐食性を期待するならば下地に Ni めっきを施す必要がある．めっきには大電流を使用するため，バレルめっきは行なわれない．

⑤ Zn めっき（電気 JIS H 8610，溶融 H 8641）

電気 Zn めっき（クロメート）は，ねじ部品など機械部品や鋼板の防食に広く使用されている．かつてはトタン板（カラートタン）として屋根などに大量使用されたが，最近は深絞りを行なう自動車用の薄鋼板としてダル仕上げ（光沢なし）で塗装の下地として使用されることが多い．

電気 Zn めっき鋼板（JIS G 3313）は製鉄所のラインで生産されている．前述のように Zn は水素過電圧が高いが，鋳鉄はグラファイトが水素過電圧を下げるため，めっきが付きにくい材料である．鋼はアルカリ性浴が使用されるが，鋳鉄は特殊な酸性浴が使用される．

溶融 Zn めっきは土木・建築，鉄塔などに用いられる薄鋼板の平板・波板，鋼線，型鋼などの防食に大量に使用されている．溶融 Zn（JIS H 8641）の他に，溶融 Zn・Al めっき（Al：5％）（JIS G 3317）もある．

⑥ Al めっき（JIS H 8642）

Al めっきといえば，鋼の溶融めっき（aluminising）である（JIS H 8642）．鋼板（JIS G 3314），鋼線（JIS G 3544）などに使用されている．溶融 Al・Zn めっ

き（Al：55％）も鋼板に用いられている．

⑦ Sn めっき（JIS H 8619）

鋼板では「ぶりき」（G 3303）がよく知られている．電気めっきと溶融めっきがあり，無害であることから，食器や缶詰などにも使用される．無塗装のめっきには，変色防止の化成処理を行なう．缶詰は Sn なしで塗装皮膜にする**ティンフリースチール**が使われるようになった．ブスバーの接合部，接点，電線，はんだ付けの下地など，電気材料（銅および銅合金）にも広く使用される．

環境によってはウィスカー結晶が伸びて，短絡事故の原因となることがある．大電流の電気接合部では軟らかいために真実接触面積が大きくなり，発熱防止に役立つ．

⑧ 貴金属めっき

金（JIS H 8620）も銀（JIS H 8621）も工業的には電気用が主である．金は半導体チップの足，コネクタに使用され，抜群の耐食性から信頼性向上，ノイズの防止に役立つ．銀も接点などに用いられるが，亜硫酸ガス環境では硫化銀になりやすく黒変する．またウィスカーの発生もあり，貴金属めっきの下地には，Cu, Ni めっきが使用される．

12.2 化成処理

化成処理（chemical conversion）は，化学的あるいは電気化学的に保護皮膜を形成する方法である．前者の代表例として**クロメート処理**と**リン酸塩処理**，後者の例として**陽極酸化法**について述べよう．

（1）クロメート処理（JIS H 8625）

これは金属めっきの後処理として，クロム酸あるいは重クロム酸塩を主成分とする処理浴中に浸漬して皮膜を形成させ，乾燥・脱水して安定化させる方法である．対象とするめっきは，Zn, Al, Mg, Cu, Ni などいろいろあるが，最も多いのが電気 Zn めっきである．

めっき皮膜には「ピンホール」と呼ぶ小さな孔がある．これは塩水噴霧試験（Chapt.5.3（1）参照）

で最初に錆が出てくる所である．クロメート層は
0.5 μm 以下と薄いが，このようなめっき層の耐
食性の弱点を補うのが主たる目的である．

反応は，クロム酸により Zn が溶解し，そのと
き発生する水素により水酸化クロムができる．水
素が使われて pH が上昇するとクロム塩が生成さ
れ，最終的には次式のような複合クロメート層が
形成される．

$$2Cr(OH)^3 + CrO_4^{2-} + 2H^+$$
$$\rightarrow Cr(OH)^3 \cdot Cr(OH)CrO^4 \cdots\cdots (12.4)$$

クロメート層が破れても水があれば 6 価クロム
が溶け出し，上記の反応でクロメート皮膜は再生
する．Zn の溶解は金属光沢を増し，クロメート
皮膜の厚さによって着色する．Zn めっきボルトが
一見黄銅のような色を呈するのはこのためである．

脱水素処理を行なう場合は，クロメート処理の
前に施す．また，クロメートは 6 価クロムが溶け
出すので有害であり，食器などには使用しない．

(2)リン酸塩処理

これはめっきとは独立に行なう化成処理で，防
錆力はめっきに比べると弱い．表面が粗いので，
目的はむしろ塗装下地や摺動部材の潤滑油保持で
ある．リン酸 Mn 塩，リン酸 Zn 塩などが主である．
発明した会社の商品名から，**パーカライジング処
理**とも呼ばれている．線材の引抜加工の潤滑剤，
ボルト・ナットのトルク係数調整の潤滑剤として
使用される「ボンデライト処理」もこの系統であ
る．

(3)陽極酸化（anodic oxidation）

品物を陽極にしてめっきとは逆方向に電流を流
すと，アノード酸化反応が起こる．これは主とし
てアルミニウム合金が対象で，「アルマイト」の
名称で知られている．チタン合金やマグネシウム
合金にも適用されている．

アルミニウム合金を硫酸や蓚酸の溶液で低電圧
電解すると，**図 12.4** に示すような過程で皮膜
ができる．まず，Al_2O_3 を主体とする酸化物が生

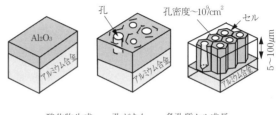

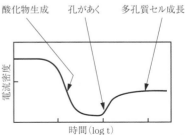

図12.4　Alの陽極酸化による多孔質被膜の形成

成されると，導電性がないために電流密度が減少
する．ところが，皮膜に微小な孔があいて電流が
流れるようになると，孔を中心にした無定型アル
ミナの六角柱のセルが成長を始める．

成長は一定の電流密度で進行する．こうして数
十 μm 厚さの多孔質の皮膜が形成される．この
皮膜は析出ではなく，アルミニウム自身の酸化層
であるため密着性に優れている．セラミックの一
種であるアルミナは耐食性，耐熱性に優れ，硬さ
も高いので耐摩耗性も良い．

孔は $1cm^2$ 当たり 10^{10} 個もあるというから，お
よそのセルの直径は 40nm ほどのナノスケールの
大きさで孔径はさらに小さく，30nm 以下という．
この孔は防食上は好ましくないので，最終的には
熱湯煮沸か高温水蒸気，あるいは封孔剤により処
理して皮膜を膨潤させて化学的に不活性にする．
これを**封孔処理**（sealing）という．また，この孔
を利用して染料を含浸させ，着色することもでき
る．

12.3　肉盛・溶射

肉盛（build up spraying）は溶接法の一種で，
平滑度を欠いた部分に溶接金属を溶かし込み，研
磨して平滑にする方法（補修溶接），表面硬化を目
的に硬い溶接金属を盛る方法（hard surfacing）な

どがあり，アーク溶接機，ガス溶接機などが用いられる．現場補修では，溶接後の残留応力に配慮する必要がある．表面硬化は，土木用のシャベル刃先，線路のバラスト突き固め工具の刃先などに応用されている．

溶射（thermal spraying）は，アークやガスのトーチに金属粉末を供給して，溶滴あるいは半溶融粒子にして，ジェット状のガス流で金属表面に吹き付け積層する方法である．溶射機を「ガン」という．昔は「メタリコン」といわれたが，高温のプラズマ溶射ガンを用いると，セラミック溶射も可能である．

溶射粉体は純金属の混合，合金粉，セラミック粉などいろいろ選択できるが，対象物との組合わせによっては付きが悪い場合もあり，下地（アンダーコート）にいったん母材と相性の良い溶射をかけてから，本溶射（トップコート）することもある．

12.4　蒸着

水溶体や融体を使わない方法で，ドライプロセスの一つである．真空あるいは希薄ガス中で物質を蒸発させて目的の基板に膜を生成する方法を，**物理蒸着**（**PVD**：Physical Vapour Deposition）という．

真空中で金属を加熱して蒸発させ，それより低温にある基板に凝結させる場合を「真空蒸着法」というが，蒸着膜をより強固にするためにイオンビームを照射する方法が用いられる．

希薄ガス中で電界をかけると，気体中の電子がガス分子に衝突してイオン化し，それにより新たに生成される電子がさらにガスの電離を加速し，グロー放電が起こる．これをプラズマ状態という．

プラズマ状態では陰極部の電位勾配が大きく，イオンは加速される．対象物（基板）を負電位にしてイオン照射すると，付着力の強い膜が生成される．これを応用した方法がイオンプレーティングである．

蒸発源を Ti や Cr など金属として，反応ガスに窒素やアセチレンなどを用いると，窒化物（TiN，CrC）や炭窒化物（TiCN）のセラミック膜が生成される．**図12.5**(a)に装置の概要を示す．膜厚は 1μm 程度と薄いが，ドリル，切削チップ，金型などに適用され，寿命の延長がはかられている．

窒素をイオン化して加速し，鋼の表面に打ち込むと薄い窒化層ができる．これは蒸着ではないが，ドライプロセスの一種で**イオン窒化**という．

皮膜物質そのものをイオン化して照射すると，蒸着膜は下地の結晶の配向に従う**エピタキシャル成長**をする．この方法は，半導体のエピタキシャル成長に利用される．

高速の分子やイオンが固体表面に衝突すると表面原子が叩き出される．これを**スパッタリング**（spattering）と呼び，表面を数原子層単位で剥ぎ取ることができる．照射するイオンは不活性元素アルゴンを用いる．Chapt.5.1 で述べたように，2次イオン質量分析（SIMS）やオージェ電子分光分析（AES）などでも利用されている．

叩き出された原子を基板状に堆積させる方法もPVD の一つである．積層速度を加速するために「マグネトロン・カソード」を使用する方法が普及している．ナノスケールの加工と原子の積層は，半導体チップの製造や立体的多層配線に利用される．PVD は，プラズマでも $450\sim500$℃ の温度域でひずみも小さい．

PVD の適用例としては，これらの他にカメラや眼鏡のレンズコーティング，液晶パネル電極，ハードディスク保護膜，光ディスクのアルミ反射膜，宇宙用固体潤滑膜，食品包装プラスチックフィルムのアルミ皮膜などがある．

生成膜の材料をガスとして対象物に送り，その表面で化学反応により膜を生成する方法を**化学蒸着**（**CVD**：Chemical Vapour Deposition），という．**図12.5**(b)に装置の概要を示す．

反応促進熱エネルギーは，加熱炉，レーザ光線，高周波プラズマなどいろいろある．反応温度は $900\sim1000$℃ と PVD より高く，セラミックスと対象物母材の厚い拡散層が形成される．

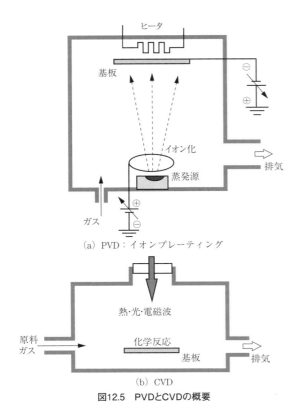

（a）PVD：イオンプレーティング

（b）CVD

図12.5　PVDとCVDの概要

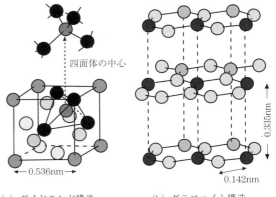

（a）ダイヤモンド構造　　　　（b）グラファイト構造

図12.6　炭素の結晶構造

いのである.

　ダイヤモンドの結晶は，**図12.6**に示すように面心立方の中に，さらに四面体位置に4個の原子を配した構造となっている．1個の炭素が三つの面心と一つの立方格子点にある4個の炭素原子に囲まれている部分を抜き出したのが同図である．これは等距離で共有結合しており，ちょうど四面体の中心にある．これを「ダイヤモンド構造」と呼び，立体的な強い結合である．Siもこのような構造になる.

　一方，グラファイトは平面上の3個の近接原子とは共有結合するが，残る結合（図では縦方向）はファンデルワールス結合で弱い．そのためにせん断力でこの結合部は滑りやすく，固体潤滑剤として機能するのである.

　DLC膜は先の二つの結合が混ざった非晶質構造になっている。ダイヤモンドの高温高圧合成は，1950年代に成功した．その後，CVDの低圧合成が可能になる過程で，1970年代にDCLが生まれた。当初はダイヤ粒が目的であったが，皮膜としての利用価値が生まれてきたのである．現在は結晶質ダイヤ皮膜も可能になり，エレクトロニクス分野で期待されている.

反応例として，たとえば，

$$SiH_4 \rightarrow Si + 2H_2（熱分解）$$
$$SiCl_4 + 2H_2 \rightarrow Si + 4HCl（水素還元）$$

などがある.

　CVDの適用例は，Siのエピタキシャル成長による単結晶膜，ハードディスク潤滑の**ダイヤモンド状炭素**（DLC：Diamond Like Carbon），金型，工具刃物，機械部品，などがある.

　DLCは文字通りダイヤモンドのように硬い非晶質カーボンで，2500〜4000HVの硬さを示す．しかも摩擦係数が0.1以下と小さく，離型性にも優れているため，前述のような摩擦部材，工具，金型に適用されている.

　ついでながら，ダイヤモンドに触れておこう.

　天然のダイヤモンドは最も硬い物質である．そのために，Chapt.5.2(5)に述べたモース硬さでは，ダイヤモンドを最高値10として，10種類の鉱物を標準に決め，これで順次引掻いて定性的に硬さを比較する．ダイヤモンドに傷を付ける物質はな

Ⅵ 金属のトラブル

　最新式のニュートラムは低床式である．そのためには両輪が独立した構造にして，車軸をなくした車両もあり，モータも駆動装置も小さくする必要がある．いろいろな工夫が台車周りに施されており，低騒音で滑るように走る．熊本や広島に輸入電車が走っている．日本はトラムを廃止した都市が多いために開発が遅れていたが，土佐電鉄に超低床式国産電車が登場した．

　最終編では，金属の使用中に起こるさまざまな劣化・損傷を取り上げる．材料ごとに弱点があるものである．車のようにユーザーが個人の場合は，メーカーを信頼する他ない．そこでメーカーは，常にユーザーの視点で材料を見る必要がある．PL（製造物責任）法のように，そこに立脚した法律もある．設計者の多くは，応力と強度，腐食性と耐食性など使用条件がよくわからないことが多い．最悪の条件を考えたシミュレーションや計算は，ともすれば過剰品質にもなる．そこで過去の経験や事故例などが参考になる．

ハートラム　　2002年製の国産土佐電鉄100形低床式連接車．VVVF制御，発電回生ブレンディング・ブレーキ，SIV屋根上設置（運行中）

Chapter 13 　劣化・破壊はなぜ起こるか

金属が使用中に受ける経年変化には，腐食，摩耗など目で見える形態変化から，内部的な析出，転位運動，欠陥生成などミクロな構造変化までである．これらによって所要の機械的強度・靱性や物理的性質を失う場合を**劣化** (degradation) という．さらに劣化が進行して，き裂が発生してから部材が分離破断するまでの過程を**破壊** (failure，fracture) という．

劣化・破壊は，材料が機能を持った構造体として創生されてから，使用に供されれば避けられない現象ではあるが，所期の経済的寿命に対して異常に短命な場合，経済的損失のみならず生命への危険すら発生する．

破壊の用語には，**表13.1** に示すようなさまざまな分類がある．ここでは，これらを関連付けながら述べよう．

13.1　き裂の力学

最初のき裂理論である **Griffith のき裂** (1920) 以降，橋梁，船舶など大型構造物の発達とともに破壊事故も大型になり，その経験から破壊力学が確立された．

破壊力学では，き裂を三つの独立な変形様式として定義する．その基本モードを**図13.1** に示す．

モードⅠは「引張開口形」，モードⅡは「面内せん断形」，モードⅢは「面外せん断形」(き裂先端にはせん断応力成分しかない) である．

任意の点 P の応力 σ，τ は，次式で表わされる．

$$\lvert \sigma, \quad \tau \rvert = K(2\pi r)^{-1/2} f(\theta) \quad \cdots\cdots (13.1)$$

ここで，K はモードによって，それぞれ K_{I}，K_{II}，K_{III} と書かれ，応力場の強さ (intensity) を表現していることから，**応力拡大係数** (Stress Intensity Factor) と呼ばれる．

K はき裂長さ c，き裂から十分遠い位置の y 方向応力 σ，き裂の形状 (係数 f) などにより，次のように記述される．

$$K = \sigma\sqrt{\pi c} \cdot f \quad \cdots\cdots\cdots\cdots (13.2)$$

き裂先端の降伏領域が小さい場合 (小規模降伏という)，不安定破壊は K がある臨界値 K_c に達した時に起こる．すなわち，

$$K = K_c \quad \cdots\cdots\cdots\cdots\cdots\cdots (13.3)$$

降伏域の寸法 r_{p} は，von Mises の降伏条件 * を用いると，次式で表わされる．

$$r_{\mathrm{p}} = \frac{1}{2\pi}\left(\frac{K_{\mathrm{I}}}{\sigma_{\mathrm{ys}}}\right)^2 （モードⅠ，平面応力），$$

$$r_{\mathrm{p}} = \frac{1}{2\pi}\left(\frac{K_{\mathrm{II}}}{\sigma_{\mathrm{ys}}}\right)^2 （モードⅡ），$$

$$r_{\mathrm{p}} = \frac{1}{2\pi}\left(\frac{K_{\mathrm{III}}}{\sigma_{\mathrm{ys}}}\right)^2 （モードⅢ），\cdots\cdots (13.4)$$

これをそれぞれのき裂モードについて描くと，**図13.2** のようになる．

き裂ができると，き裂を進展させる潜在力 (ポテンシャル・エネルギー) は必ず低下する．き裂が微小距離進んだ時に解放される潜在力を「エネルギー開放率」G として定義すると，

$$G = K^2 / E' \quad \cdots\cdots\cdots\cdots\cdots (13.5)$$

ここで，$E' = E$ (平面応力)，
$$= (1-\nu)E （平面ひずみ）$$

この G が新たに生成されたき裂面の表面エネルギー γ よりも大きければ脆性破壊が起こる，としたのが Griffith の理論である．

すなわち，

$$G \geqq 2\gamma$$

---

*von Misesの降伏条件

三つの主応力 σ_1，σ_2，σ_3 が以下の条件を満たした時に材料は降伏するという説

$(\sigma_1 - \sigma_2)^2 + (\sigma_2 - \sigma_3)^2 + (\sigma_3 - \sigma_1)^2 + 6(\tau_{23}{}^2 + \tau_{31}{}^2 + \tau_{12}{}^2) = 6\tau_{\mathrm{y}}{}^2 = 2\sigma_{\mathrm{y}}{}^2$

ただし，τ_{y}，σ_{y} はそれぞれ単純せん断降伏点，単軸引張降伏点

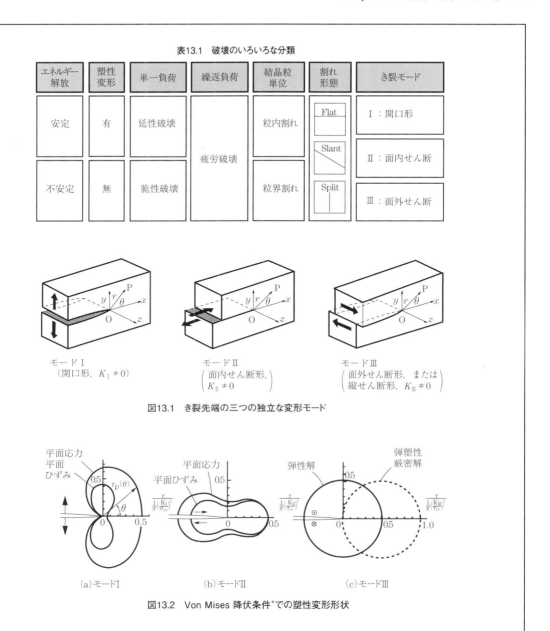

表13.1　破壊のいろいろな分類

エネルギー解放	塑性変形	単一負荷	繰返負荷	結晶粒単位	割れ形態	き裂モード
安定	有	延性破壊	疲労破壊	粒内割れ	Flat	Ⅰ：開口形
					Slant	Ⅱ：面内せん断
不安定	無	脆性破壊		粒界割れ	Split	Ⅲ：面外せん断

モードⅠ
（開口形，$K_1 \neq 0$）

モードⅡ
（面内せん断形，$K_{\rm II} \neq 0$）

モードⅢ
（面外せん断形，または縦せん断形，$K_{\rm III} \neq 0$）

図13.1　き裂先端の三つの独立な変形モード

(a)モードⅠ　　(b)モードⅡ　　(c)モードⅢ

図13.2　Von Mises 降伏条件*での塑性変形形状

(13.2)式で，形状係数 $f = 1$ とすれば，

$$\sigma^2 \pi c \,/\, E \geqq 2\gamma \cdots\cdots (13.6)$$

　前述のように脆性破壊といえども，き裂先端では小規模降伏がある．塑性仕事を $\gamma_{\rm p}$ とすると，通常は $\gamma_{\rm p} \gg \gamma$ であるから，破壊を生ずるための臨界応力 σ_c は次のようになる．

$$\sigma_c = (2\gamma_{\rm p} E \,/\, \pi c)^{1/2} \cdots\cdots (13.7)$$

　破壊力学の詳細については専門書も多いので，それらを参考にされたい．

13.2　脆性破壊と延性破壊

　まず，破壊が生ずる時に消費されるエネルギーの形態を考えてみよう．

　図13.3は，引張試験における二つの典型的な応力・ひずみ曲線である．図に示した弾性エネルギーとは，外力がした仕事が一種のばねとして蓄えられたもので，荷重を元に戻せば逆に外に仕事をして放出される．これに対して塑性変形仕事

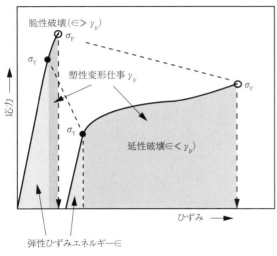

図13.3　応力－ひずみ曲線の形と変形仕事

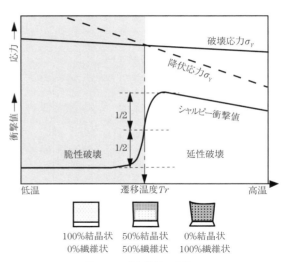

図13.4　延性・脆性の遷移

は，外力が材料の加工変形という形で等価な熱エネルギーとして消費され，荷重を元に戻しても永久変形が残る．

　一般的に強度が高くなるほど外力は高応力に達するため，欠陥などがあると急進的な破壊を生ずる．この場合，図13.3左のように「弾性ひずみエネルギー∈」と描いた面積が，「塑性変形仕事」と描いた面積γ_pよりも大きい．

　∈≫γ_pということは，変形仕事に費やされるエネルギーが小さく，破壊のエネルギー（破面の生成）は弾性エネルギーによりまかなわれる．このような塑性変形をほとんど伴わない急進的な破壊を**脆性破壊**（brittle fracture）という．き裂は先端が鋭く，速度は音速に近い．また，弾性エネルギーが限界に達して，一挙に解放される破壊を**不安定破壊**ともいう．

　一方，図13.3右のように低強度で伸びの大きい材料では∈≪γ_pであり，介在物のような欠陥の周囲にき裂ができても，塑性変形仕事が大きくて弾性エネルギーだけで自動的に進むわけにはいかない．このようなき裂は通常鋭くなくて，き裂先端が常に塑性変形で鈍化するためにボイド（空洞）というのがふさわしい．

　このような破壊を**延性破壊**（ductile fracture，Microvoid Coalescence：MVC）という．外力の

増加を止めると，き裂も止まるので**安定破壊**に分類される．

　図13.3のような二つの異なる応力－ひずみ線図は，同一の材料でも起こり得る．フェライト鋼がその例で，高温では延性型であるが低温では脆性型に変化する．**図13.4**は，降伏点，破壊強度の温度依存性の違いを示している．降伏点は温度による変化が大きく，高温では低いが低温ではかなり上昇する．

　これに対して破壊応力は，低温になるほど高くはなるがそれほど大きな変化はない．高温では降伏点が破壊応力より低いために，まず塑性変形が起こってから延性破壊に至る．低温になるとこれが逆転して，破壊応力が降伏点より低くなる．そこで，降伏すなわち塑性変形が起こる前に破壊強度に達して脆性破壊が起こる．この状況は，温度を容易に変えて試験できるシャルピー衝撃試験によって調べることができる．

　ある温度以下では衝撃値が急減する現象を**低温脆性**という．この境界の温度を**延性・脆性遷移温度**（transition temperature）という．遷移温度は，延性上部棚と脆性下部棚の吸収エネルギーの平均値（エネルギー遷移温度）でも求められるが，図に示したように破面の様子からも求められる．完全延性破面は黒っぽく繊維が切れたような収縮のあ

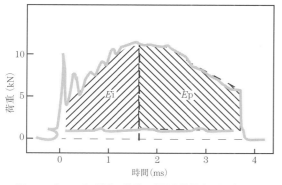

図13.5　シャルピー試験の荷重−時間曲線（軟鋼,室温）

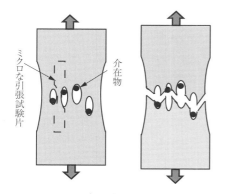

図13.6　ディンプルの生成機構

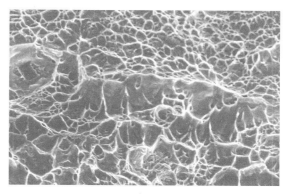

写真 13.1　ディンプル破面

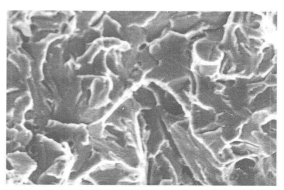

写真 13.2　へき開破面

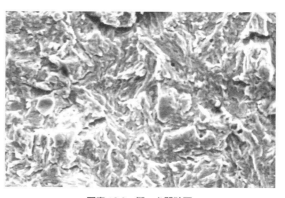

写真 13.3　擬へき開破面

る破面を呈し，完全脆性破面はキラキラした結晶状の収縮のない破面を呈する．遷移領域では，両者が併存して50％になる温度を破面遷移温度とする．

　図13.5は，シャルピー試験機の打撃ハンマーにロードセルを仕込み，破壊時の荷重−時間曲線を記録した例である．降伏後いったん下がった荷重が増加し，最大荷重になるまでの曲線下の面積はき裂発生までの塑性仕事（E_i），最大値から下降して急落するまでの曲線下の面積は延性き裂進展の仕事（E_p）に相当する．実際の面積は力積であり，ハンマーの速度は打撃後の変形仕事によって低下するので，これがそのまま塑性仕事を表わしてはいないが，遷移温度付近での吸収エネルギーの中味が理解できる．

　この遷移現象は，後述するようにbcc鉄の転位の持つ特異性に由来するもので，fcc構造のオーステナイト鋼や銅・アルミニウム合金にはない．

（1）ディンプル破面（延性破壊）

　延性破面は走査型電子顕微鏡（SEM）で観察すると，**写真13.1**のようにゴルフボールの表面のようなディンプル（dimple）・パターンが見られるのが特徴である．これは**図13.6**に示すように，変形部内部に生じた小さなボイドが連結した姿である．なぜボイドができるかといえば，材料中にある不均質部（結晶粒方位の違い，介在物や析出

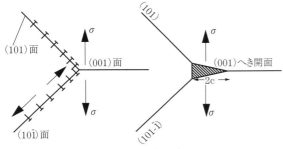

図13.7 Cottrellの転位き裂発生モデル

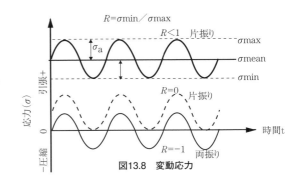

図13.8 変動応力

物など）で転位がブロックされ，塑性変形が連続して広がらず，局所に集中してミクロなボイドになる．

このボイドの芽は，変形が隣へ伝わらなければ安定化して元へ戻らず，マクロなボイドへと成長する．延性材料の引張試験片ではくびれが起こるが，ボイドはミクロ的に並んだ微小引張試験片のくびれに相当する．

多くは応力増加がなければ，き裂が進行しない安定破壊であるが，最終破面が応力方向に斜めに形成される**せん断唇**（shear lips）になる場合は，ディンプルではあるが急進破壊であり，**断熱せん断破壊**（adiabatic shear fracture）と呼ぶ．

(2)へき開破面（脆性破壊）

脆性破面の代表は，結晶のへき開（劈開：cleavage）面で割れるものである．SEMで観察すると，**写真13.2**に示すようにガラスが割れたような形態である．焼戻しマルテンサイト鋼などでは，脆性的ではあっても必ずしもへき開模様が明瞭でなく，組織に依存した複雑な破面を示すことが多い．このような破面を擬へき開破面（quasi-cleavge fracture）という．**写真13.3**にその例を示す．

へき開破壊を起こすのもbcc鉄の特徴である．bcc鉄のすべり面は $\{110\}$，$\{112\}$ など複数あって，遷移温度以上では転位が他のすべり面に移動しやすく（交差すべり：cross slip），それによって大きな加工硬化なしで変形が進む．ところが低温になると転位の動きが鈍くなり，交差すべりや増殖ができなくなる．つまり，外力の変形速度（ひずみ速度）に転位が追随できなくなり，降伏点は

上昇する．同様のことは温度を変えず変形速度を大きくしても起こる．これが先に述べた延性・脆性遷移現象の由来である．

コットレルはへき開破壊の一つの機構として，二つの $\{110\}$ 面上の転位が合体してへき開面 $\{100\}$ に沿った，き裂の芽（転位き裂）を形成するモデルを提唱した（**図13.7**）．へき開面は原子密度も比較的高く，かつ転位が運動しない面であるから，破面生成の表面エネルギーが小さい．

13.3 疲れ破壊

機械の破壊の80％は疲れ破壊（fatigue fracture）といわれる．機械が単一の過大応力で破壊しないようにするには，最大の許容荷重である引張強さを考えればよい．異常変形（土木では「変状」という）を生じないようにするには，降伏点（耐力）を考えればよい．

ところが疲れ強度は，降伏点の60％程度の低いレベルにある．これに安全率を考慮すると，材料の本来の強さのかなり小さな値を設計応力と考えなくてはならない．

このように疲れ強度が下がるのは，形状的に応力集中が生ずること，材質の内部に先在的応力集中欠陥があること，使用環境による表面性状の劣化，などが原因である．そこで，疲れ破壊のやや詳細な描画を試みよう．

(1)疲れの現象論

現実の荷重は，不規則に変動している．しかし材料の疲れ強度を論ずる場合は，規則的な変動荷

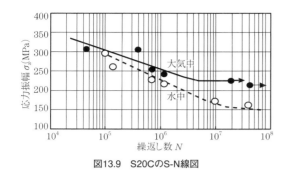

図13.9　S20CのS-N線図

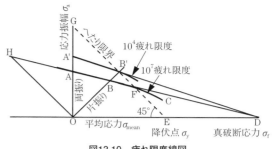

図13.10　疲れ限度線図

重下で試験を行なって疲れ限度を求める．**図13.8**は，正弦曲線で変動応力を与えた場合を想定している．最大応力σ_{max}，最小応力σ_{min}，とした時，

$$\sigma_{mean} = (\sigma_{max} + \sigma_{min}) / 2 \text{を平均応力}, $$
$$\sigma_a = (\sigma_{max} - \sigma_{min}) / 2 \text{を応力振幅}, $$

という．

応力比$R = \sigma_{min} / \sigma_{max}$を定義すると，
$0 \leq R < 1$を「片振り」，
$R = -1$（$\sigma_{mean} = 0$）を両振り，
という．

疲れ試験機で，応力振幅σ_aを変えて試験を行ない，破壊するまでの繰返し数Nを求める．鋼の場合，大気中では破壊は通常10^7回未満で起こるので，10^7回で破壊しない場合は試験を打ち切る．

縦軸を応力振幅σ_a（$R = 0$の場合はσ_{max}とすることもある），横軸を破壊までの繰返し数N（対数目盛）で結果を描く．この線図を「疲れ線図」あるいは**S-N線図**（SはStressの意味）という．

一例を**図13.9**に示す．矢印は破壊せずに打ち切ったデータである．これは鋼の場合，10^7を超えれば破壊しないと考えてよいからで，S-N線図は明瞭な折れ曲がりを示して水平になる．この破壊しない最大の応力を，通常は**疲れ限度**として疲れの強度とする．ただし，水中で試験した場合などいわゆる腐食疲れでは水平部は現われず，S-N線図は右下がりになる．

非鉄合金の場合も明瞭な折れ曲がりの疲れ限度は示さない．それでも，一般にどの材料でも10^7の打ち切り試験が行なわれている．疲れ試験が時間を要するためである．一つのS-N線図を求め

るのに，6～10本程度の試験片が必要となる．たとえば10Hzの変動速度で10^7回の試験を行なうのに12日，1台の試験機で一つのS-N線図を描くには1か月以上もかかる．

一般に疲れ限度σ_wは引張強さσ_Bに比例し，その50～60%程度である．ただし，この強度比σ_w / σ_Bはあくまでも目安であり，材料によっても異なる．同一材料でも試験法（回転曲げ，平面曲げ，軸荷重など）によって異なる．

回転曲げやシェンク式平面曲げなど両振り試験の結果を用いて，予張力のあるばねや残留応力など平均応力を考慮した疲れ強度を考えるには，**図13.10**に示す**疲れ限度線図**を用いる．

縦軸OAGは応力振幅σ_a，横軸OEDは平均応力σ_{mean}を表わす．平均応力を変えて実験を行ない，107疲れ限度をABCのように求めたとする．この線より上では10^7以内で破壊する．もし10^4以内で破壊する限度がA'B'のようになるとすれば，この限度は当然10^7限度より上になる．このように疲れ限度線は，疲れ限度の決めかたにより上下する．これらの限度線を右に延長すると，軸荷重の真破断応力Dに収束する．

このことから，両振り疲れ限度Aと真破断応力Dがわかれば，疲れ限度線図は推定できる．直線OBは応力振幅と平均応力が等しい場合，すなわち片振りであり，Bは片振りの疲れ限度である（全振幅で表わせばこの2倍）．

一方，Eを降伏点に取り，「∠OEF = 45°」の線EFGを引くと，最大応力が降伏点を超える限界線になる．これは，ばねの場合**へたり限界**と呼

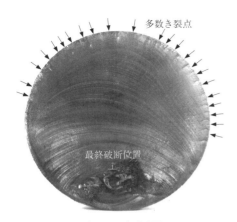

写真 13.4　疲労破面

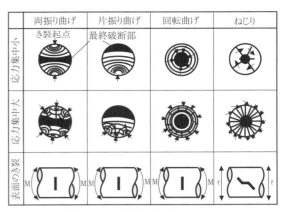

図13.11　疲労破面の分類

ばれる．平均応力が圧縮になった場合，H 以下では最大応力も圧縮になるため，疲れ破壊は起こらない．

　さて，実験では 10^7 を打ち切りとしたが，実機の場合の 1000 万回はどの程度の意味があるのか．たとえば，新幹線車両が東京－博多約 1000km を走行すると，車軸は約 36 万回転する．14 往復で約 1000 万回に達する．1 日 2 往復とすれば，わずか 1 週間で到達する値である．

　一方，検査は 90 万 km 走行ごとに行なうとすれば，検査回帰の車軸回転数は 3×10^8（3 億）という途方もない大きな数字になる．しかし，実機での設計応力は疲れ限度に比べてかなり小さくとる．さらに不規則変動荷重であり，単一応力振幅での寿命を求めた S-N 線図からは，設計寿命は評価できない．

　このような実機の寿命を評価するには統計的な手法が必要となる．その詳細は専門書に委ねるが，単純な方法として，S-N 線図をそのまま下方（長寿命側）に延長する修正マイナー法を紹介しよう．

　今，S-N 線上のある応力振幅 σ_i に対応する寿命を Ni として，実機の使用期間中に σ_1 の作用した回数を n_1，σ_2 の作用した回数 n_2，…，σ_i の作用した回数 n_i とすると，それぞれの応力レベル σ_i で受けた疲れ損傷の寄与分を n_i/N_i と考えるのである．そこで，その総和 D が 1 になった時に破壊が起こると考える．すなわち，

$$D = (n_1 / N_1) + (n_2 / N_2) + \cdots$$

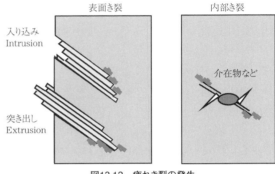

図13.12　疲れき裂の発生

$$= \Sigma\,(n_i / N_i) = 1 \quad \cdots\cdots\cdots\cdots (13.8)$$

　これを**線形累積疲れ損傷則**あるいは**マイナー (Miner) 則**という．

　複雑な波形の実働応力から，あるレベルの応力 σ_i の頻度 n_i を求める方法はいろいろ提案されている．それらを計算するソフトもある．ただし，この方法は，疲れ限度以下のどこまでの応力が疲れ損傷に寄与するかが明らかでなく，過大な損傷評価を与える傾向（$D > 1$）があるが，設計寿命の一つの目安を与えてくれる．

(2) 疲れ破面

　肉眼で見た疲れ破面の特徴は，**写真 13.4** のような貝殻模様である．き裂の起点は上円周部に矢印で示したように多数あり，これが合体して年輪のように発達した様子が見られる．通常，一つの起点から発達すると，起点から同心円状に拡大する破面がよく見られるが，これと逆の模様が見

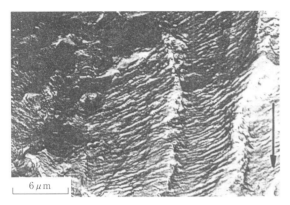

写真 13.5　明瞭なストライエーション（高 Si パーライト鋼）

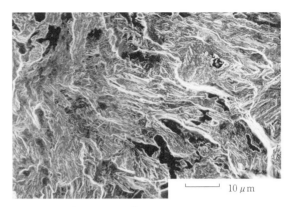

写真 13.6　不明瞭なストライエーション

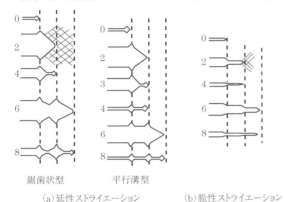

（a）延性ストライエーション　　　（b）脆性ストライエーション

図 13.13　ストライエーション生成機構（Laird）

られるケースはむしろめずらしい．マクロな破面の特徴を分類すると**図 13.11** のようになり，これから曲げ，ねじり，引張りなどの荷重モード，両振り，片振りなどの応力振幅の様子などがあらまし判断できる．

　疲れき裂の発端は，**図 13.12** に示すようにすべり帯が集中して表面に凹凸を生成し，それがき裂になる「表面起点形」，せん断応力により運動した転位が介在物などの障害物に集まってき裂を生成する「内部起点形」がある．いずれも局部的な塑性変形を伴い，繰返し応力の下で進展する．進展速度が$0.1 \sim 1 \mu$m／cycle 程度になると，SEM 観察の破面に**ストライエーション**（striation）と呼ばれる特徴的な縞模様が現われる（**写真 13.5**）．

　ただし，焼戻しマルテンサイトやパーライトなど組織に依存した模様と重なると，**写真 13.6** のように他の破面（たとえば擬へき開）と識別しにくいこともある．これはストライエーションの形成機構が，**図 13.13** のように微視的な延性型や脆性型などがあるためと思われる．同図で2，6は「引張開口応力」，4，8は「圧縮閉口応力」の繰返しを示している．圧縮域が大きいほど（$R < -1$），鋸歯状から平行溝状になる．

(3)疲れき裂の進展

　実機の場合，疲れき裂が発生すれば次第に進展速度が速くなり，最終的には延性破壊や脆性破壊で完全破断に至る場合が多い．これはき裂の進展とともに応力断面が減少し，き裂先端の応力拡大係数 K が増加するからである．この様子は**図 13.14** に示す右上がりの状況である．この図は1サイクルごとのき裂進展速度を，き裂先端の応力拡大係数の振幅ΔKで表示している．

　領域Iは，き裂が発生してある大きさになるまでの揺籃期で，寿命に占める時間が長い．ΔK_{th}はこれ以下ではき裂が進展しないという下限界値（threshhold）である．これは，き裂のある試験片で変位振幅一定の試験（K 減少試験）を行ない，き裂が停止した時のΔK値として求められる．

　領域IIは，き裂が Paris 則といわれるべき乗則により進展する．破面にストライエーションが見られるのもこの領域（$10^{-4} \sim 10^{-3}$mm/cycle）であり，その間隔からき裂速度を推定することも行なわれている．

$$\mathrm{d}a ／ \mathrm{d}N = C \cdot \Delta K^{\text{m}} \quad \cdots\cdots\cdots\cdots (13.9)$$

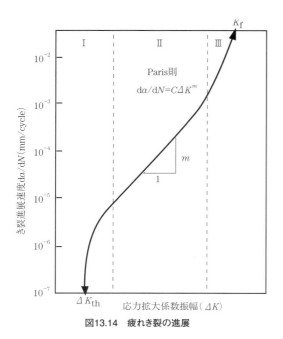

図13.14　疲れき裂の進展

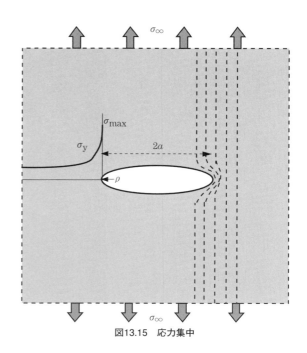

図13.15　応力集中

　m は 3 〜 5 程度の値である．鋼では C と m には一定の関係が認められている．

　領域 III は終焉期で時間的には短く，K_f は不安定破壊の限界値である．したがって，実機でき裂が発見された時，き裂速度がわかれば領域 II から Paris 則を積分して，破断までのおよその寿命 N_f が予測できる．

　疲れき裂の先端には塑性変形領域が形成されるが，これによりき裂を閉じようとする圧縮残留応力が発生する．実働変動荷重では時として単発の大きな応力が作用すると，この残留応力が大きくなり，き裂が一時停滞する．また，転がり疲れのように表層に転動による塑性変形層ができる場合も圧縮残留応力が生じて，き裂が進まなくなる．このようなき裂を**停留き裂**という．停留き裂は発生しても最終破断に至らないので，S-N 曲線では疲れ限度直下に存在する．

（4）欠陥と応力集中

　図13.15 のように楕円孔のある無限大の物体がある時，遠方で σ_∞ なる引張応力が作用したとしよう．この場合，力の流線は孔の縁で集中し，上下方向の応力 σ_y は孔の縁で最大 σ_{max} になる．

孔の長径 $2a$，縁の丸み半径 ρ とすると，

$$\sigma_{max} = \sigma_\infty \{1 + 2(a／\rho)^{1/2}\} \quad \cdots (13.10)$$

となる．$a_k = 1 + 2(a／\rho)^{1/2}$ を**応力集中係数**（stress concentration factor）という．孔が平たくなってき裂のようになると ρ は 0 に近づき，a_k は無限大になるが，実際には降伏が起こって有限の値を取る．

　応力集中係数はいろいろな形状の切欠き，孔，段付きなどで計算されており，モノグラフが作成されている（たとえば西田正孝著／応力集中）．

　疲れ強度は，応力集中に非常に大きな影響を受ける．たとえば表面の粗さ，非金属介在物などの欠陥は，すべてこの影響といえる．

　疲れの場合，平滑材の疲れ限度 σ_{W0} と切欠き材の疲れ限度 σ_{WN} の比

$$\beta = \sigma_{W0}／\sigma_{WN} \quad \cdots\cdots\cdots\cdots (13.11)$$

を**切欠き係数**（fatigue stress concentration factor, strength reduction factor）という．$\beta \leq a_k$ であるが，切欠きが鈍い場合は $\beta \fallingdotseq a_k$，切欠きが鋭くなると $\beta < a$ となる．

　たとえば鋼製ねじの場合，焼なまし材では，転造ねじ $\beta = 2.2$，切削ねじ $\beta = 2.3$，焼入れ焼戻し材では，転造ねじ $\beta = 3.0$，切削ねじ $\beta = 3.8$ と

いう値が示されている．βがわかれば，平滑材の疲れ強度を用いて，形状変化がある場合の危険度が推定できる．

ねじ，段付き，孔などの応力集中はある程度予測がつく．ところが，隅部の丸み半径，バリ，表面粗さなどの影響は意外に大きいのである．とくに溶接部は，形状だけでなく入熱による軟化，内部欠陥など，疲れ強度低下要因が多い．材質自体の欠陥もある．その代表が非金属介在物であろう．

もう一つ形状で注意すべきことは，寸法が大きくなるほど疲れ強度は低下する傾向があることである．これを**寸法効果**という．その理由は，大きい部材ほど応力勾配が小さく，危険応力域が広くなることである．たとえば，危険応力の作用する領域での介在物や欠陥の存在確率は，寸法が大きいほど多くなる．

(5)非金属介在物の影響

介在物が疲れ強度に及ぼす影響は，高強度な材料ほど大きい．前述したように，一般に疲れ強度は引張強さや硬さが高いほど増大する（$\sigma_w \fallingdotseq 0.5 \sim 0.6\sigma_B$）．しかしこの比例関係は，ある強度以上になると成立しなくなり，直線からずれてばらつきが大きくなる．**図13.16**はばね鋼の例である．$\sigma B \geqq 1.3GPa$になると疲れ強度比は落ちてきて，2.0GPa級鋼では$\sigma_w \fallingdotseq 0.3 \sim 0.4\sigma_B$程度になる．

この他の高強度材としては軸受や歯車などがあ

り，転がり疲れが問題になる．この場合は球面や円筒面のヘルツ接触という局部的かつ勾配の大きい応力が作用し，介在物はきわめて大きな影響を持つ．介在物は大きいほど，また硬いほど（B，C系酸化物など）影響が大きい．

前述のように介在物の評価はJISでは点算法が規定されている．しかし，これで評価した清浄度が疲れ強度に及ぼす影響が定かではない．ISOでも介在物の形態分類はされているが，同様である．そこで，疲れ強度との関係をより明確に評価しようとした村上らの統計的な方法を紹介する（巻末・**参考書籍**）．

一般に介在物の寸法は平均値の周りに対称な正規分布と異なり，**図13.17**に示すように小さいものが多く，大きいものは少ないという偏った分布を持つ．このヒストグラムに対応する確率密度関数$f(x)$としては，次の指数分布がよく当てはまるという．

$$f(x) = \lambda \exp(-\lambda x) \quad\cdots\cdots\cdots (13.12)$$

ここで，$x > 0$，$1/\lambda = x$の平均値

顕微鏡の一つの視野の中にn個の介在物があり，そのうちで最も大きいものだけを選ぶ．点算法のように全部を数える必要はない．この最大の介在物の荷重方向に直角な幅を測り，$\sqrt{area}_{max}$とする．これは，直角な幅を一辺とする正方形が応力方向断面に存在する介在物の大きさと考えるのである．

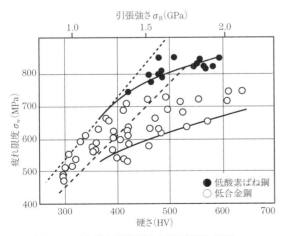

図13.16　疲れ強度と引張強さの関係（斎藤、伊藤）

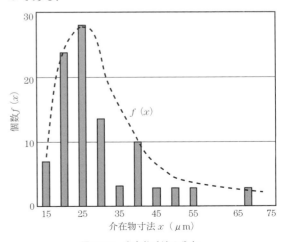

図13.17　介在物寸法の分布

顕微鏡視野は2次元面なので，必ずしも介在物が最大の姿で見えるわけではない．偶然に観察した視野に，危険断面の最大介在物が存在することもまずない．そこで，多数の N 視野を観察して最大の大きさを統計的に推定するのである．

さて，各視野での最大値 Z_i の N 個の分布ができたとしよう．このように最大値とか最小値のような，むしろ異常値である値の分布を極値分布という．介在物寸法の母集団が指数分布である時，その最大値分布の累積確率は，次の二重指数関数で示される．

$$P(z_i) = \exp(-n \exp(-\lambda z_i)) \cdots (13.13)$$

両辺の2回対数をとると，

$$-\log\{-\log P(z)\} = \lambda z - \log n \cdots (13.14)$$

となる．

図13.18 は，在物の分布を極値確率紙にプロットした例である．なお，縦軸の y は (13.14) 式の左辺を表わしている．勾配 λ は介在物母集団の平均の逆数である．右側の縦軸は「再起期間」あるいは「再現周期」と呼ばれ，$T = 1 / (1 - P(z))$ で与えられる．

図で $T = 100$ に相当する横軸値は $\sqrt{area} = 10$ μm であるから，$10\,\mu$m 寸法の介在物は 100 視野観察して一つ見つかる確率であることを示している．また，これは累積確率で 99% に相当するから，介在物の 99% は $10\,\mu$m 未満であることを意味している．

疲れに対しては，介在物の大きさだけでなく，危険断面における場所も重要である．残留応力などを考慮しなければ，表面直下にある場合が最も厳しい．多くの実験データから，村上らは表面直下に介在物がある場合の疲れ強さ（回転曲げ）を次式で表わした．

$$\sigma_w = 1.41\,(HV + 120) / (\sqrt{area})^{1/6} \cdots (13.15)$$

これを用いて，HV = 500 の SUP9 について疲れ強度を推定すると，$\sigma_w = 660$MPa となる．これを図 13.16 に当てはめてみるとばらつきの下方にあり，妥当な推定値といえよう．

13.4　粒界割れを起こす脆化現象

粒内割れ（transgranular cracking）は，先に述べた延性破壊，へき開破壊，疲れ破壊など，いずれにも見られる普遍的な破壊形態である．それに対して**粒界割れ**（intergranular cracking）は，むしろ特異な条件で起こる脆性破壊の形態である．

次に，代表的な脆化現象を例示しておこう．

(1)水素脆性（hydrogen embrittlement）

一口に水素脆性といっても，いろいろな脆化機構がある．

① 環境脆化型水素脆化

図13.19 は，脆化を生ずる鋼種の強度レベルと水素量の関係を示している．危険域はねじ谷で破壊が起こる水素量，安全域は先在き裂があっても破壊が起こらない水素量を示す．

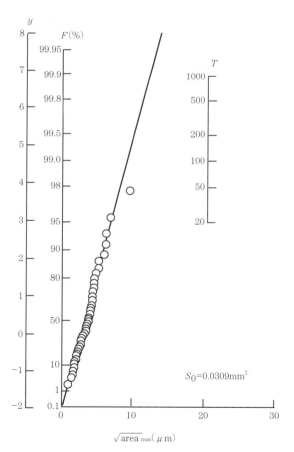

図13.18　介在物の極値分布例（SUP9）（村上）

引張強さが1200MPa以上（HRC ≧ 38）の高強度焼戻しマルテンサイト鋼では，0.1ppmレベルの微量水素でも**遅れ破壊**（delayed fracture）を引き起こす．これは，ある一定の静荷重下である時間経過後に突然起こる脆性破壊である．酸洗，電気めっきなどにより鋼中に侵入した水素，あるいは使用環境の腐食カソード反応で侵入した水素が悪さする．遅れ破壊の事例は，橋梁・建築で使用される高力ボルト，QT処理強化のPC鋼棒，ばね，浸炭強化したタッピンねじなどに多い．

粒界割れは，この種の遅れ破壊の特徴でもある．**図13.20**は負荷応力と破壊時間の関係を示す図で，**遅れ破壊線図**という．縦軸上の値は静的な破壊応力を表わす．遅れ破壊にも，疲れ限度と似たような遅れ破壊限度がある．これ以下では破壊を生じないが，この限度値は水素量によって変化する．水素量が増加すると，限度は低下する．一方，縦軸を水素量とすると，応力の場合と同様にある一定の水素量以下では破壊が生じない．すなわち水素にも限界水素量がある．限界水素量や遅れ破壊限度を**遅れ破壊感受性**と称し，これらの限界値が低いほど感受性が高いと判断する．

写真13.7は，一定荷重下の切欠き曲げ試験片に水素をチャージして生じたき裂である．切欠きは左方にあり，切欠き下の内部に粒界割れ（右側）が発生，それがせん断粒内割れ（左側）により切欠き底に開口した様子である．

写真13.8は，遅れ破壊した高力ボルトの破面である．粒界破壊は，旧オーステナイト粒界を囲うようにフィルム状炭化物が析出，ここにさらにP，Sなどの不純物が偏析する**低温焼戻し脆性**

と，水素脆性（水素も粒界に集積する）が競合して起こる．

材質改善の対策としては，不純物濃度を下げる（P，S < 0.010%），焼戻し2次硬化を利用して焼戻し温度を上げる，加工熱処理により粒界炭化物を微細化するなどが試みられている．これらの改良鋼では遅れ破壊は粒内割れになり，破壊は起こりにくくなる．

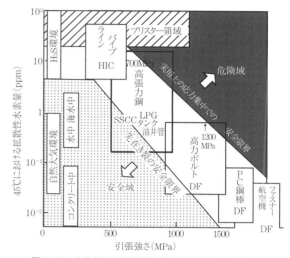

図13.19　水素割れの危険性に対する強度と侵入水素量

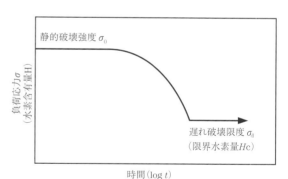

図13.20　遅れ破壊曲線

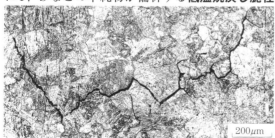

写真 13.7　焼戻しマルテンサイト鋼の水素による遅れ破壊き裂

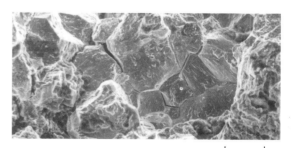

写真 13.8　遅れ破壊したボルトの粒界破壊

700MPa 以上の溶接用高張力鋼では，硫化水素を含む湿潤環境で，いわゆる**硫化物腐食割れ**（sulfide stress corrosion cracking：SSCC）を起こす．鋼中に侵入する水素量は数 ppm のオーダである．

さらに軟質の 400〜500MPa 級の鋼管の場合は，10ppm 以上の水素が侵入しないと割れは発生しない．硫化水素を含む原油などの環境で，硫化物系介在物からの延性割れが発生した事例があり，**水素誘起割れ**（HIC：hydrogen induced cracking）と呼ばれた．

以上は安定き裂が進展する破壊であるが，水素ガスなどを扱うプラントなどさらに水素侵入条件が厳しい場合には，タンクやパイプに内部から膨れを生ずる「ブリスター」（blistering）という脆化現象がある．これは内部の介在物周辺に水素がガスとして析出して，その圧力で膨れを生ずるのである．

② 古典的水素脆化

1 世紀以上も昔から悩まされた水素脆性で，次のような現象がある．

・電気めっき脆性，酸洗脆性

処理工程で必然的に水素が入るために，脱水素処理（baking）が不十分であると起こる．

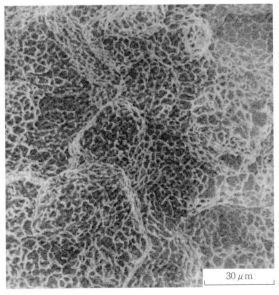

30μm

写真 13.9　水素浸食の粒界割れ（横川）

・白点・毛割れ

溶鋼中の溶解水素やオーステナイト中の固溶水素が，冷却後過飽和になって析出するために起こる大型鋳鋼品などの内部割れ．溶接部の銀点もこの一種．

・置き割れ，溶接低温割れ

高強度鋼の遅れ破壊の一種で，焼入れ後焼戻しまでの間に放置すると残留応力で割れる現象．高張力鋼が溶接後 200℃以下に冷えてから起こる低温割れも同じ．

以上の割れの発現経過は，いずれも次の機構によると考えられる．

a) 水素が侵入型原子（プロトン）として鋼中を拡散

b) 応力勾配や転位にトラップされて運ばれ，析出物や介在物界面などに集積

c) 鉄原子凝集力を低下させて転位き裂を生成

d) ガスとしてき裂内に析出，その圧力でき裂を安定化，成長させる

これらの現象は，水素の拡散・集積に依存するので，次の特徴がある．

i) 常温付近が最も脆化する

高温では水素の外への逃散が激しくなり，低温では水素拡散速度が低下して転位の運動に追随で

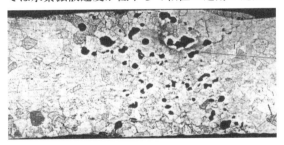

写真 13.10　タフピッチ銅の溶接部に生じた水素病

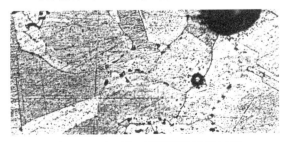

写真 13.11　タフピッチ銅の粒界に生じた気孔

きなくなる

ii) 変形速度が遅いほど脆化する

衝撃試験では現われにくい．引張試験では速度が遅いほど絞りが顕著に低下する．これも i) と同じ理由による

③ 高温水素脆化（水素浸食）

水素浸食（hydrogen attack）とは，高温水素ガス環境で炭素鋼が使用されるような場合，鋼中に侵入した水素が炭素と反応して鋼中で炭化水素ガス（メタン）のバブルを生成する現象である．

写真 13.9 は，2.25% Cr-Mo 鋼を 570℃ で 33MPa 水素ガス中で 500 時間暴露した時の粒界割れ破面の例である．気孔が粒界に集まっている様子がわかる．

④ 鋼以外の金属の水素脆化

Fe を含めて，Ni，Mn，Cr，Mo，Cu，Al，Mg などの金属は，水素を**吸熱型吸蔵**（水素は侵入型固溶元素として結晶格子間に存在し，温度が高いほど溶解度が上がる）する傾向がある．しかし Fe 以外の金属では，前述のような微量水素での脆化は生じない．ただし，高力アルミニウム合金は鋼と類似の脆化を起こす．溶接など水素が入りやすい加工では注意が必要であろう．

酸素の多いタフピッチ銅では，ろう接など加熱時に水素が銅内部に侵入して酸素と反応（酸化銅の還元）する．その結果，水蒸気が生成されてそのガス圧力でボイドができる．これを**銅の水素脆性**あるいは**水素病**と呼んでいる．**写真 13.10** はタフピッチ銅の圧接部に気孔を生じた例，**写真 13.11** に粒界に気孔が発生した例を示す．

一方，Ti，Zr，V，Nb などの金属では水素は低温で安定な水素化物を形成する．高温になると解離して，侵入型固溶するか過剰水素は逃散する．このような水素の存在状態を**発熱型吸蔵**という．この場合，水素化物自体が脆いと合金は脆化する．Ti と Zr は周期律表で同じ IVb 族であり，性質が類似している．いずれにも水素は β 安定化・共析型の元素である．

高温の β 相への水素の溶解度は大きく，徐冷すると板状の水素化物（δ 相）を生じて脆化する．この水素化物は高温にすれば解離して，水素は放出される．この性質は「水素吸蔵合金」として利用されている（Chapt.9.5 参照）．また結晶粒微細化もできる．水素を吸蔵させて β 相から共析温度以下に冷却し，時効処理により δ 相を意図的に析出させ，再加熱すると水素が抜けて，α 中に均一に β 相が分散した組織になる．

この時，α 相は β 相に粒成長を妨げられて微細化する．これを**水素化処理**という．こうして α 相を微細化した Ti-6Al-4V 合金は Chapt.9.2 で述べたように「超塑性」の特性を示す．V 合金では，き裂先端にひずみ誘起水素化物が生成し，き裂進展を容易にすることが観察されている．

(2) 焼戻し脆性（temper embrittlement）

鋼の焼入れ焼戻しの項で述べたように，低温焼戻し脆性と高温焼戻し脆性がある．以下に特徴をまとめよう．

① 低温焼戻し脆性（LTE）

・別名 350℃ 脆性ともいわれるように，300 ～ 400℃ の範囲の焼戻し第三段階で生ずる

・室温でのシャルピー試験（**図 13.21**），破壊靱性試験，遅れ破壊試験などにより検知され，引張試験，硬さ試験などでは検知できない

・Mn と共偏析する P，Sb など不純物が粒界偏析して粒界割れを起こす

・粒界に炭化物のないベイナイトでは生じない

脆化は，粒界に炭化物が生成する過程で不純物が吐き出され，粒界炭化物近傍の鉄原子凝集力を低下させること，炭化物が転位の障害になることによる．

通常の低合金鋼ならば，300 ～ 400℃ の焼戻しは避けなければならない．

② 高温焼戻し脆性（HTE）

・500℃ 付近で長時間焼戻すか，575 ～ 375℃ の範囲を段階的に徐冷する（step cooling）と生ずる

・不純物（影響の大きい順：Sb ＞ As ＞ P ＞ Sn）の濃度が高いほど脆化度が大きい

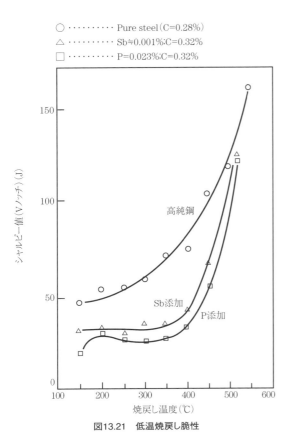

○ ‥‥‥‥‥ Pure steel（C=0.28%）
△ ‥‥‥‥‥ Sb≒0.001%；C=0.32%
□ ‥‥‥‥‥ P=0.023%；C=0.32%

高純鋼

Sb添加

P添加

シャルピー値（Vノッチ）（J）

焼戻し温度（℃）

図13.21　低温焼戻し脆性

表13.2　液体金属接触脆化の起こる組合わせ（Lynch）

脆化する合金	液体　金属										
	Hg	Ga	Cd	Zn	Sn	Pb	In	Ag	Cu	Li	Na
Al	○	○		○	○	○	○				
Mg			○								○
鋼	○		○	○	○	○	○		○	○	
Ti	○		○					○			
Ni	○				○	○	○				
Cu	○	○				○	○				○
Ag	○	○									

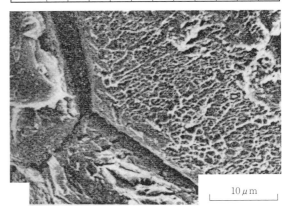

10 μm

写真 13.12　水銀による液体金属接触脆化破面（高強度鋼）（Lynch）

・粒界割れを生ずる

・脆化を生じていても，500℃に再加熱後急冷すれば靱性が回復する

　脆化は，上記の微量不純物が粒界に集まって鉄原子凝集力を低下させることによる．これを避けるために，通常の焼戻し処理の場合は水冷するのが無難である．

(3) 液体金属接触脆化

　はんだ脆性，黄銅の水銀割れ（時期割れ試験として用いられた），溶融亜鉛めっき割れなどは，いずれもこの種の脆化現象である．主な液体金属と，それによって脆化する合金の組合わせを表13.2に示す．これらの組合わせで脆化するのは，相互に化合物を生成しないで，相互の溶解度も低い金属どうしである．そのために引張応力が作用すると，原子配列の乱れた粒界に選択的に液体金属の原子が拡散する．

鋼を引張応力が作用したまま溶融 Zn などに浸漬すれば粒界破壊を起こす．また，ろう付けやめっきなどに低融点金属が使用されている場合，引張荷重下でその融点以上に加熱すると，同じことが起こる．このような使用条件は通常あり得ないから，常温では水銀以外あまり意識しなくてよい，と考えてはいけない．

　Zn めっきした鋼材を溶接すると，母材の熱影響部では当然 Zn は溶融して接触する．この時残留応力が引張状態であると，鋼の粒界に Zn が入り込み，後に冷えてから粒界強度を低下させる．その結果，粒界から疲れ破壊を起こした事例もある．はんだが付着したままの鋼材を，うっかり溶接しないよう注意すべきである．

　写真 13.12 に，水銀により脆化した高強度鋼の粒界割れ破面を示す．粒界面に微小なディンプルが見られ，粒界に浸透した水銀によって粒界面が局部的に延性破壊した様子が見られる．

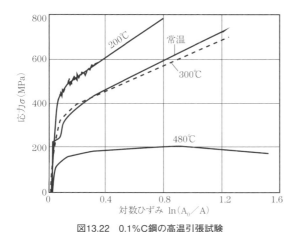

図13.22　0.1%C鋼の高温引張試験

(4) 青熱脆性 (blue shortness)

　軟鋼の高温引張試験を行なうと, **図13.22**のように200℃付近では強度が上昇し, 延性が低下する, いわゆる脆化現象を示す. この時, 応力－ひずみ曲線にギザギザ(serration)が現われる. さらに温度が上がると強度は低下し, 延性は増大する. 200℃付近は, 青い酸化被膜ができる温度域であるために**青熱脆性**と呼ばれる.

　転位の周囲には炭素の雰囲気が形成されているが, 常温では炭素が動けないために, 転位がそれを抜け出すと雪崩のように運動を開始する. これが上降伏点の出現と, その後の下降伏点での伸びの原因である. ところが150℃以上になると炭素の拡散速度が早くなり, 転位の動きに追随できるようになる.

　そのため, 転位は炭素を引きずる(dragging)分だけ運動抵抗を受け, 脆化現象が生ずる. これは, 前述の水素が常温で動けるのと状況が同じである.

(5) 赤熱脆性 (red shortness)

　青熱のついでに赤熱もある. 鋼中の不純物Sは Mn と結合させて MnS として湯面に浮上させ除去するが, FeS として粒界などに偏析すると900℃以上で熱間加工する時に粒界割れを起こす. これを**赤熱脆性**という.

　近年, スクラップのリサイクルが増えるとともに, 電線の混入から, 再生鋼では Cu の含有率が増加しているという. このように意図しない混入合金元素を, **トランプエレメント**(tramp element)という. Cu は融点が低いので, 熱間圧延時に溶融して, 前述の溶融金属接触割れと同様に, 粒界に拡散して脆化を生ずる. これも赤熱脆性と呼ばれる.

(6) 銅およびその合金の中間温度脆性 (intermediate temperature embrittlement)

　純銅, 黄銅, アルミニウム黄銅, クロム銅などに起こる粒界脆化現象で, 次のような機構がある.

　① 1300～600℃の温度で変形すると脆化を示す. この時, 応力－ひずみ曲線に青熱脆性と同じようなセレーションが現われることから, 拡散支配の溶質原子と転位との相互作用が推定される. 脆化度はひずみ速度が遅いほど著しく, 結晶粒径に依存する.

　② 冷間加工材を300℃付近で焼なますと常温の延性が低下する. これは残留応力により焼なまし中に粒界にボイドが形成されるためで, クリープ破壊と同じ機構が考えられる.

　③ Pb, Bi, Sb など低融点金属を含有する場合は, 粒界偏析したこれらの金属の共晶点である300℃付近で焼なまし中に割れる. これは**火割れ**(fire-cracking)ともいわれる.

(7) ステンレス鋼の475℃脆性・σ相脆性

　475℃脆性は, Cr が15%以上のフェライト系ステンレス鋼を400～550℃の温度に加熱保持したり, 溶接後この範囲を徐冷すると, 常温での硬さ上昇, 衝撃値低下を生ずる現象である. Fe-Cr 化合物の析出によるものといわれる. 700～800℃で再固溶して急冷すれば回復する.

　σ相脆性もフェライト系ステンレス鋼を600℃付近で長時間加熱すると, 常温で延性が低下する現象である. これも Fe-Cr 化合物の硬いσ相の析出によるものである. 475℃脆性よりも析出速度が遅いため溶接などよりも, 高温で使用する場

合に問題になる．800℃以上で再固溶して急冷すれば回復する．

ただし，再固溶温度が950℃以上になると結晶粒粗大化による脆化が現われる．

オーステナイト系の場合は，フェライトがあるとそこから粒界に選択的にσ相が析出し，靭性が低下して耐食性も悪くなる．

図13.23は，フェライト系，オーステナイト系の脆化温度を比較して示したものである．

(8) クリープ破壊 (creep rupture)

前述の液体金属接触脆化，水素浸食などは高温でも破壊が起こるが，高温で被害を受けると常温での機械的性質も低下するものであった．これに対してクリープ破壊は，ボイラー，タービンなど高温で使用中に起こる破壊である．

本来，クリープとは一定荷重の下でゆっくりと生ずる塑性ひずみの増加現象である．これは転位の持続的な運動の結果であるから，常温では生じてもわずかであり持続しない．原子の拡散が起こり，空孔や転位が動ける高温度で一定の応力を受ける部材で生ずる．

図13.24は典型的なクリープ曲線で，三つの段階がある．初期のいわゆる**遷移クリープ**の段階を過ぎると，クリープ速度(ひずみ速度)が一定になる**定常クリープ**段階になる．さらに時間が経つと**加速クリープ**に至り破壊する．ここでは粒界に空孔や転位が集まり粒界すべりを起こして破壊する．

タービンブレードなど高温で遠心力の作用する部材では，粒界割れを発生しにくくするために，結晶粒を粗大化したり単結晶を用いている．耐熱合金としては，ステンレス系からさらに高強度な**超合金** (super alloy) などがある．

13.5 腐食の形態

腐食には，大別すると「乾燥腐食」(**乾食**)と前述のような水溶液中で生ずる「湿潤腐食」(**湿食**)がある．

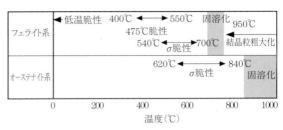

図13.23 ステンレス鋼の脆化温度

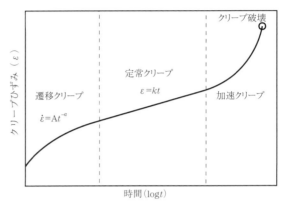

図13.24 クリープ曲線

(1) 乾食 (dry corrosion)

硫化水素ガスによる硫化物生成，高温水素ガスによる水素浸食(炭素鋼などの炭素と反応して鋼中の介在物周辺でメタンガスなどの膨れを生ずる)，脱炭などがあるが，主なものは高温酸化である．高温酸化は，酸化皮膜の厚さにより着色されるため，トラブルにおける異常な発熱箇所の特定もできる．

口絵に，軟鋼，ステンレス鋼，純銅，黄銅の加熱温度と時間による色の変化を掲げた．温度が低いと，いったんできた緻密な酸化膜がさらに酸化を防止するために，光の特定の波長を吸収する膜厚で推移する．温度が高くなると酸化膜がガサガサで脆い粒子性になり，厚さも増すために全波長を吸収する黒色になる600℃の純銅にみられる赤い肌は黒い酸化膜が剥落した部分である．

(2) 湿食 (wet corrosion, aqueous corrosion)

実際に起こる腐食の形態はいろいろあるが，主な呼び名を次に挙げる．

①**全面腐食あるいは均一腐食** (general corrosion)

大気中で裸の鋼材が錆びるような全面的な腐食，あるいは強酸に浸漬した金属片などの腐食をいう．腐食速度は，表層の1年間の平均的な消失速度で表わす．大気中で0.1〜0.5mm／年，酸浸漬で1mm／年程度である．

②異種金属接触腐食(galvanic couple corrosion)

電気回路などでは，**図13.25**のように銅板をSnめっき座金を介して鋼製ボルトで締め付ける事例や，アルミニウム合金と銅を接触させるなどの事例がある．付表5（巻末）の電位列でわかるように，鋼やアルミは銅や錫よりも卑であり，この組合わせでは鋼ボルトやアルミニウムの接触部が腐食する．実用材料の電位列では，鉄系材料でもステンレスなどは不働態のために貴側にある．

したがって，上記の場合には鋼ボルトもSnめっ

きする，ステンレスを使用するなどにより，腐食被害は防止できる．屋外や湿潤な環境で異種金属を組み合わせる場合には，電位列を考慮して材料を選択しなくてはならない．

③ 通気差腐食

金属が水溶液中にある時，水溶液の濃度に差があると電位差が生じて腐食する．**図13.26**は鋼が水に浸かっている場合で，大気に接触している液面は溶存酸素濃度が高く，下方は濃度が低い．この場合は酸素濃度の高い場所がカソードになり，酸素が還元され，濃度の低い水面下の少し深い場所がアノードになって腐食が起こる．

この原因は，Chapt.2で述べた分極により説明できる．図13.27のE_Cはカソードの単極電位，E_Aはアノードの単極電位である．この場合，ど

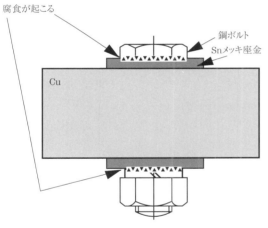

図13.25　異種金属接触腐食

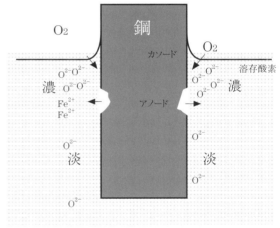

図13.26　通気差腐食

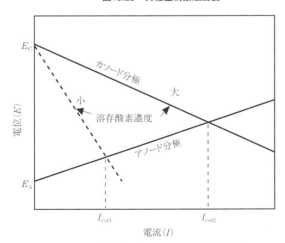

図13.27　溶存酸素濃度の差によるカソード分極の変化

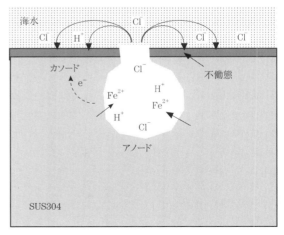

図13.28　孔食

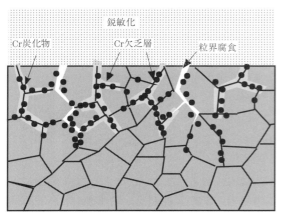

図13.29　ステンレス鋼の鋭敏化

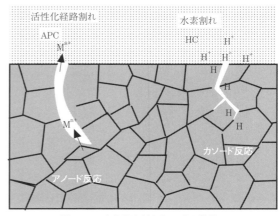

図13.30　応力腐食割れ（SCC）の機構

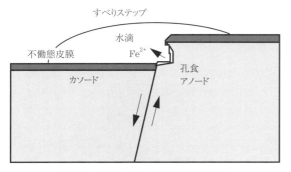

図13.31　塑性変形による不働態膜の破壊

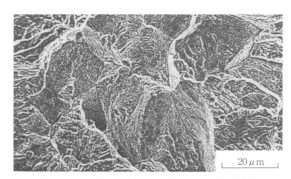

写真 13.13　海水中の腐食疲れ破面（HT80）（江原）

ちらの極も同一金属であるから，アノード極は金属中の異質な部分，結晶粒界，析出物，介在物などである．

　これに対してカソードは鉄地の部分であるが，酸素濃度が低いところでは電子の消費能力が少ないために分極が大きくなり，アノード電位に近いところでアノード分極線と交差する．ここで両者の電流が等しくなる（I_{cor1} を腐食電流という）から腐食が進行する．

　一方，酸素濃度の高い部分ではカソード分極が少なくなる分だけ交差する電位は高くなり，腐食電流は I_{cor2} に増加する．腐食電流の増加は腐食速度の増加となる．一つの金属中でこのような腐食速度の差が生ずると，電位の低い側の腐食は抑制され，電位の高い腐食電流で局所的に腐食が進行する．

　このような機構の電池を**酸素濃淡電池**ともいう．**隙間腐食**（crevice corrosion），**塗膜下腐食**，

錆こぶ腐食（錆の下が腐食する）などはすべてこの例である．

④ 孔食（pitting corrosion）

　ステンレス鋼 SUS304 の不働態膜は塩素イオンに弱い．**図 13.28** に示すように，海水などに接触すると不働態の一部が破られる．すると破られた場所がアノードとなり，電流が集中する．すなわち Cl^- が集中して局部的な孔を形成する．孔の中ではさらに水素イオンが生じて塩酸の環境になるから，孔の中でアノード反応が活性化する．このような局部腐食を**孔食**という．孔食は，ステンレス鋼には限らないが，耐食性の良い材料の表面が一部破壊したときに生ずる．

⑤ 粒界腐食（intergranular corrosion）

　結晶粒界が不純物偏析などにより活性になると，ここがアノードになって選択腐食する．代表的な例は，**図 13.29** に示すステンレス鋼（SUS304）の**鋭敏化**（sensitization）といわれる現

象である．これは 500 ～ 800℃ の温度範囲で加熱するか，溶接後この温度範囲を徐冷すると，粒界で Cr と C が炭化物（$Cr_{23}C_6$）を形成して，粒界近傍の Cr を欠乏させる（**Cr 欠乏層**）．

そのために不働態が形成されず活性状態となることから，粒界に沿って腐食が進行する．肉厚の溶接部で冷却速度が遅い内部にできる場合はこのような欠陥を **weld decay** という．

⑥応力腐食割れ（SCC：Stress Corrosion Cracking）

締め付けたボルト，曲げたばね，残留応力のある溶接部など，引張応力が作用している部材が水溶液環境で使用されると，腐食反応が応力によって加速される．この損傷もアノード溶解とカソード反応が対になっており，材料によってはアノード溶解で割れたり，カソード反応で割れたりする．

図 13.30 は両者の機構を対比して示したものである．アノードで選択的な溶解が進む例を**活性化経路割れ**（APC：Active Path Corrosion），カソードで水素が金属中に侵入して割れる場合を**水素割れ**（HC：Hydrogen Cracking）という．これらの割れを総称して「応力腐食割れ」（SCC）ということが多いが，厳密には APC が SCC の本質である．APC は粒界経路もあれば粒内経路もある．この場合も耐食性が良い材料に事例が多く，**図 13.31** に見られるように，塑性変形によって表面にすべりステップができ，不働態を破壊することから始まる．

代表的な例としては，高温水や高温海水でのオーステナイト・ステンレス鋼，アンモニア環境での黄銅の時期割れ（昔，インドでモンスーン時期に薬莢が割れたことから season cracking と呼ばれた），海水中での高力アルミニウム合金などがある．

カソード反応で発生した水素は，鋼中に一部が侵入する．引張強さが 1.2GPa あるいは硬さが HRC38 以上の焼戻しマルテンサイト鋼では，大気環境で使用する場合，この水素割れ（HC）による破壊が起こる可能性がある．これが前述の遅れ破壊である．高強度鋼が海水環境で破壊すると，SCC といわれることが多いが，厳密な意味では HC である．

⑦ 腐食疲れ（CF：Corrosion Fatigue）

腐食疲れとは，腐食環境での疲れ破壊である．鋼のように大気中では S-N 曲線の折れ曲がり疲れ限度が明瞭な材料でも，腐食環境では S-N 曲線は右下がりに単調に低下する（図 13.9 参照）．

疲れの損傷は繰返し数で累積され，腐食の影響は時間で累積される．そのため，繰返し速度の遅いほど腐食の影響は大きくなり，繰返し寿命は短くなる．

疲れき裂の先端に錆が発生すると，錆がくさびの一種として作用し，圧縮になってもき裂先端が閉じなくなる．そのため，き裂先端の ΔK 振幅が大きくなるとき裂が加速される．これは腐食疲れでは SCC のような化学的作用だけでなく，腐食生成物の物理的作用もあることを意味している．繰返し速度に比べて腐食速度が相対的に大きくなると，ストライエーション生成が不明瞭になる．

高強度鋼では前述のように応力腐食割れ（SCC）は水素割れが優先するために生じないと考えてよい．しかし腐食疲れは生じて，この場合にも水素による脆化が重要な因子となる．

マクロな疲れ破面では孔食からの貝殻模様（beach mark）が見られるのに，SEM で観察すると**写真 13.13** のような粒界割れが支配的であるという結果もある．静的荷重での遅れ破壊の粒界割れに比べて，微細なストライエーション模様が所々に見られる点が腐食疲れの特徴である．

13.6　トライボロジー

トライボロジーとは，接触しながら相対的に運動している物体の面間の相互作用に関する工学である．「摩擦」を意味するギリシャ語「トリボ」に由来する造語で，摩擦・摩耗，潤滑などに関するまさに境界領域の技術分野である．

摩擦は，物理的には転位の運動に対する摩擦力から人間の葛藤に至るまで，世の中摩擦だらけといってよい．摩擦がなければ車は存在できないし，

議論や葛藤がなければ人間社会システムも成り立たない．技術的にもそれだけ重要な分野であるが，学際的であるが故に裏方に回ることが多かった．機械要素としての軸受，歯車，車輪などシステム全体の一部として扱われるが，動的部材であるだけにメンテナンスは大変で，破損するとシステム全体がダウンすることが多い．

ここでは，摩擦について**図13.32**のような滑りと転がりの二つをまず垣間見よう．そして最後に，微小な相対運動でのフレッチングに触れる．

(1)滑り接触と摩耗

物体AがBの上に置かれて垂直力W（自重を含む）が作用しているとしよう．両物体は平面で潤滑剤なしで接触しており，Aを牽引力Fで引張る．動かない時は両面間はまだ摩擦状態にはない．そこで，両面に互いに向きが反対の作用力（せん断力）を**接線力**（F）と呼ぶ．牽引力を増加させて，これがある値（最大接線力）を超えて滑り始め，両面間に摩擦が発生する．

この様子を相対速度で示すと，**図13.33**のようになる．引張り始めの直線の立上がりは，物体Aが滑り始める前の面間に部分滑りが生ずる弾

性的な変位で，相対速度はきわめて小さい．滑り始めると「摩擦係数」（friction coefficient）μは減少して，ある値（0.2～0.3）に落ち着く．これをすべての段階で**アモントン・クーロンの式**，

$$F = \mu W \cdots\cdots\cdots\cdots (13.16)$$

で表わせば，μが相対速度により変化していることになる．

始めの立上がりのμを**接線力係数**という．滑り始める最大接線力の時のμを**静摩擦係数**μ_s，それに対して滑っている時を**動摩擦係数**μ_dというが，一般には，$\mu_s > \mu_d$である．

図13.33のような挙動は何に由来するのか．

接触面はミクロに見ると，図8.11に示したような凹凸がある．これを相対的に滑らせると，突起どうしの干渉が起こる．この接触している突起だけの面積を「真実接触面積」という．

「干渉」とは，原子結合が起こる「凝着」（adhesion），強度が弱いほうを削り取る「掘り起こし」（ploughing），弱いほうを押し潰す「塑性変形」などである．干渉が破壊や塑性変形に至らない状態が，直線の立上がり部分に相当する．凝着が強くて滑り出せない場合を「焼き付き」（seizure）と呼び，$\mu > 1$となる．

以上の干渉のうち最大の摩擦抵抗は，凝着部のせん断強さである．滑りが発生すると突起部は局部的に瞬間的に温度が上昇し，場合によってはどちらか低いほうの融点に達する．これを**閃光温度**（flash temperature）という．

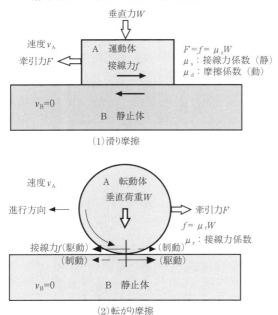

(1)滑り摩擦

(2)転がり摩擦

図13.32　滑り摩擦と転がり摩擦

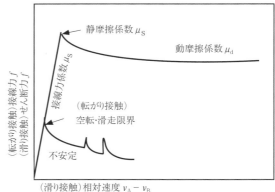

図13.33　滑り摩擦あるいは転がり接触における固着限界

このような局部温度上昇は，突起のせん断変形抵抗や凝着部強度を低下させる．同時に表面酸化なども起こるために，相対速度とともに摩擦係数は低下するのである．

突起の干渉の結果，破壊すれば「摩耗」（wear）が起こる．摩耗の主な機構を**図 13.34** に示す．

機械的摩耗には次の二態がある．

・凝着摩耗（adhesive wear）

凝着は金属接触による原子結合であるから，相互に合金になりやすい金属どうしで起こりやすい．とくに同じ金属どうしは最も起こりやすく，ともがねといわれる．

図 13.35 は，摺動距離に対して摩耗量がどのように増えるかを示す図で，**摩耗進行曲線**といわれる．摩耗量が直線的に増える激しい摩耗は**シビア摩耗**という．突起どうしが結合した後，せん断力によって弱いほうの突起が破壊して相手に持っていかれた状態を**移着**という．

移着が継続すると「ともがね」を形成するから，凝着はますます激しくなる．これが剥がされて粒子となって成長する．さらに相互に付着し合って雪だるま式に成長し，シビア摩耗に至る．ところが，摺動する少なくとも一方の金属が酸化しやすいと，摩耗粉が酸化して相互に癒着しなくなり，成長せずに排除されて摩耗速度が小さくなる．この状態を**マイルド摩耗**（mild wear）という．摺動する少なくとも一方が鉄系の場合には，シビア摩耗からマイルド摩耗への遷移が起こる．

ここで，摩耗の評価方法について述べておく．実作業では，常時摺動する場合は一定の摺動距離当たりの，また間欠的な摺動や転がり接触では一定の通過回数当たりの，質量減・厚さの減少などを摩耗率として表わすことが多い．これは保守管理上，測定しやすい方法が採用されるからである．しかし，これでは条件が異なる場合の比較ができないことが多い．

そこで，接触面に対する垂直荷重（1N）・滑り距離（1mm）当たりの摩耗体積（mm^3）を**比摩耗量**（specific wear rate）として定義する．先のシビア摩耗は $10^{-7} \sim 10^{-8} mm^2/N$，マイルド摩耗は $10^{-9} mm^2/N$ 以下に相当する．

多くの金属では無潤滑の場合，比摩耗量は摺動速度が高速になるほど減少する．これは摩擦熱による突起の軟化，凝着チャンスの減少，酸化などが関与するからである．ところが鉄系材料の場合，低速では速度とともに比摩耗量が減少するが，ある速度以上では逆に増加に転じ，さらに再び減少するといった挙動がある．これは鉄の酸化が低速では Fe_2O_3，高速では Fe_3O_4 と形態が異なり，それにより摩耗粉の成長，排出がマイルドからシビアに，あるいは逆に遷移するためと考えられている．

凝着摩耗は結合のしやすさに依存するから，必ずしも硬い材料ほど摩耗が少ないとはいえない．また，一方が摩耗しなければその相手材も摩耗しなくなる．潤滑膜で相互の金属接触を妨げれば，

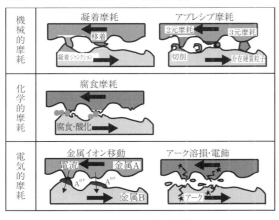

図13.34　主な摩耗の機構

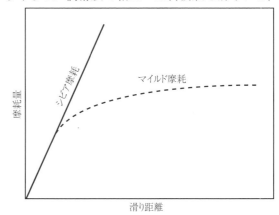

図13.35　摩耗進行曲線

摩耗は減少する.

・アブレシブ摩耗(abrasive wear)

掘り起こしによる摩耗で, 硬い材料が軟らかいほうの相手材を削り取る機構を**2元摩耗**という. これに対して, 砥粒など硬い第三粒子が2面間に介在して面を削るのを**3元摩耗**という. 前者は切削加工, 後者は研磨加工に相当する. 摩耗粉は旋盤加工の切り屑のようにカールしている. ヤスリがけを想像すれば, 両者が硬いほど摩耗が少なくなることは理解できよう. また切削加工時に切削油を用いるほうがよく切れるのと同じで, この場合は潤滑によって摩耗はかえって促進される.

化学的摩耗として腐食摩耗(湿食)や酸化摩耗(乾食)があるが, ここでは前者について述べる.

・腐食摩耗(corrosive wear)

腐食性環境で摺動によって新生面が曝され, 腐食溶解, 酸化などによる損耗が促進される状態をいう. マイルド摩耗のように酸化が摩耗を減少させるのとは逆である. 海底トンネルの漏海水区間など腐食作用の激しい場所で, パンタグラフで擦られるトロリー線, 船舶の滑り軸受などにこの種の摩耗が起こる可能性はあろう.

一方, **電気的摩耗**は特殊な摩耗といえる.

・金属イオン移動(ionic migration)

滑り接触する摺動面を通して電流が流れると, 電流の方向に金属イオンが移動する現象である. モータのブラシやスリップリングなどに起こる. その結果「ともがね」になり, 凝着摩耗になる可能性もある.

・アーク溶損

大電流集電用摺動材である電車のパンタグラフ擦り板の摩耗は, この要因が大きい. この他, 遮断機やスイッチもこの種の損耗がある. いずれもChapt.8.2(接点材料)で述べた特殊な材料が使用される.

これとは別の機構に**電食**(electrical pitting)がある. これは電気化学的腐食ではなく, モータや発電機のベアリング, あるいはこれと直結した機器のベアリングや歯車を介して電流が流れ, 潤滑膜を破って微小なスパークを生じ, 転走面にピットが形成される現象である. この電流はモータなどに流れる電流そのものではなく, 回転子によって誘起される交流電流で別に設けた接地ブラシなどによって迂回させなくてはならない. 電気鉄道では, レールへの帰電流が車体を通り軸受を介して流れることもある.

(2)転がり接触

図13.32に戻って, 転がり摩擦を考える. 電車のモータを始動して車両を牽引するとしよう. 牽引力(traction force)Fを出すには, 車輪とレール間でそれに相応する接線力fが作用して踏ん張る. このfをトラクションと呼び, 摩擦力と区別する. (接線力×車輪半径)がモータの出力トルクである(実際は減速歯車が介在している). この接線力は, 駆動時は車輪では牽引力と反対向き, すなわち進行方向, レールではその逆向きとなる. ただし, 制動時には接線力の向きは駆動時とは逆になる.

いずれの場合も, 垂直荷重(輪重)Wに対して, $f = \mu_T W$とした時のμ_Tを「接線力係数」という. これは転がり摩擦係数ではない. 転がり摩擦係数は, 駆動や制動のないただ転がっている時の摩擦力$f = \mu_R W$の係数μ_Rで, 無潤滑の滑り摩擦係数に比べると1桁以上小さい.

電車は雨が降ると車輪が空転や滑走を起こす. 図13.33の縦軸を「接線力」(鉄道では**粘着力**という)として, 横軸を車輪とレールの滑り(率)とすると, 最大接線力に至る直線部分が牽引力として利用できる領域である. 直線の傾きは接触面に部分滑りを伴う弾性変位の相対速度差による. 雨が降ると接線力係数が低下し, この最大値が下がってしまう. そのためにモータの駆動力は過大になって, 最大値を過ぎると空転が起こる. この時はモータの電流を切って車輪回転速度を車両速度にまで落とすと, 再び接線力が直線部に戻り復帰する(「再粘着」という).

雨水は潤滑剤として作用するのである. 潤滑条

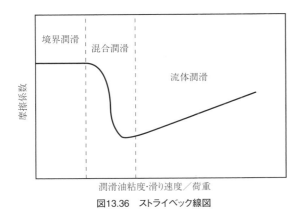

図13.36　ストライベック線図

件下で摩擦係数は，両面の相対速度や潤滑油粘度，荷重によって変化する．**図13.36**はこの様子を示したもので，**ストライベック曲線**という．

滑り速度が小さい間は接触面内の潤滑油の圧力が小さく，荷重により突起どうしが潤滑油の分子膜を介して干渉するために摩擦係数が大きい．これを**境界潤滑状態**という．

滑り速度が大きくなると，面間隙間に流入する油に荷重に抗する圧力分布が生ずる．これは転がりのように入口から出口に向かって狭くなるような接触では，より顕著になる．その結果，潤滑油だけでせん断力と荷重を支えると，摩擦係数は急減する．その後，滑り速度が大きくなると油のせん断抵抗が大きくなるために，摩擦係数は増えていく．この領域を**流体潤滑状態**という．

車輪／レールの場合，通常は無潤滑（実際は汚れがあり，完全な金属接触ではない）であるため境界領域の係数を維持しているが，雨でスリップして空転すると滑り速度が増大して流体潤滑状態になり，接線力係数も急減してしまう．車のハイドロプレーン現象もこの類である．

突起の干渉度を表わす指標にΛ（ラムダ）値がある．油膜の最小膜厚を$h_{\min}$，それぞれの面粗さの標準偏差をσ_1，σ_2とすると，

$$\Lambda = h_{\min} / \sqrt{\sigma_1^2 + \sigma_2^2} \quad \cdots\cdots\cdots (13.17)$$

で定義される．

$\Lambda > 3$では粗さの影響はなく，流体潤滑状態となる．$\Lambda < 3$では混合潤滑から境界潤滑状態とな

り，突起の干渉が起こる．

この式の最小油膜厚さ$h_{\min}$に対しては，**Dowson-Higginson**の式を用いるが，少しややこしい式なので，取扱いの詳細については専門書を参照されたい．

半径Rの円筒が周速uで平面上を転がっている場合，次のようになる．ただし，両物体は同一材質で，ヤング率Eとする．

$$h_{\min} / R = 2.65 \, (\eta_0 u / ER)^{0.7} (aE)^{0.54}$$
$$\cdot \, (W / ERL)^{-0.13} \quad \cdots\cdots\cdots\cdots (13.18)$$

ここで，η_0：大気圧での油の粘性
　　　　a：粘度圧力係数
　　　　W：垂直荷重
　　　　L：接触幅

転がり接触の圧力分布は，Hertzの弾性接触の式が用いられる．これも詳細は専門書を参照してほしい．ここでは，長さL，半径R_1，R_2の同質材料2円筒が接触した場合（線接触）の計算式を示しておく（**図13.37**）．

圧力pは次の楕円分布となる．

$$p = p_{\max} \sqrt{1 - (x/b)^2} \quad \cdots\cdots\cdots (13.19)$$

最大圧力は接触幅の中央で，

$$p_{\max} = 2W / \pi bL \quad \cdots\cdots\cdots\cdots (13.20)$$

bは接触半幅で，

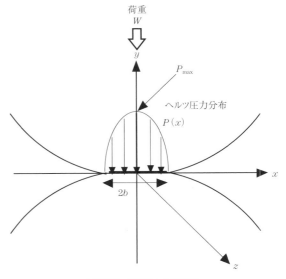

図13.37　2円筒ヘルツ接触

写真 13.14　レールのシェリング損傷（佐藤）

$$b = \sqrt{8(1-\nu^2)RW/\pi EL} \quad \cdots\cdots\cdots (13.21)$$

ただし，$\dfrac{1}{R} = \dfrac{1}{R_1} = \dfrac{1}{R_2}$，

$\nu = $ ポアソン比

接触面に 45° 傾いた最大せん断応力は，

$$\tau_{max} = 0.3 p_{max} \quad \cdots\cdots\cdots\cdots\cdots (13.22)$$

その位置は接触面から y 軸に沿って下方に，

$$y = -0.786b \quad \cdots\cdots\cdots\cdots\cdots (13.23)$$

ただし，接線力がある場合は最大せん断応力作用位置は表面に近づく．

転がり接触での損傷は，摩耗よりも「転がり疲れ」（転動疲れ，rolling contact fatigue）が重要である．原理的には最大せん断応力の繰返しによって，き裂が発生するが，軸受鋼のような硬い材料では非金属介在物が，き裂起点になる場合が多い．これが発達して剥離に至ると，軸受では**フレーキング**（flaking），歯車では微小な場合を**ピッチング**（pitting），大きな剥離のことを**スポーリング**（spalling），レールでは貝殻模様から**シェリング**（shelling）と呼ばれる．

写真 13.14 は頭頂面に生じたシェリングから疲れき裂が水平に進行した後，レールの曲げ応力で次第に下方に向かい，腹部から脆性破壊した例である．

転がり疲れ損傷は接触面表層の損傷であるた

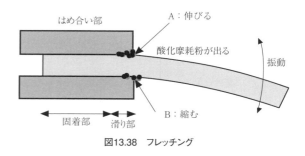

図13.38　フレッチング

め，き裂が表層に留まって進展が止まれば，大きな損傷に至らずに済む．それには表層に圧縮残留応力を付与するのが一つの対策である．歯車の破面は焼入れやショットピーニングなどにより，圧縮残留応力が与えられており，ピッチングや研削焼けが生じても直ちにスポーリングや歯の欠損には至らない．

鉄道レールの場合は全体の曲げ応力が大きく，き裂が進展するが，表層に留まると大きな剥離が起こる．しかしレールの損傷は早期発見ができるために，システムダウンに至る損害は与えないのである．

(3) フレッチング（fretting）

図 13.38 のように，はめ合い部で振動が発生すると，はめ合いの入口付近で曲げ梁の外側は伸び，内側は縮む．このために固定部に対して微小な相対運動が起こる．これは図 13.33 の滑り摩擦における直線的な立上がり部分に当たる．つまり，全体としては滑っていないが，接触面内に部分的に滑っているところと，固着しているところがあるのである．この微小滑りを生ずる部分の損傷を**フレッチング**という．

摩耗粉が赤く酸化し，一種の腐食摩耗である**フレッチング腐食**（fretting corrosion）が起こる．これが振動梁表層に微小なピットを生成し，疲れき裂が発生する場合のことを「フレッチング疲れ」（fretting fatigue）という．疲れき裂の発生には，酸化膜を破って凝着が起こり，それにより生じた接線力が主因であるという説もある．車輪に圧入した車軸はめ合い端部，板ばね固定端など事例は

多い（写真 13.4 の多数き裂起点はこれである）.

フレッチング腐食の対策としては，めっきなどによる酸化防止，滑り部が接触しないようにはめ合い穴の端部にテーパを付ける，などが行なわれている．疲れ対策には，たとえば新幹線電車の車軸では，高周波熱処理による硬化と圧縮残留応力付与などが行なわれている.

13.7　トラブルの調査と対策の指針

材料が予定した寿命で交換されれば問題はない．摩耗など予測可能な寿命ならば交換時期がわかるが，多くの場合は寿命を予測すること自体が難しい．その原因の一つは，実働荷重が測定されていないことにもある．材料はまだ使えるのに，機器が陳腐化して廃材になることのほうが多いのが実情であろう.

このように寿命ははっきりしないが，明らかに短命である場合は異常とみなされる．破壊による機能不良，場合によっては事故になる事例では，再発防止のために原因究明が求められる.

以下では，トラブルが発生した場合の原因究明の一般的な手順を述べる.

(1) トラブル実体の把握

トラブルの実体をできれば現場で観察する．破損の場合は，当該品周囲の部品に与えた傷，変形なども見逃さずに写真に記録する.

(2) トラブル情報の入手

トラブルが起こった時の状況，異常振動などの予兆現象，動作不良の状況，使用履歴，製造記録などの情報を入手する.

(3) トラブル品の使用条件確認

機器からの分離・採取に当たって，破面の特徴と取付け状況の関連性を確認する.

(4) 実体観察

当該不良品の実体観察，破面，傷，変形などの外観写真を撮る．どこが破壊の起点なのか，自発傷かもらい傷か，使用応力のモード（引張り，曲げ，ねじりなど）などを推定する．ここで以後の調査方法を決める．この段階は重要で，後で試料を細分するとわからなくなる事柄もあるので慎重にしたい.

(5) 供試体を切断せずに行なう検査

① **形状調査**：異常変形がないか設計図面と照らし合わせて寸法を測定する．表面に凹痕や傷があれば表面粗さ計で調べる.

② **破面調査**：実体顕微鏡（10 ～ 50 倍）で破壊起点付近，破面近傍の試験体表面を観察する．着色，付着物，錆，破壊形態などの情報を得る．破面の錆，摩滅の程度，模様により，き裂発生から長い時間経過したか，直近に起こったかを推定できる．起点の場所，数からは応力集中度などが推定できる．光学顕微鏡では焦点深度が浅く，写真は撮影しにくいが，双眼顕微鏡なら立体的に観察できる強みがある.

(6) 供試体を細分して行なう検査

① SEM 観察

焦点深度が深いので破面観察に適している．試験体は SEM に入る大きさに切断し，超音波洗浄などの洗浄をする．有機物（たとえば塗料）が原因に関わる場合，洗浄液には注意する．少なくともどこかに疲れ破面があると，1 次原因（当該品がシステム破壊の原因）の可能性が高くなる．ストライエーションの不明瞭な疲れ破面もあるため判定が難しい場合もあるが，脆性破面や延性破面のみなら 2 次原因（他の部品の破壊により誘発されたもらい事故）の可能性もある．粒界割れがある時は，高強度鋼であれば水素割れ（めっき脆性，酸洗脆性，腐食）や焼割れの可能性がある.

② EDX 分析

SEM 観察と併せて，起点に何か材質的特異性があるかどうか，EDX で分析する．介在物であれば，O，S，Al，Ti などの偏析が検出される.

表13.3 不具合の原因別の責任と管理

責任所在	管理部署	主な原因
製造者	材料	不純物・介在物，鋳造欠陥，異材混入
	設計	応力集中過小評価，材料選択ミス，施工・加工者への指示の誤り
	製造	熱処理不良，溶接欠陥，加工傷，はめ合い不良，研磨焼け，打痕
	検査	基準の甘さ，検査道具の不備・整備不良
使用者	運転	過大応力，過大電流，腐食，許容温度，その他仕様書・取説に許容されない条件
	保守	欠陥発生の見過ごし，消耗品交換の遅れ，ねじ過大締付け
	不意事象	事故，災害

③ マクロ組織試験

鏡面研磨してからエッチングして目視する．とくに溶接部の検査に有効である．ナイタル・エッチで溶込み，脚長，ブローホールなど，溶接施工不良，欠陥などの検査ができる．焼入れ深さ，浸炭深さなど表面処理の状態，使用中の摩擦などによる熱影響も目視可能である．特殊な腐食液を用いれば，ミクロ偏析も観察できる（巻末・付表6参照）．

④ 金属組織検査と硬さ試験

$50 \sim 400$ 倍で破面の起点付近の組織に異常がないか調べる．結晶粒が局部的に大きい場合は，局部加熱などの異常入熱（アーク放電など），発熱（電気接触部など）があったことを疑う．同時に硬さ（マイクロビッカース，$0.3HV$ 程度）の分布を調べると，こういう場所では軟化（焼なまし，焼戻し）が起こっている．

マルテンサイトなど，あるべきでない組織が認められれば，逆に硬化（焼入れ）が起こっている．微細な粒界割れ，介在物からの疲れき裂など，局部的なミクロき裂も発見できることがある．

介在物が多い場合は，エッチングなしで検鏡する．評価にはJIS点算法もあるが，極値統計法なども利用するとよい．組織や硬さは，正常品と比較できることが望ましい．

⑤ 腐食のトラブル

切断面でXMAにより錆の組成を調べる．錆の構造解析専門家に依頼すれば，使用環境種（海塩，亜硫酸ガス，など）の推定が可能である．

以上の他，Chapt.5に述べた特殊な分析はあるが，目的に応じて使えばよい．

この調査の結果，トラブルが重大かつ危険で，他にも累が及ぶ種類の場合は，早急な対策が望まれる．

原因が突発性の場合は，正常な品質に換えれば済むことが多い．この例としては，いくつもの人為ミスの重なり，停電，災害，2次的被害などがある．たとえば温度計の故障で，熱処理不良が出た場合は，その特定の製造ロットを追跡して正常品に交換しなければならない．車のリコールなどはこの追跡の方法でもある．

これと逆に，事象が増加傾向にある場合がある．一つのトラブルがシステムに大きな影響を与えない条件ならば，故障の統計から判断して摩耗故障型であれば，新品への交換を早めに行なえばよい．しかし重大な影響を与えるならば，とりあえず正常品に交換して時間を稼ぎ，その間，原因調査と対策品の開発を進めなければならない．

不具合には，その責任からいえば，製品の製造者にあるものと，使用者にあるものがある．**表13.3** にその管理部門と主な原因を挙げた．原因がどちらにあるか曖昧な場合が多いが，原因の究明は進めなければ禍根を断ちがたい．

エピローグ
金属をグローバルに考える

元素の由来と資源

　自然はどのように金属を生み出したかというと，まずは水素から始まった．**図1**を見てみよう．点線は，宇宙に存在する元素をSiを1とした場合の比で表わし，原子番号順に並べたものである．時に例外はあるものの，宇宙には軽い元素ほど多いことを示している．縦軸は対数目盛であることに注意してほしい．左端は原子番号1の水素で，次がヘリウムとなっている．二つともSiに比べると1万倍ほどもある．現在でも太陽の中では，水素がヘリウムになる核融合反応が進んでいるという．

　では，始めから「水素ありき」であったのか．水素といえども生まれがあるはずある．「ビッグバン」という超巨大爆発が生みの親であった．これが宇宙の始まりで，宇宙が今の1/5であった150億年前よりもっと前のことだった．そしてたった3分で水素は重水素やヘリウムになり，温度が下がってガス体宇宙は急膨張した．すると核融合反応は止まってしまうために，次の原子番号3〜5が少なくなったという．点線のグラフは10^{-10}も下がっている．つまり，Li，Be，Bは宇宙でもきわめて少ない元素ということになる．

　原子番号6の炭素以降は星の誕生によって生まれたもので，星ができると収縮して高温・高密度になり，再び核融合反応で次々と元素がつくられたのである．

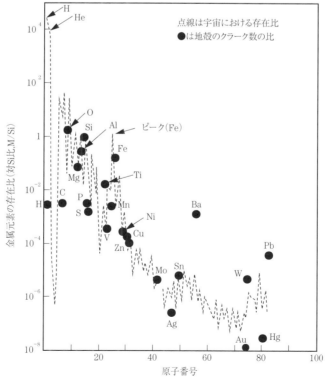

図1　地殻における金属のクラーク数と宇宙元素存在比

ただし，これも鉄までである．鉄のところで点線にピークがあるのは，核融合で原子が大きくなりすぎると，今度は逆に核分裂して鉄に戻ってしまうからである．では鉄より重い元素はどうしてできたかというと，中性子星ができて強力な重力エネルギーが原子核に注入されたことによる．

さて，こうしてできた星の一つが我々の地球である．地球の中心は90%が鉄であるが，人間が掘って資源として使える地表に近い地殻の元素の割合はどうであろうか．

地球の表面から16km以内の地殻にある元素を%で表わした数値を「クラーク数」と呼ぶ．これを宇宙の分布と同じようにSiの値で除して，図1に描いたのが黒丸である．ただし，主な元素だけを示した．クラーク数でいうとO，Siが突出して多く，以降，Al，Fe，Caと続く．

おおよそは宇宙の元素分布と同じである．H，Cが少ないのは，海水や空気中の炭酸ガスなどを勘定に入れていないからである．クラーク数は，そのまま採掘できる値ではない．薄く分布しているのは精練の採算が合わない．集中して存在してはじめて鉱石といえる．

現状で採算がとれる未採掘の鉱石量を「埋蔵量」という．一般にクラーク数の多い金属ほど埋蔵量も多いという関係があり，これは鉱石として偏在していることを示す．たとえばCrは84%，白金族の89%，Vの46%が南アフリカに集中している．戦争でも起これば，たちまち供給が途絶えてしまう．

図2は埋蔵量と生産量の関係である．生産量は埋蔵量が多いほど増加する関係にあるが，Crは生産量が他の金属に比べて突出している．この図は対数表示なので差が感じられないが，鉄はトン数でいえば全金属の消費量の95%にもなっている．

1989年の統計では，年間生産量は，鉄5.5億トン，第2位のアルミニウム1800万トン，クロム1196万トン，マンガン918万トン，銅883万トン，亜鉛704万トン，鉛345万トンと続いている．これらの7金属が100万トン以上（図中の破線以上）で，残りはこれ以下である．

埋蔵量を年間生産量で割った値を「静態的耐用年数」という．これで並べると，鉄160年，アルミニウム（ボーキサイト）220年，マンガン150年，クロム570年と十分であるのに対して，銅40年，鉛20年，亜鉛21年と短い．つまり，今のような大量生産が続く限り，資源は枯渇寸前という状態である．このうち鉛については，有害金属ということで規制が強まり，使用が減ったが，銅と亜鉛は状況は厳しい．

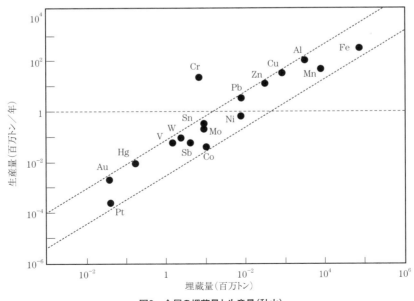

図2　金属の埋蔵量と生産量（秋山）

したがって，リサイクル率を強化しないと，価格の高騰やストック過剰による暴落などの不安定要因がある．

亜鉛はダイカストや黄銅などを除くと，めっきのように消耗する使用方法が多く，リサイクル率の改善が期待できないだけに，1989年の予測では2000年には供給障害が発生する可能性が指摘されていた．

銅は江戸時代には日本の主要な輸出品であったが，現在はチリ，アメリカが主要な産出国であり生産国である．日本の銅山は完全に掘り尽くしたというよりは，採算がとれなくなり閉山したと思われる．銅山では銅だけが出るわけではなく，金も出る．ビスマスやカドミウムなどは亜鉛鉱山から出る．このような副産物である鉱石は，主要鉱山が閉山になるとともに供給が減少するという問題もある．

悠久の宇宙から地球に至るとせち辛い話になったが，要は資源は無限ではないということである．

リサイクル率を上げるには，設計段階から分別が容易な構成にすることが必要である．そこでエコマテリアル（ecological material）という概念が提案された．これには，リサイクル可能あるいはリサイクルされた材料，生分解材料（バクテリアで分解される高分子など），超長寿命材料，毒物の代替材料，自然親和性材料などが該当する．

エコマテリアルの評価には，製造→使用→廃棄→リサイクルという寿命を考えて，**LCA**（Life Cycle Assessment）という定量的な評価法がある．これは製造，使用などに必要なエネルギー，資源から，環境に与える影響（CO_2排出など），廃棄物，改善すべき点などすべてを数値化して評価する．これらを「グローバルスタンダード」として，ISO14000などに規格化する時代になった．

体と金属

Pbの有害性に触れたついでに，私たちの体に対する金属の影響をまとめておこう．

表1に，欠乏するとかえって疾患が起こる有益な作用と，ある量以上摂取すると有害な作用を及ぼす金属を示した．ただし，これらの金属はすべて微量ではあるが体内に存在する．ここに示した金属元素は，Caを除いて原子番号23（V）以降の比重が5以上のもので，**重金属**と呼ばれる．因みに「軽金属」は，比重5未満，原子番号22（Ti）までをいう．

表1　人の体と金属

原子番号	金属	有益な作用（必須）	有害な作用
20	Ca	骨格，神経	－
23	V	脂質の代謝	鼻炎，気管支炎
24	Cr（3価）	インシュリン活性化	
24	Cr（6価）		発癌，金属アレルギー
25	Mn	活性酸素の還元	中毒，神経
26	Fe（2価）	血液ヘモグロビン	
27	Co	ビタミンB12	発疹，発癌
28	Ni	Fe吸収の補助	金属アレルギー
29	Cu	Fe吸収の補助	肝臓疾患，金属アレルギー
30	Zn	皮膚，前立腺	中毒，下痢
33	As	－	亜砒酸（毒物）
42	Mo	酵素	金属アレルギー
48	Cd	－	腎臓，骨（イタイイタイ病）
50	Sn	不明であるが必須	中毒，金属アレルギー
80	Hg		有機水銀中毒（水俣病），尿毒症
82	Pb	－	貧血，筋肉麻痺，腎障害

有効作用のみが示されているのは Ca と Fe である。Ca は骨の材料でもあり，脳からの信号や神経の伝達，細胞分裂など，なくてはならない必須金属である。Fe も血液のヘモグロビンの重要構成元素で，酸素を肺で取り込み筋肉で消費する役目を担っている。ただし，この機能は 2 価のイオンの場合で，血が赤いのは Fe^{2+} の色である。3 価になるとこの機能はなくなる。

一方，As，Cd，Hg，Pb は有害作用のみと思われるが，いずれも体内から微量検出される。

砒素（As）は髪の毛から検出される。昔から殺鼠剤などに使われ，悪用して毒殺などの忌まわしい事件が起こっている。工業的にも「森永砒素ミルク事件」が社会問題となった。

カドミウム（Cd）は富山の神通川流域で起こった「イタイイタイ病」で知られた公害物質である。Cd は亜鉛鉱山の副産物で，上流の神岡鉱山はその後閉山になった。因みに，坑道を利用した「カミオカンデ」でニュートリノ研究に挑んだ小柴博士がノーベル賞を受賞したのは記憶に新しい。

Cd は工業的にも利用価値が大きく，Ni-Cd 電池，顔料，はんだ合金などに使用されている。昔はめっきも行なわれたが，現在は汚染防止のために使用されなくなった。

水銀（Hg）も有機水銀中毒による水俣病として海水汚染の公害として知られている。しかし，これも昔から消毒薬（通称，赤チン），農薬，顔料の朱，虫歯治療のアマルガム（Hg 合金の総称），温度計，整流器，電池などに使用されてきた。最近は食料，医薬品などには使用されなくなった。水銀は蒸気でも危険であり，有機水銀だけが悪いわけではない。

同じ金属が益害両作用を示す場合は，化合物の形態（イオン価）による場合と摂取量の多少による場合がある。Cr は 3 価ではインシュリンの分泌を助け，血中コレステロールを制御するが，6 価になると酸化性が強く有害である。

かつて，めっき工場やクロム鉱山の作業者の鼻に穴があく症例が多発した。また，工場の跡地が 6 価クロム土壌汚染していたために転売できないなど，6 価クロムは新聞で名が知られるようになった。以前は，金属の顕微鏡試料を研磨する材料として酸化クロム粉末が使用されていたが，これも現在ではアルミナになった。Zn めっきなどのクロメート処理皮膜は，水に溶けると 6 価クロムになるので注意が必要である。

必須金属でも摂取量が多すぎると有害になるが，金属アレルギーは金属の接触で発症する。Ni は金めっきなど貴金属めっきの下地やステンレス鋼に使われており，指輪，ピアス，歯科材料などでアレルギーを起こす場合がある。骨折時の一時補強などにステンレスが使用されていたが，Ni を含むので現在ではチタン合金が生体用として使われている。チタンは問題がなく，永久的な人工関節などにも使われる。

材料史における金属

最後に，材料の歴史を展望して締めくくろう。古代史は，石器，青銅器，鉄器と材料で区分されている。**図 3** は，石器時代から現代までの主要材料（金属，高分子材料，複合材料，セラミックス）の重要度の割合を示している。これによれば，石器時代は石器が実用道具として主要な地位を占めていたことで時代名と一致しているが，青銅器時代では青銅の重要度は，石器に比べてはるかに小さい。

BC2000 年頃に栄えたという中国・蜀の三星堆遺跡から出土した精緻な青銅器は，実用品というよりも神に捧げる装飾品であり，権力の象徴でもあったという。つまり青銅は当時の新材料として時代区分されている。金属が農耕道具や武器として主要な地位を占めたのは，鉄器時代に入ってからである。

さらに，鉄を含めた金属の生産量が飛躍的に増大したのは産業革命以降である。それまで水力，馬力

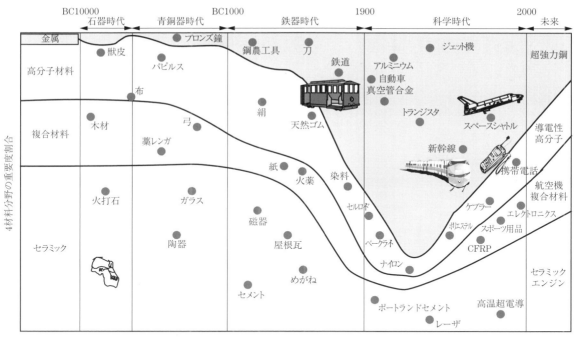

図3　文明史と材料重要度の変遷（Franklin Institute Science Museumの図を修正）

に頼っていた動力が，蒸気機関，電力に飛躍した時期である．産業革命は動力革命であった．したがって，それ以降は材料区分でなく電気時代，情報時代とでもいうべきかもしれない．現在でも前述のように鉄の生産量は，トン数でいえば全金属の95%を占めている．しかし少量とはいえ，希土類元素の半導体分野での役割は重要で，現代を材料の時代という人もいる．

　未来はどうか．図3に示されている内容がすべてではない．先端材料に限れば，むしろここに区分した金属～セラミックスの境界が曖昧になるのではないか．さらに木材，石材と類似の自然親和性素材が開発され，リサイクル材料という分野が重要な位置を占めるなど，エコマテリアル化が進むであろう．地球温暖化とともに進む砂漠化をいかに食い止めるか，資源をどう生かすか，今後の技術者に課せられた課題である．

東京都電 7500 形

参考書籍

　参考にした書籍のみを掲げた．雑誌記事，インターネット検索で得た資料などは，本書が教科書ということもあり文献名は省略した．ただし，引用した図表などには原著者名のみ記した．

全　　般
J.A.Jacobs and T.F.Kilduff ／『Engineering Materials Technology』（Prentice Hall Career & Technology Englewood Cliffs）1994

R.E.Smallman and R.J.Bishop ／『Metals and Materials, Science, Processes, Applications』（Butterworth Heinemann）1995

日本金属学会編／『金属便覧』改訂4版（丸善）1982

日本金属学会編／『金属便覧』改訂6版（丸善）2000

日本金属学会編／『金属データブック』改訂3版（丸善）1993

増本　健監修／『金属なんでも小辞典』（講談社）1997

飯島一昭・竹中康雄編／『活用ガイド金属材料』（オーム社）1976

日本機械学会編／『機械工学便覧』B4　材料学・工業材料（日本機械学会）1984

I　基　　礎
宮原将平監修／『金属結晶の物理』（アグネ）1968

北田正弘／『初級金属学』（アグネ）1978

幸田成康編／『100万人の金属学・基礎編』（アグネ）1965

日本金属学会編／『新版転位論』（丸善）1971

日本金属学会編／『転位論の金属学への応用』（丸善）1957

鈴木秀次／『転位論入門』（アグネ）1967

吉岡正三／『金属学序説』（コロナ社）1959

沖　猛雄／『金属電気化学』（共立出版）1969

ジョン・ウルフ／永宮健夫監訳／『構造と熱力学，材料科学入門II』（岩波書店）1968

J.D.FAST ／『Gases in Metals』（Philips Technical Library）1976

江沢洋，東京物理サークル編著／『物理なぜなぜ事典』（日本評論社）2000

II　キャラクタリゼーションと試験
比企能夫／『弾性・非弾性』（共立出版）1972

B.Jaoul ／諸住正太郎・舟久保煕康共訳／『金属の塑性』（丸善）1969

カリティ／松村源太郎訳／『X線回折要論』（アグネ）1961

III　実用金属
『JISハンドブック2002』鉄鋼I・II，非鉄，熱処理

平　浩／『初歩と実用のステンレス講座』（日本工業出版）1970

日本アルミニウム協会編／『アルミニウムハンドブック』（第6版）2001，〔http://210.225.184.19/alumi/〕

IV　特殊な金属
深井　有・田中一英・内田裕久／『水素と金属』（内田老鶴圃）1998

高橋武彦／『燃料電池』（共立出版）1992

鈴木雄一／『実用形状記憶合金』（工業調査会）1987

根岸　朗／『形状記憶合金のおはなし』（日本規格協会）1989

榎本正人／『金属の相変態』（内田老鶴圃）2000

金子秀夫・本間基文／『磁性材料』（日本金属学会）1977

V　接合・改質

佐藤邦彦編／『溶接強度ハンドブック』（理工学社）1988

山崎龍一／『めっき読本』（槙書店）1993

石原祥江・加瀬敬年・斎藤いほえ・鈴木昭一・矢部賢／『めっきの基礎』（槙書店）1994

『JISハンドブック2002』金属表面処理

VI　金属のトラブル

岡村浩之／『線形破壊力学入門』（培風館）1976

村上敬宜／『金属疲労・微小欠陥と介在物の影響』（養賢堂）1993

日本材料学会編／『金属材料疲労設計便覧』（養賢堂）1981

日本機械学会編／『金属材料疲れ強さの設計資料I』（日本機械学会）1961

西谷弘信編／『疲労強度学』（オーム社）1985

山本雄二・兼田槙宏／『トライボロジー』（理工学社）1998

日本機械学会編／『技術資料・構造物の破損事例と解析技術』（日本機械学会）1984

西田正孝／『応力集中』（森北出版）1973

D.Adnis et P.Blanchard／『Fragilité et Fragilisation des Métaux et Alliages』（Dunod）1963

エピローグ

佐藤文隆／『宇宙を顕微鏡で見る』（岩波書店）2001

茅陽一編／『地球環境工学ハンドブック』（オーム社）1993

長崎誠三／『汚染物質』（新日本出版）1974

鳥越健三郎／『古代中国と倭族』（中央公論社）2000

松尾宗次／『いろいろな鉄』（日鉄技術情報センター）1996

中澤護人／『鉄のメルヘン』（アグネ）1975

付表1　主な元素の性質一覧

元素名	記号	原子番号	原子半径 nm	原子量 g	密度 (G:気体, L:液体)(20℃) Mg/m³	融点 ℃	比熱 (20℃) J/(kg·K)	熱膨張 係数 $10^{-6}K^{-1}$ (20〜40℃)	熱伝導率 (20℃) W/(m·K)	固有抵抗 (20℃) μΩ·cm	結晶構造	縦弾性率 GPa
スイソ	H	1	0.037	1.0	G0.09$\times10^{-3}$	-259						
ヘリウム	He	2	0.150	4.0	G0.175$\times10^{-3}$	-269.5					hcp	
リチウム	Li	3	0.152	6.9	0.534	181	3318	56	71	8.55	bcc	
ベリリウム	Be	4	0.113	9.0	1.8	1277	1890	11.6	147	4	hcp	30
ホウソ	B	5	0.090	10.8	2.34	2030	1298	8.3			正斜方	
タンソ(グラファイト)	C	6	0.077	12.0	2.25	3727	693	2.2	24	1375	六方	5
チッソ	N	7	0.053	14.0	G1.25$\times10^{-3}$	-210	1037					
サンソ	O	8	0.061	16.0	G1.43$\times10^{-3}$	-218.7	916					
フッソ	F	9	0.071	19.0	G1.7$\times10^{-3}$	-219	760					
ネオン	Ne	10	0.159	20.2	G0.9$\times10^{-3}$	-248						
ナトリウム	Na	11	0.186	23.0	0.97	98	1225	71	134	4.2	bcc	
マグネシウム	Mg	12	0.160	24.3	1.74	650	1029	27.1	154	4.45	hcp	45
アルミニウム	Al	13	0.143	27.0	2.7	660	903	23.6	220	2.65		72
ケイソ	Si	14	0.117	28.1	2.33	1410	680	9.6	84		ダイヤモンド 立方	110
リン	P	15	0.109	31.0	1.83	44	743	125			立方	
イオウ	S	16	0.102	32.1	2.1	119	735	64		0.26	fcc	
エンソ	Cl	17	0.101	35.4	G3.2$\times10^{-3}$	-101						
アルゴン	Ar	18	0.191	40.0	G1.78$\times10^{-3}$	-189				7		
カリウム	K	19	0.226	39.1	0.86	64	743	83	100	6.15	bcc	
カルシウム	Ca	20	0.197	40.1	1.55	838	626	22.3	130	3.91	fcc	
スカンジウム	Sc	21	0.165	45.0	3	1539	563			6.1	hcp	
チタン	Ti	22	0.147	47.9	4.51	1680	521	8.4	17	55	hcp	118
バナジウム	V	23	0.132	51.0	6.1	1900	500	8.3	31	26.0	bcc	135
クロム	Cr	24	0.125	52.0	7.19	1875	462	6.2	67	12.9	bcc	250
マンガン	Mn	25	0.112	54.9	7.43	1245	483	22		185	立方	160
テツ	Fe	26	0.124	55.9	7.87	1537	462	11.8	76	9.71	bcc	200
コバルト	Co	27	0.125	58.9	8.85	1495	416	13.8	69	6.24	hcp	210
ニッケル	Ni	28	0.125	58.7	8.9	1453	441	13.3	92	6.84	fcc	210
ドウ	Cu	29	0.128	63.5	8.96	1083	399	16.5	395	1.67	fcc	110
アエン	Zn	30	0.133	65.4	7.13	419	384	31	113	5.9	hcp	92
ガリウム	Ga	31	0.124	69.7	5.9	30	332	18	30-50	17.4	正方	24
ゲルマニウム	Ge	32	0.123	72.6	5.32	938	307	5.75	59		ダイヤモンド 立方	
ヒソ	As	33	0.125	74.9	5.73	817	344	47		33.3	稜面体	
セレン	Se	34	0.116	79.0	4.79	217	353	37	0.3~0.7	12.0	六方	59
シュウソ	Br	35	0.114	79.9	L 3.12	-7	294					
クリプトン	Kr	36	0.201	83.8	G3.7$\times10^{-3}$	-157						
ルビジウム	Rb	37	0.244	85.5	1.53	39	366	90		12.5	bcc	
ストロンチウム	Sr	38	0.215	87.6	2.6	768	739			23	fcc	
イットリウム	Y	39	0.182	88.9	4.47	1509	293		15	57	hcp	120
ジルコニウム	Zr	40	0.162	91.2	6.49	1852	269	5.85	21.1	40	hcp	96
ニオブ	Nb	41	0.143	92.9	8.57	2468	273	7.31	52.5	12.5	bcc	110
モリブデン	Mo	42	0.136	96.0	10.22	2610	277	4.9	143	5.2	hcp	420
テクネチウム	Tc	43	0.135	98.9	11.5							
ルテニウム	Ru	44	0.133	101.0	12.2	2500	239	9.6	9.1	7.6	hcp	420
ロジウム	Rh	45	0.134	102.9	12.44	1966	248	8.3	88	4.51	fcc	300
パラジウム	Pd	46	0.137	106.7	12	1552	245	11.8	70.6	10.8	fcc	110
ギン	Ag	47	0.144	107.9	10.49	961	235	19.7	420	1.59	fcc	75
カドミウム	Cd	48	0.149	112.4	8.65	321	231	29.8	84	6.83	hcp	56
インジウム	In	49	0.162	114.8	7.31	156	239	24.8	82	8.37	fcc	11
スズ	Sn	50	0.141	118.7	7.3	232	227	23	63	11	正方	44
アンチモン	Sb	51	0.145	122.0	6.62	631	206	8~11	19	39	稜面体	79
テルル	Te	52	0.143	127.6	6.24	450	197	16.75	5.9		六方	42
ヨウソ	I	53	0.134	126.9	4.94	114	218	93	0.004			
キセノン	Xe	54	0.220	131.3	5.9	-112			521		bcc	
セシウム	Cs	55	0.262	132.9	1.9	29	202	97		20	bcc	
バリウム	Ba	56	0.218	137.3	3.5	714	286				bcc	
ランタン	La	57	0.188	138.9	6.19	920	202	5	14		正斜方	
サマリウム	Sm	62	0.179	150.3	7.49	1072	176			88		
ハフニウム	Hf	72	0.160	178.6	13.1	2230	147	519	93.7	35.1	hcp	
タンタル	Ta	73	0.143	181.0	16.6	2996	143	6.5	55	12.4	bcc	
タングステン	W	74	0.137	183.9	19.3	3590	139	4.6	167	5.65	bcc	
レニウム	Re	75	0.137	186.2	21	3180	126	6.7	71	19.3	hcp	
オスミウム	Os	76	0.135	190.2	22.6	2700	130	4.6		9.5	fcc	
イリジウム	Ir	77	0.135	190.2	22.5	2454	129	6.8	59	5.3	fcc	
ハッキン	Pt	78	0.139	195.0	21.4	1769	132	8.9	69.3	10.6	fcc	
キン	Au	79	0.144	197.0	19.32	1063	131	14.2	300	2.35	fcc	
スイギン	Hg	80	0.141	200.6	L 13.55	-38	139	61	8.2	98.4	稜面体	
タリウム	Tl	81	0.168	204.4	11.8	303	130	28	39	18	hcp	
ナマリ	Pb	82	0.176	207.2	11.36	328	129	29.3	35	20.6	fcc	
ビスマス	Bi	83	0.155	209.0	9.8	271	123	13.3	84	116.0	稜面体	
ポロニウム	Po	84	0.167	210.0		254					単斜	
アスタチン	At	85	0.145	211.0		302						
ラドン	Rn	86	0.240	222.0	G9.7$\times10^{-3}$	-71						
フランシウム	Fr	87	0.260	223.0		27						
ラジウム	Ra	88	0.220	226.0	5	700						
アクチニウム	Ac	89	0.188	227.0	10.1	1050						
トリウム	Th	90	0.180	232.0	11.7	1750	100	12.5	38	18.6	fcc	
プロトアクチニウム	Pa	91	0.160	231.0	15.4	1840						
ウラン	U	92	0.138	238.0	19.07	1132	117	6.8-14.1	30	30	正斜方	
ネプツニウム	Np	93	0.131	237.0	20.2	637						
プルトニウム	Pu	94	0.164	242.0	19.8	640	139	55	8.4	141	単斜	

付表2　実用合金の物理的特性

合金	密度 $10^3 \cdot kg/m^3$	融点(固相線) ℃	ヤング率 GPa	熱伝導率 W/(m·K)	熱膨張係数 10^{-6}/K	固有抵抗 $\mu\Omega \cdot cm$	比熱 kJ/(kg·K)
炭素鋼S45C	7.84	1387	205	44	10.7	19.5	0.49
高張力鋼HT80	7.86		203	49	12.7		0.44
低合金鋼SCM440	7.83			43	12.3	23.0	0.48
ステンレス鋼SUS304	8.03	1398	197	15	17.3	72	0.50
ステンレス鋼SUS410	7.80	1377	200	25	9.9	57	0.46
ステンレス鋼SUS631	7.81	1397	204	16	11.0	83	0.46
マルエージング鋼250	8.00	1427	186	19.7	10.1	50	
ねずみ鋳鉄FC	7.20	1147	120	50	10.0	100	0.55
球状黒鉛鋳鉄FCD	7.10	1117	160	35	10.0	60	0.47
無酸素銅C1020	8.92	1083	117	384	17.6	1.71	0.38
タフピッチ銅C1100	8.89	1065	117	384	17.6	1.72	0.38
9/1丹銅C2200	8.80	1021	117	185	18.7	3.9	0.37
7/3黄銅C2600	8.53	916	110	119	19.9	6.2	0.37
6/4黄銅C2801	8.39	899	103	121	20.8	6.2	0.37
青銅鋳物BC2	8.70	854	96	58	19.0	14.9	0.37
りん青銅C5212	8.80	954	110	61	18.2	13.0	0.37
白銅C7060	8.90	1099	123	40	17.1	18.5	0.37
純アルミA1100-H18	2.71	646	69	222	23.6	3.0	0.90
超ジュラルミンA2024-T4	2.77	502	74	121	23.2	5.8	0.92
耐食アルミA5083-H32	2.66	579	72	116	23.4	5.9	0.96
アルミ鋳物AC3A-F	2.66	582	71	121	20.4	5.6	0.96
アルミ鋳物AC4CH-T6	2.68	557	72	151	21.5	4.2	0.88
チタン合金6Al-4V	4.43	1660	109	8	8.4	17.0	0.51
亜鉛ダイカストZDC-2	6.60	381	89	113	27.4	6.4	0.42

付表3　周期律表

列番号→	1	2	3	4	5	6	7	8	9	10	11	12	13	14	15	16	17	18
族→	I	II	III	IV	V	VI	VII	VIII			I	II	III	IV	V	VI	XII	O
1周期	1 H 1.008									半金属・半導体					非金属			2 He 4.003
2周期	3 Li 6.941	4 Be 9.012		原子番号 元素記号 原子量									5 B 10.81	6 C 12.01	7 N 14.01	8 O 16	9 F 19	10 Ne 20.18
3周期	11 Na 22.99	12 Mg 24.31				金属							13 Al 26.98	14 Si 28.09	15 P 30.97	16 S 32.45	17 Cl 35.45	18 Ar 39.95
4周期	19 K 39.1	20 Ca 40.08	21 Sc 44.96	22 Ti 47.9	23 V 50.94	24 Cr 52	25 Mn 54.94	26 Fe 55.85	27 Co 58.93	28 Ni 58.71	29 Cu 63.55	30 Zn 65.37	31 Ga 69.72	32 Ge 72.92	33 As 74.92	34 Se 78.96	35 Br 79.9	36 Kr 83.8
5周期	37 Rb 85.47	38 Sr 87.62	39 Y 88.91	40 Zr 91.22	41 Nb 92.91	42 Mo 95.94	43 Tc (99)	44 Ru 101.1	45 Rh 102.9	46 Pd 106.4	47 Ag 107.9	48 Cd 112.4	49 In 114.8	50 Sn 118.7	51 Sb 121.8	52 Te 127.6	53 I 126.9	54 Xe 131.3
6周期	55 Cs 132.9	56 Ba 137.3	57-71 La 138.9	72 Hf 178.5	73 Ta 180.9	74 W 183.9	75 Re 186.2	76 Os 190.2	77 Ir 192.2	78 Pt 195.1	79 Au 197	80 Hg 200.6	81 Tl 204.4	82 Pb 207.2	83 Bi 209	84 Po (210)	85 At (210)	86 Rn (222)
7周期	87 Fr (223)	88 Ra 226.0	89-103 Ac 227															

←―s-block―→ ←――――――――――d-block――――――――――→ ←―――――p-block―――――→

ランタノイド 希土類	57 La 138.9	58 Ce 140.1	59 Pr 140.9	60 Nd 144.2	61 Pm 145	62 Sm 150.4	63 Eu 152	64 Gd 157.3	65 Tb 158.9	66 Dy 162.5	67 Ho 164.9	68 Er 167.3	69 Tm 168.9	70 Yb 173	71 Lu 175
アクチノイド	89 Ac 227	90 Th 232	91 Pa 231	92 U 238	93 Np 237	94 Pu (239)	95 Am (243)	96 Cm (247)	97 Bk (247)	98 Cf (252)	99 Es (252)	100 Fm (253)	101 Md (256)	102 No (259)	103 Lr (260)

主量子数 n	1	2		3			4			
主殻	K	L		M			N			
方位量子数 l	0	0	1	0	1	2	0	1	2	3
副殻	1s	2s	2p	3s	3p	3d	4s	4p	4d	4f
1 H	1									
2 He	2									
3 Li	2	1								
4 Be	2	2								
5 B	2	2	1							
6 C	2	2	2							
7 N	2	2	3							
8 O	2	2	4							
9 F	2	2	5							
10 Ne	2	2	6							
11 Na	2	2	6	1						
12 Mg	2	2	6	2						
13 Al	2	2	6	2	1					
14 Si	2	2	6	2	2					
15 P	2	2	6	2	3					
16 S	2	2	6	2	4					
17 Cl	2	2	6	2	5					
18 Ar	2	2	6	2	6					
19 K	2	2	6	2	6		1			
20 Ca	2	2	6	2	6		2			
21 Sc	2	2	6	2	6	1	2			
22 Ti	2	2	6	2	6	2	2			
23 V	2	2	6	2	6	3	2			
24 Cr	2	2	6	2	6	5	1			
25 Mn	2	2	6	2	6	5	2			
26 Fe	2	2	6	2	6	6	2			
27 Co	2	2	6	2	6	7	2			
28 Ni	2	2	6	2	6	8	2			
29 Cu	2	2	6	2	6	10	1			
30 Zn	2	2	6	2	6	10	2			
31 Ga	2	2	6	2	6	10	2	1		
32 Ge	2	2	6	2	6	10	2	2		
33 As	2	2	6	2	6	10	2	3		
34 Se	2	2	6	2	6	10	2	4		
35 Br	2	2	6	2	6	10	2	5		
36 Kr	2	2	6	2	6	10	2	6		

以下主要元素のみ

主量子数 n	1	2	3	4				5				6	
主殻	K	L	M	N				O				P	
方位量子数 l	–	–	–	0	1	2	3	0	1	2	3	0	1
副殻	–	–	–	4s	4p	4d	4f	5s	5p	5d	5f	6s	6p
40 Zr	2	8	18	2	6	2		2					
41 Nb	2	8	18	2	6	4		1					
42 Mo	2	8	18	2	6	5		1					
46 Pd	2	8	18	2	6	10							
47 Ag	2	8	18	2	6	10		1					
48 Cd	2	8	18	2	6	10		2					
49 In	2	8	18	2	6	10		2	1				
50 Sn	2	8	18	2	6	10		2	2				
51 Sb	2	8	18	2	6	10		2	3				
74 W	2	8	18	2	6	10	14	2	6	4		2	
78 Pt	2	8	18	2	6	10	14	2	6	9		1	
79 Au	2	8	18	2	6	10	14	2	6	10		1	
80 Hg	2	8	18	2	6	10	14	2	6	10		2	
82 Pb	2	8	18	2	6	10	14	2	6	10		2	2
83 Bi	2	8	18	2	6	10	14	2	6	10		2	3

付表5　純金属電気化学列、イオン化傾向、実用材の海水中の腐食電位列

電極反応	標準電位 (V)25℃	イオン化 傾向		腐食電池列(海水中)
Au³⁺+3e⁻=Au	1.5	Au		18-8-3Mo(316)(passive)
Pt²⁺+2e⁻=Pt	1.2	Pt		18-8(304)(passive)
Pd²⁺+2e⁻=Pd	0.987			Ti(Passive)
Hg²⁺+2e⁻=Hg	0.854	Hg		70Ni-30Cu(Monel)
Ag⁺+e⁻=Ag	0.8	Ag		76Ni-16Cr-7Fe(Inconel600)(passive)
Hg₂²⁺+2e⁻=2Hg	0.789			Ni(passive)
Cu⁺+e⁻=Cu	0.521	Cu		88Cu-3Zn-6.5Sn-1.5Pb(M-bronze)
Cu²⁺+2e⁻=Cu	0.337			88Cu-2Zn-10Sn(G-bronze)
2H⁺+2e⁻=H₂	0	H		70Cu-30Ni
Pb²⁺+2e⁻=Pb	−0.126	Pb		5Zn-20Ni-Cu(Ambrac)
Sn²⁺+2e⁻=Sn	−0.136	Sn		Si-bronze珪素青銅
Mo³⁺+3e⁻=Mo	−0.2			Cu
Ni²⁺+2e⁻=Ni	−0.25	Ni		Red-brass丹銅
Co²⁺+2e⁻=Co	−0.277			Al-bronzeアルミ青銅
Cd²⁺+2e⁻=Cd	−0.403	Cd		brass黄銅
Fe²⁺+2e⁻=Fe	−0.44	Fe		76Ni-16Cr-7Fe(Inconel600)(active)
Cr³⁺+3e⁻=Cr	−0.74			Ni(active)
Cr²⁺+2e⁻=Cr	−0.91			Naval brass
Zn²⁺+2e⁻=Zn	−0.763	Zn		Mn-bronze
Mn²⁺+2e⁻=Mn	−1.18			Muntz metal
Zr⁴⁺+4e⁻=Zr	−1.53			Sn
Ti²⁺+2e⁻=Ti	−1.63			Pb
Al³⁺+3e⁻=Al	−1.66	Al		18-8-3Mo(316)(active)
Be²⁺+2e⁻=Be	−1.85			18-8(304)(active)
Mg²⁺+2e⁻=Mg	−2.37	Mg		50Pb-50Snはんだ
Na⁺+e⁻=Na	−2.71	Na		13Cr stainless(410)(active)
Ca²⁺+2e⁻=Ca	−2.87	Ca		Ni-resist
K⁺+e⁻=K	−2.93	K		cast iron
Li⁺+e⁻=Li	−3.05			steel
				Al(2024T)超ジュラルミン
				Al(2017T)ジュラルミン
				Cd
				Alcrad
				Al(6053T)
				Al(1100)一般純アルミ材
				Al(3003)低強度アルミ合金
				Al(5052H)中強度アルミ合金
				Zn
				Mg-合金
				Mg

付表6　金属組織現出のための主な腐食液*

主な用途	液組成(1mL)	特徴
炭素鋼 低合金鋼	[ナイタール]エチルアルコール100mL+硝酸1.5mL	室温．腐食速度速い．速すぎる場合は硝酸の濃度を下げる．高炭素鋼・焼戻しマルテンサイトでは数秒
炭素鋼， 低合金鋼，鋳鉄	[ピクラール]エチルアルコール100mL+ピクリン酸4g	ナイタールに比べて腐食速度遅いので観察しながら腐食できる．ただし粒界は出にくい．
焼戻し マルテンサイト鋼	ピクリン酸飽和水溶液100mL+ドデシベルベンゼンスルフォン酸ナトリウム[中性洗剤でもよい](5mL程度)+エーテル少々	室温．腐食速度遅く10分以上．表面の腐食生成物を時々やわらかい筆で除く．Pの偏析した旧オーステナイト粒界現出．ミクロ偏析のマクロ観察も可．
ステンレス鋼	[Marble試薬]硫酸銅4g+塩酸20mL+水20mL	室温．Mn鋼，Cr-Mn鋼も可．
	[王水]塩酸30mL+硝酸10mL	室温．ステンレス鋼一般．
アルミニウム合金 Ti合金	塩酸1.5mL+硝酸2.5mL+フッ酸0.5mL+水95.5mL	室温．約15秒．Ti合金はフッ酸1mL．フッ酸はガラスを溶かすので保存に注意．
銅，黄銅，青銅	水酸化アンモニウム50mL+過酸化水素水(30%)20mL+水50mL	Cu，高銅合金．粒界を現出する．
	塩酸30mL+塩化第2鉄10g+水120mL	Cu合金一般

*この他，多くの合金向け腐食液がある．詳細は，『金属データブック』などを参照

付表7 主な構造用鋼の組成と機械的性質

強化法	JIS規格 (改訂年)	名称	鋼種記号 (代表例)	主要成分 (%)	加工熱処理*	耐力 $\sigma_{0.2}$ MPa	引張強さ σ_B MPa	伸び δ %	硬さ HV	降伏比 $\sigma_{0.2}/\sigma_B$	回転曲げ疲労強度 σ_w MPa	疲労強度比 σ_w/σ_B	備考
熱間	G3101 (2008)	一般構造用圧延鋼材	SS400	不純物P, S上限のみ	熱間圧延	313	432	31	126	0.72	225	0.52	400はσの下限。(左データはS15C) 強度範囲はSS330-SS540
熱間	G3106 (2008)	溶接構造用圧延鋼材	SM400B	C≦0.20, Si≦0.35, Mn=0.6-1.5	熱間圧延、焼ならし、制御圧延	≧245,	400-510	≧18		0.67	(220)		板厚区分あり、ここではt≦16mm、疲労データは引張圧縮の例
冷間	G3141 (2011)	冷間圧延鋼板及び鋼帯	SPCC-2	C≦0.15, Mn≦0.6, P≦0.100, S≦0.035	冷間圧延		≧270	≧36	135-185				板厚区分 t=0.6-1mmの例 2は1/2硬質。
加工	G3522 (2014)	ピアノ線	SWP-A, B, V	0.75C-0.25Si-0.70Mn (SWRS75B)	パテンティング-冷間線引き		2260-2450						素材はG3502ピアノ線材で規定。線径区分あり、ここでは種1mmφ
加工	G3506 (2004)	硬鋼線材	SWRH52B	0.52C-0.25Si-0.45Mn (SWRH52B)	パテンティング-冷間線引き		1720-1960						素材はG3506硬鋼線材で規定。線径区分あり、ここでは種1mmφ
熱処理	G4051 (2009)	機械構造用炭素鋼鋼材	S35C	0.35C-0.25Si-0.75Mn	860℃ OQ 650℃T	430	578	33	182	0.74	300	0.52	数値はC量範囲の中央値 機械学会。疲れ強さの設計資料の一例 ×100倍。
熱処理		機械構造用炭素鋼鋼材	S45C	0.45C-0.25Si-0.75Mn	830℃ WQ 590℃T	584	769	24	240	0.76	318	0.41	数値はC量範囲の中央値 機械学会。疲れ強さの設計資料の一例 ×100倍。
熱処理		機械構造用炭素鋼鋼材	S55C	0.55C-0.25Si-0.75Mn	850℃ WQ 550℃T	593	861	22	273	0.69	380	0.44	数値はC量範囲の中央値 機械学会。疲れ強さの設計資料の一例 ×100倍。
熱処理		機構造用合金鋼鋼材 ニッケルクロム鋼	SNC631	0.31C-0.25Si-0.50Mn-2.8Ni-0.80Cr	840℃ OQ 650℃T	540	720	26	217	0.75	306	0.43	数字1桁合金区分。2-3桁はC範囲中央値 機械学会。疲れ強さの設計資料の一例
熱処理		機構造用合金鋼鋼材 ニッケルクロム鋼	SNC415	0.15C-0.25Si-0.50Mn-2.2Ni-0.35Cr	浸炭880℃OQ-820OQ-150℃T	1000	1370	17	440	0.73	598	0.43	数字1桁合金区分。2-4桁はC範囲中央値 機械学会。疲れ強さの設計資料の一例
熱処理		機構造用合金鋼鋼材 ニッケルクロムモリブデン鋼	SNCM439	0.40C-0.25Si-0.75Mn-1.8Ni-0.75Cr-0.23Mo	850℃ OQ 575℃T	927	1050	22	340	0.88	505	0.48	数字1桁合金区分。2-5桁はC範囲中央値 機械学会。疲れ強さの設計資料の一例
熱処理		機構造用合金鋼鋼材 ニッケルクロムモリブデン鋼	SNCM415	0.15C-0.25Si-0.55Mn-1.8Ni-0.53Cr-0.23Mo	浸炭-OQ-T								数字1桁合金区分。2-5桁はC範囲中央値 機械学会。疲れ強さの設計資料の一例
熱処理		機構造用合金鋼鋼材 クロム鋼	SCr435	0.35C-0.25Si-0.51Mn-1.05Cr	850℃OQ-650℃T	880	970	21	309	0.91	473	0.49	数字1桁合金区分。2-5桁はC範囲中央値 機械学会。疲れ強さの設計資料の一例
熱処理		機構造用合金鋼鋼材 クロム鋼	SCr420	0.2C-0.25Si-0.73Mn-1.05Cr	浸炭-OQ-T								数字1桁合金区分。2-5桁はC範囲中央値 機械学会。疲れ強さの設計資料の一例
熱処理		機構造用合金鋼鋼材 クロムモリブデン鋼	SCM440	0.40C-0.25Si-0.73Mn-1.05Cr-0.3Mo	850℃OQ-650℃T	879	980	20	301	0.9	418	0.43	数字1桁合金区分。2-5桁はC範囲中央値 機械学会。疲れ強さの設計資料の一例
熱処理		機構造用合金鋼鋼材 クロムモリブデン鋼	SCM415	0.15C-0.25Si-0.73Mn-1.05Cr-0.23Mo	浸炭930℃OQ-650℃T	676	768	21		0.88	421	0.55	数字1桁合金区分。2-5桁はC範囲中央値 機械学会。疲れ強さの設計資料の一例
熱処理	G4053 (2008) G3508-1 (2010)	冷間圧造用ボロン鋼1・線材	SWRCHB526	0.26C-0.23Si-1.05Mn-B	WQ-T								ボルト頭を冷間圧造できるMn-B鋼。数字1桁Mn区分。2-3桁はC範囲中央値
熱処理		600MPa級ハイテン		0.13C-0.44Si-1.46Mn-0.23Cr-0.15Mo-0.03V	WQ-T	550	640	29		0.86			溶接用高張力鋼(ハイテン)、調質 自動車用ハイテン(合金鋼板)の一例
冷間加工		800MPa級ハイテン	HT80	0.13C-0.40Si-1.70Mn	冷間圧延	500	810	21		0.62			自動車用ハイテン(合金元素添加)の調質材もある
冷間加工		1GPa級ハイテン	HT100	0.16C-1.40Si-1.90Mn	冷間圧延	660	1010	18		0.65			自動車用ハイテン(合金元素添加)の調質材もある

*注：OQ：油焼入れ、WQ：水(エマルジョン)焼入れ、T：焼戻し

付表8　主な鋳鉄・鋳鋼の機械的性質（別鋳込み供試材）

種別	JIS（改訂年）	名称	記号	組成 T.C（%）	Si（%）	弾性率 E(GPa)	耐力 $\sigma_{0.2}$(MPa)	引張強さ σ_B(MPa)	伸び δ(%)	硬さ HB	地の組織
普通鋳鉄	G 5501 (1995)	ねずみ鋳鉄品	FC100	3.3～3.8	1.8～2.5	60～85		≧100		140～170	パーライト
			FC150	3.3～3.7	1.8～2.5	80～105		≧150		170～200	パーライト
			FC200	3.2～3.5	1.6～2.5	95～120		≧200		180～210	パーライト
			FC250	3.1～3.3	1.4～2.0	110～130		≧250		190～220	パーライト
			FC300	3.0～3.2	1.4～1.9	125～145		≧300		220～240	パーライト
強靱鋳鉄			FC350	2.8～3.2	1.4～1.7	140～150		≧350		230～260	パーライト
球状黒鉛鋳鉄	G 5502 (2001)	球状黒鉛鋳鉄[*1]	FCD350-22			100～180	≧220	≧350	≧22	≦150	フェライト
			FCD400-18	3.3～3.8	2.3～3.0		≧250	≧400	≧18	130～180	フェライト
			FCD450-15	2.5～3.8	2.3～3.0		≧280	≧450	≧10	140～210	フェライト
			FCD500-7				≧320	≧500	≧7	150～230	フェライト＋パーライト
			FCD600-3				≧370	≧600	≧3	170～270	パーライト＋フェライト
			FCD700-2	3.0～3.5	2.3～3.0		≧420	≧700	≧2	180～300	パーライト
			FCD800-2				≧480	≧800	≧2	200～330	パーライトまたは焼戻し組織
ADI	G 5503	オーステンパ球状黒鉛鋳鉄	FCAD900			160～170	≧600	≧900	≧4, 8	269～341	ベイナイト
			FCAD1000				≧700	≧1000	≧5	300～352	ベイナイト
			FCAD1200				≧900	≧1200	≧2	≧341	ベイナイト
			FCAD1400				≧1100	≧1400	≧1	≧401	ベイナイト
鋳鋼	G 5101	炭素鋼鋳鋼	SC360	C≦0.2,	P,S≦0.040	205	≧175	≧360	≧23		フェライト＋パーライト
			SC410	C≦0.3	P,S≦0.040		≧205	≧410	≧21		フェライト＋パーライト
			SC450	C≦0.35	P,S≦0.040		≧225	≧450	≧19		フェライト＋パーライト
			SC480	C≦0.4	P,S≦0.040		≧245	≧480	≧17		フェライト＋パーライト

注）＊1　記号の数字は3桁が引張強さ，-xxは伸びの最小値（別鋳込み供試体），低温衝撃値を保証する場合はL，本体供試体はAを付す．

付表9　主なアルミニウム合金展伸材の特性[1]

合金種別	合金番号 質別記号	熱処理		耐力 $\sigma_{0.2}$ MPa	引張強さ σ_B MPa	降伏比 $\sigma_{0.2}/\sigma_B$	伸び δ %	硬さ HB 10/500	疲れ強さ[3] σ_w MPa	疲れ強さ比 σ_w/σ_B	導電率 IACS%	適用性評価[4]		
		溶体化[2] ℃	時効 ℃×h									耐食性	溶接性 アルゴン	ロウ付性
純Al	1100-O	－	－	35	90	0.39	35	23	35	0.39	59	A	A	A
	1100-H18	－	－	160	170	0.94	15	44	60	0.35	61	A	A	A
Al-Cu-Mg	2014-O	－	－	100	190	0.53	18	45	90	0.47				
	2014-T4	495-505	－	290	430	0.67	20	105	140	0.33	34	D	B	D
	2014-T6	495-505	170-180×10	410	480	0.85	13	135	120	0.25	40	D	B	D
	2017-T4	495-510	－	270	430	0.63	22	105	120	0.28	34	D	B	D
	2024-T4	490-500	185-195×9	320	420	0.76	20	120	140	0.33	30	D	B	D
Al-Mn	3003-O	－	－	40	110	0.36	30	28	50	0.45	50	A	A	A
	3003-H14	－	－	150	160	0.94	16	40	65	0.41	41			
	3003-H18	－	－	190	200	0.95	10	55	70	0.35		A	A	A
Al-Si	4032-T6	505-520	165-175×10	320	380	0.84	9	120	110	0.29	35	C	B	D
Al-Mg	5052-O	－	－	90	180	0.50	30	47	110	0.67		A	A	C
	5052-H38	－	－	250	290	0.86	8	77	140	0.48		A	A	C
	5056-O	－	－	150	290	0.52	35	65	140	0.48	29	A	A	D
	5056-H38	－	－	340	410	0.83	15	100	150	0.37	27	A	A	D
Al-Mg-Si	6061-T6	515-550	170-180×8	270	310	0.87	17	95	100	0.32	43	B	A	A
	6063-T5		205×1	150	190	0.79	12	60	70	0.37	55	A	A	A
	6063-T6	515-525	175×8	220	240	0.92	12	73	70	0.29	53	A	A	A
Al-Zn-Mg-Cu	7075-T6	460-470	115-125×24	500	570	0.88	11	150	160	0.28	32	C	C	D
	7075-T6（合せ板）			460	530	0.87	11							
	7N01-T5	450	120×24	290	340	0.85	15	100	150	0.38		B	A	D
	7N01-T6	450	120×24	290	360	0.81	15	100	150	0.36		B	A	D

1）アルミニウムハンドブック（1994）
2）処理時間≦1h
3）回転曲げ：N＝5×10[8]
4）A：良好，B：やや悪し，C：問題あり，D：不可

付表10　主なアルミ鋳造合金の特性（JIS H 5202-2010）[1]

合金種別	合金番号質別記号	熱処理 溶体化 ℃×h	熱処理 時効 ℃×h	金型 0.2%耐力 MPa	金型 引張強さ MPa	金型 伸び %	金型 降伏比	金型 硬さ HB	金型 衝撃値 kJ/m²	金型 疲れ強さ[2] MPa	金型 疲れ強さ比	熱膨張率 ×10⁻⁶/K	砂型 0.2%耐力 MPa	砂型 引張強さ MPa	砂型 伸び %	砂型 降伏比	砂型 硬さ HB
Al-4.6Cu-0.25Mg	AC1B-T4	-	-		≧330	≧8		95				23		≧290	≧4		90
Al-4Cu-5Si	AC2A-F	-	-	140	220	2	0.64	81	18	70	0.32		150	180	1.4	0.83	60
Al-4Cu-5Si	AC2A-T6	510×10	160×9	270	330	1	0.82	117	16	80	0.24	21.5	280	290	0.6	0.97	85
Al-12Si（シルミン）	AC3A-F	-	-	77	190	13	0.41	52	130	56	0.29	20.5	76	160	9	0.48	46
Al-7Si-0.3Mg	AC4C-F	-	-	110	200	9	0.55	61	59	80	0.40		80	130	3	0.62	55
Al-7Si-0.3Mg	AC4C-T5	-	225×5	145	210	7	0.69	58	49	63	0.30		110	140	1	0.79	54
Al-7Si-0.3Mg	AC4C-T6	525×8	160×6	220	300	10	0.73	99	59	102	0.34	21.5	160	220	4	0.73	79
Al-7Si-0.3Mg	AC4CH-T6				≧250	≧5		80				21.5		≧230	≧2		75
Al-4.5Mg（ヒドロナリウム）	AC7A-F	-	-	115	260	33	0.44	66	360	82	0.32	24	112	220	12	0.51	64
Al-9.5Si-3Cu-1Ni-1Mg	AC8B-F	-	-	190	260	1	0.73	95	29	111	0.43						
（ローエックス）	AC8B-T5	-	200×4	240	280	0.7	0.86	104	20	110	0.39	20.7					
	AC8B-T6	510×4	170×10	290	360	0.6	0.81	122	29	100	0.28						
Al-19Si-1Cu-1Ni-1Mg	AC9B-T5	-	250×4		200			85		88	0.44						
	AC9B-T6	500×4	200×4		300			127		110	0.37	19					
	AC9B-T7	500×4	250×4		220			93		100	0.45						

1) 機械学会機械工学便覧, 応用編B4 (1995)
2) 回転曲げ　N＝2×10⁷

付表11　主なマグネシウム合金の特性[1]

	合金組成	合金記号 JIS[2]	合金記号 ASTM	成形	熱処理 溶体化 ℃×h	熱処理 時効 ℃×h	0.2%耐力 σ0.2 MPa	引張強さ σB MPa	伸び δ %	硬さ HB	溶接	特徴	主な用途
展伸材	3Al-1Zn-0.2Mn	MP1B-H24	AZ31B	圧延	-	-	≧160	≧250	≧6		可	高延性	車椅子, 福祉介護用具, ノートパソコン
展伸材		MS1B-F	AZ31B	押出	-	-	≧140	≧220	≧10		可		スポーツ用品
展伸材	5.5Zn-0.62Zr	MB6-T5	ZK60A	押出	-	-	≧230	≧310	≧5	50	不可	高強度	スポーツ用品
鋳物	6Zn-0.8Zr	MC7-T6	ZK61A	精密	500×2	129×48	≧180	≧275	≧4	82	不可	高強度	高力鋳物, インレットハウジング
鋳物	4Zn-0.7Zr-RE[3]	MC10-T5	ZE41A	砂型	-	329×2	≧135	≧200	≧2	65～75	不可	耐熱性	ヘリコプターギヤケース
鋳物	0.7Zr-2RE[3]-2.5Ag	MC9-T6	QE22A	金型	525×6	204×8	≧175	≧240	4～8	55～70	可	高強度耐熱性	航空機耐熱耐圧力部品
ダイカスト	9Al-0.7Zn-0.4Mn	MDC1D-F	AZ91D	ダイカストホットチャンバー	-	-	140～170	200～260	1～9	70～90	不可	耐食性	汎用, ノートパソコン, 携帯電話, 自動車部品, スポーツ用品
ダイカスト	6Al-0.4Mn	MDC2B-F	AM60B	ダイカスト	-	-	120～150	190～250	4～18	65～85	不可		自動車部品

1) 日本マグネシウム協会HP「マグネシウム材料特性データベース」(JISに記載なき項目を補足)
2) JIS:展伸材:H 4201～4204 (2011), 鋳物H5203 (2006), ダイカストH 5303 (2006)
3) RE:希土類（レアアース）元素

付表12　主なチタン合金の組成と機械的性質

種類	相	JIS材料記号	仕上 (注7)	Al	V	Ru	Pd	Ta	Co	Cr	Ni	S	強度 MPa	伸び %	耐食性	加工性	用途
1種	純チタン	TP(板)・TR(条)・TTP(継目無管)・TTH(熱交換器用管)・TTP-W(溶接管)・TB(棒)・TW(線)	H,C	\multicolumn{9}{}									270~410	≧27	耐海水性		工業用純チタン。化学・石油・パルプ製紙、装置構造
2種	純チタン	TP・TR・TTP・TTH・TTP-W・TB・TW	H,C										340~510	≧23	耐海水性		
3種	純チタン	TP・TR・TTP・TTH・TTP-W・TB・TW	H,C										480~620	≧18	耐海水性		
4種	純チタン	TP・TR・TTP・TTH・TTP-W・TB・TW	H,C										550~750	≧15	耐海水性		
11種	α合金	TP・TR・TTP・TTH・TTP-W・TB・TW	H,C										270~410	≧27	耐隙間腐食		化学・石油・パルプ製紙、装置構造
12種	α合金	同上	H,C										340~510	≧23	耐隙間腐食		
13種	α合金	同上	H,C										480~620	≧18	耐隙間腐食		
14種	α合金	同上	H,C				0.20			0.15	0.45		≧345	≧20	耐隙間腐食		
15種	α合金	同上	H,C										≧450	≧18	耐隙間腐食		
16種	α合金	同上	H,C			0.03							343~481	≧25	耐隙間腐食		
17種	α合金	同上	H,C					5.0					240~380	≧24	耐隙間腐食		
18種	α合金	同上	H,C										345~515	≧20	耐隙間腐食		
19種	α合金	同上	H,C						0.50				345~515	≧20	耐隙間腐食		
20種	α合金	同上	H,C			微量添加	0.06				0.50		450~590	≧18	耐隙間腐食		
21種	α合金	同上	H,C										275~450	≧24	耐隙間腐食		
22種	α合金	同上	H,C										410~530	≧20	耐隙間腐食		
23種	α合金	同上	H,C										483~630	≧15	耐隙間腐食		
50種	near α合金	TAP・TAR・TATP・TATH・TATP-W・TAB・TAW	H	1.5									≧215	≧20	耐海水性		耐水素吸収性、耐熱性。二輪車マフラーなど
60種	α+β合金	TAB・TAW	H	6	4								≧895	≧10	良好	冷間成型性・溶接性	高強度、化学・機械などの構造材。低温・極低温構造材、医療機器など
60E種	α+β合金	TATP・TATH・TATP-W	H	6	4								≧825	≧10	良好	冷間成型性・溶接性	
61種	α+β合金	TAP・TAR・TATP・TATH・TATP-W・TAB・TAW	H,C	3.1	2.5								≧620	≧15	良好	切削性、熱間加工性	中強度、医療機器、レジャー用品
61F種	α+β合金	TAB・TAW(線)	H	3.1	2.5							0.13	≧650	≧10	良好	冷間加工性	中強度、エンジンコンロッド、シフトノブ、ナットなど
80種	β合金	TAP(板)・TAR・TATP・TAB・TAW	H,C	4	21.5								640~900	≧10	良好	冷間加工性	高強度、自動車エンジン、ゴルフクラブ

純チタン（1種～4種）：N, C, H, O不純物規制のみ

注1　チタン及びチタン合金−板及び条 (2012) 50種から合金記号Aがつく
注2　チタン及びチタン合金−継目無管 (2012)
注3　チタン及びチタン合金−熱交換器用管 (2012)
注4　チタン及びチタン合金−溶接管 (2012) 記号TTP-W (−は数字)
注5　チタン及びチタン合金−棒 (2012)
注6　チタン及びチタン合金−線 (2012)
注7　H：熱間加工，C：冷間加工

付表13　主な銅合金の組成と機械的性質

種別	JIS	名称	記号	組成 (%)	造型	弾性率 E(GPa)	引張強さ σ_B(MPa)	伸び δ(%)	硬さ HV	備考
純銅	H3100 板,条 (2012) H3250 棒 (2012)	無酸素銅	C1020-1/2H	Cu≧99.96	展伸	117	245～315	≧15	75～120	電気用，水素脆性なし
		タフピッチ銅	C1100-1/2H	Cu≧99.90		117	245～315	≧15	75～120	電気用，水素脆性あり
		りん脱酸銅	C1201-1/2H	Cu≧99.90		117	245～315	≧15	75～120	電気用，水素脆性なし
丹銅		丹銅	C2100-1/2H	5Zn-Cu		117	265～345	≧18		電気，建築，装身具など
			C2200-1/2H	10Zn-Cu		117	285～365	≧20		電気，建築，装身具など
黄銅		70-30黄銅	C2600-1/2H	30Zn-Cu		110	355～440	≧28	85～145	機械部品，展延性，めっき性良
		65-35黄銅	C2680-1/2H	35Zn-Cu		103	355～440	≧28	85～145	機械部品，展延性，めっき性良
		60-40黄銅	C2801-1/2H	40Zn-Cu		103	410～490	≧15	105～160	電気用，高強度
		快削黄銅*	C6810-BE,BD	1.5Sn-37.5Zn-Cu			≧335	≧15		被削性良，ねじ，歯車など
		すず入り黄銅	C4250-1/2H	2Sn-10Zn-Cu			390～480	≧15	110～170	電気用ばね，耐SCC，耐摩性良
青銅		アルミニウム青銅	C6161-1/2H	8.5Al-3Fe-1Mn-1Ni-Cu			≧635	≧25		板厚≦50mm，高強度，耐摩性，耐食性良，化学工業，船舶部品
白銅		白銅	C7060-F	10Ni-1.5Fe-0.5Mn-Cu		123	≧275	≧30		耐食性，高温強度良，熱交換器
Be銅	H3270	ベリリウム銅	C1720-H	2Be-Cu		130	645～900		180～300	径≦6mm，耐食性，耐疲労性良，ばね
青銅		りん青銅	C5111-H	4Sn-0.2P-Cu		110	≧490		≧140	同上
	H5120 銅及び銅合金鋳物	アルミニウム青銅	CAC701	9Al-2Fe-0.5Ni-0.5Mn-Cu	鋳物		≧440		HB≧80	高強度，耐食性，軸受，電設
		青銅鋳物	CAC402 (BC2)	8Sn-4Zn-Cu		96	≧245	≧20		耐圧性，耐摩性良，すべり軸受，スリーブ
			CAC403 (BC3)	10Sn-2Zn-Cu		96	≧245	≧15		耐圧性，耐摩性，耐食性良，すべり軸受，スリーブ

*注）H3250（2015）にはPb快削黄銅の規定も残っているが，Pb,Cdなど有毒金属の使用が禁止されてきており，Bi,Sn,Siで代替した鉛レスカドミウムレス合金がC6800台に登録されている．

付表14　主な物理定数

理科年表による

名称	記号	数値	単位
真空中の光速	c	2.998	$\times10^{8}$m/s
重力の加速度（標準）	g	9.807	m/s^2
（東京）		9.797	m/s^2
（稚内）		9.806	m/s^2
（那覇）		9.79	m/s^2
プランク定数	h	6.626	$\times10^{-34}$J・s
ボルツマン定数	k	1.381	$\times10^{-23}$J/K
素電荷	e	1.602	$\times10^{-19}$C
アボガドロ数	N_A	6.022	$\times10^{23}$/mol
理想気体のモル体積（0℃，1気圧）	V_0	2.242	10^{-2}m^3/mol
1molの気体定数	$R=N_A\cdot k$	8.314	J/(mol･K)
ファラデー定数	$F=N_A\cdot e$	9.648	$\times10^{4}$C/mol
格子定数			
αFe，bcc（20℃）	a	0.2866	nm
γFe，fcc（950℃）	a	0.3656	nm
Al，fcc（20℃）	a	0.4049	nm
Cu，fcc（20℃）	a	0.3615	nm
Mg，hcp（20℃）	a	0.3209	nm
	c	0.521	nm
Zn，hcp（20℃）	a	0.2664	nm
	c	0.4974	nm

付表15　単位・換算・変数

量	単位 (**太字は基本単位**)	名称	本書における 変数記号	使用例
長さ	m	メートル	L	
	(Å = 0.1nm)	オングストローム	a,c	き裂長さ
			a, b, c, x, y, z	座標
			W	幅
			d	深さ,厚さ
			λ	波長
面積	m²	ヘーベ,平方メートル	S, A	
体積	m³	リューベ,立方メートル	V	
	L(=10⁻³m³=10³mL=dm³)	リットル		
質量	kg	キログラム	m	
			M	原子量
密度	kg/m³		ρ	
	(Mg/m³=g/cm³)			
時間	s(min, h, d)	秒,分,時間	t	
周波数	Hz(=1/s)	ヘルツ	f	
(振動数)			ν	
速度	m/s,(km/h)		v, u	
加速度	m/s²		a	
力	N(=kg·m/s²)	ニュートン	F, f, W	
応力,圧力	Pa(=N/m²)	パスカル	σ	応力
	(MPa=N/mm²)			
	(kgf/mm²=9.8·MPa)		P	圧力
応力拡大係数	MPa·m¹ᐟ²		K	
	(kgf/mm³ᐟ²=0.31MPa·m¹ᐟ²)		ΔK	疲労き裂進展のK振幅
物質の量	mol	モル	n, N	
モル濃度	mol/kg		x, n, N	
エネルギー・仕事	J(=N·m)	ジュール	E	活性化エネルギー, 内部エネルギー
	(eV=1.60×10⁻¹⁹J,cal=4.2J)			
力のモーメント	N·m		M	
仕事率	W(J/s=V·A)	ワット		
モルエネルギー	J/mol			
	(eV/atom=96.5kJ/mol)			
表面エネルギー	J/m²		γ	
温度	K	ケルビン	T	
	℃(=K−273.15)	セルシウス		
熱伝導率	W/(m·K)		λ	
比熱	J/(kg·K)		C_v, C_p	定積比熱,定圧比熱
熱容量・エントロピー	J/K		S	
モル比熱	J/(mol·K)			
電流	A	アンペア		
電流密度	A/m²			
	(=0.01A/dm²=0.1mA/cm²)			
電荷	C(=A·s)	クーロン		
電位差・電圧	V(=J/A·s)	ボルト	E	
電気抵抗	Ω(=V/A)	オーム		
比抵抗	Ωm		ρ	
	(=10⁸μΩ·cm)			
電気伝導度	Ω⁻¹(=1/Ω)		$1/\rho$	
導電率	IACS%(=172.41/ρ)			

付表16　接頭語とギリシャ文字

10の整数倍を表わす接頭語

倍数	記号	読み
10^{-12}	p	ピコ
10^{-9}	n	ナノ
10^{-6}	μ	マイクロ
10^{-3}	m	ミリ
10^{-2}	c	センチ
10^{-1}	d	デシ
10	da	デカ
10^2	h	ヘクト
10^3	k	キロ
10^6	M	メガ
10^9	G	ギガ
10^{12}	T	テラ

記号・変数に用いるギリシア語の読み

読み	大文字	適用例	小文字	適用例
アルファ			α	相，フェライト，角度，放射線，応力集中係数
ベータ			β	相，角度，放射線，疲労切欠き係数
ガンマ	Γ	ガンマ関数	γ	相，オーステナイト，角度，放射線
デルタ	Δ	微小変分	δ, ∂	微小変分，偏微分，相，対数減衰率
イプシロン			ε	ひずみ，相
ゼータ			ζ	相
イータ			η	角度，相
シータ	Θ	特性温度	θ	角度，温度，相
カッパ			κ	熱膨張温度係数
ラムダ	Λ	油膜／表面粗さ	λ	熱膨張係数，波長，期待値
ミュー			μ	摩擦係数，剛性率
ニュー			ν	振動数，ポアソン比
クシイ			ξ	角度
パイ	Π		π	円周率
ロー			ρ	固有抵抗，密度，き裂先端半径，標準偏差
シグマ	Σ	総和	σ	応力，相
タウ			τ	せん断応力，時定数
ウプシロン			υ	
ファイ	Φ	角度	ϕ	角度
カイ			χ	
プサイ	Ψ	角度	ψ	角度
オメガ	Ω	抵抗（オーム）	ω	角速度

著者紹介

松山 晋作（まつやま・しんさく）

1937年東京生まれ．1961年東京工業大学金属工学課程卒業．

1961～1987年，日本国有鉄道・鉄道技術研究所金属材料研究室主任研究員，主幹研究員．

1971～1972年，Ecole Centrale des Arts et Manufactures, Paris客員研究員．

1987～2002年，東洋電機製造 技術研究所材料研究室長，技師長．

1987～2007年，神奈川工科大学機械工学科非常勤講師．

主な研究に「高強度鋼の遅れ破壊」，「レールのシェリングならびに疲労き裂の進展」，「純鉄単結晶の塑性変形におよぼす水素の影響」，「パンタグラフすり板への金属基ならびにセラミックス基複合材料の適用」，「鉄道用部材の損傷解析」．

著書に『金属材料活用ガイド』（共著，オーム社1976），『遅れ破壊』（日刊工業新聞社1989）．

日本鉄鋼協会，日本トライボロジー学会会員．工学博士．

趣味は絵画．本書の表紙，扉イラストも著者．鉄道画［Rの会］主宰．

イントロ金属学　Introduction to Metals Engineering

初 版 発 行	2003年4月28日　　改訂第5版発行　　2023年2月7日
著　　　者	松山　晋作
発 行 者	辻　修二
発 行 所	オフィスHANS
	〒150-0012　東京都渋谷区広尾2-9-39
	TEL（03）3400-9611　FAX（03）3400-9610
制　　　作	D.M.T.，㈱カヴァーチ（大谷孝久）
印　　　刷	シナノ書籍印刷株式会社

ISBN978-4-901794-26-8 C3057　2023 Printed in Japan